建筑工程
业务管理人员
速学丛书

JIANZHUGONGCHENG
YEWU GUANLI RENYUAN
SUXUE CONGSHU

U0248228

造价员
速学手册

第二版　　　王健　主编

ZAOJIAYUAN
SUXUE
SHOUCE

化学工业出版社
·北京·

本书是《建筑工程业务管理人员速学》丛书中的一本。内容主要包括：建筑工程造价基础知识、建筑工程施工图识图、建筑工程基础定额工程量计算、建筑工程清单项目工程量计算、建筑工程工程量清单编制与计价以及建筑工程造价的编制与审查。

本书资料翔实、层次分明、实例丰富。采用"笔记式"的编写方式，方便理解和使用。可作为高等学校建筑工程、工程造价、工程管理等专业的特色培训教材，也可作为造价工程师、建造师、监理工程师及相关工作人员的参考用书。

图书在版编目（CIP）数据

造价员速学手册/王健主编. —2 版. —北京：
化学工业出版社，2014.9
建筑工程业务管理人员速学丛书
ISBN 978-7-122-21007-4

Ⅰ.①造… Ⅱ.①王… Ⅲ.①建筑造价管理-
技术手册 Ⅳ.①TU723.3-62

中国版本图书馆 CIP 数据核字（2014）第 133804 号

责任编辑：袁海燕　　　　　　　装帧设计：杨　北
责任校对：徐贞珍

出版发行：化学工业出版社
　　　　　（北京市东城区青年湖南街 13 号　邮政编码 100011）
印　　装：大厂聚鑫印刷有限责任公司
850mm×1168mm　1/32　印张 11¾　字数 317 千字
2014 年 11 月北京第 2 版第 1 次印刷

购书咨询：010-64518888（传真：010-64519686）　售后服务：010-64518899
网　　址：http://www.cip.com.cn
凡购买本书，如有缺损质量问题，本社销售中心负责调换。

定　　价：38.00 元　　　　　　　　　　版权所有　违者必究

《造价员速学手册》编写人员

主　　编　王　健

参编人员　（按姓名笔画排序）

王　健　白雅君　孙文彬　杜　宝

杜庆斌　李永靖　张万臣　周　梅

姚继权　高永新　曹启坤　戴成元

前　言

随着我国市场经济的快速发展，国家对建设的投资逐年加大，建设工程造价体制改革正不断深入发展，工程造价已成为现代化建设事业中一项不可或缺的基础性工作，工程造价编制水平的高低直接关系到我国工程造价管理体制改革的继续深入。为了规范建设市场秩序、提高投资效益，做好工程造价工作，住房与城乡建设部已颁布实施《建设工程工程量清单计价规范》（GB 50500—2013），《房屋建筑与装饰工程工程量计算规范》（GB 50854—2013）等标准，大大推动了工程造价管理体制改革的继续深入，为最终形成政府制定规则、业主提供清单、企业自主报价、市场形成价格的全新计价形式提供良好的发展机遇。

面对新形势下的机遇和挑战，要求广大工程造价工作者不断学习，努力提高自己的业务水平，以适应工程造价领域发展形势的需要。为帮助广大工程造价人员更好地履行岗位职责，培养广大工程造价人员的实践应用能力、提高其业务水平和综合素质，我们组织有实际经验的专家编写了本书。书中在介绍理论知识的同时，注重与实际的联系，真正做到了基础理论与工程实践的紧密结合。尤其在介绍建筑工程工程量计算规则时，每个项目规则后均附有相关例题，突出工程量清单的编制和工程报价的应用，以提高读者的学习兴趣和解决实际应用问题的能力。

本次修订中，根据国家最新规范 GB 50500—2013，补充了装饰装修中的门窗工程，楼地面装饰工程，墙柱面装饰与隔断、幕墙工程，天棚工程，油漆、涂料、裱糊工程，其他装饰工程，实用性和适用性进一步提高。

由于编者水平有限，难免存在不妥之处，敬请有关专家、学者和广大读者批评指正。

编者
2014 年 6 月

目 录

第1章　建筑工程造价基础知识

第1节　建筑工程的建设程序

要　点

建筑工程是指建筑艺术与工程技术相结合，营造出供人们进行生产、生活或其他活动的环境、空间、房屋或场所。它在一般情况下主要是指建（构）筑物。从广义上来说，建筑工程也可以指一切经过勘察设计、建筑施工、设备安装生产活动过程而建造的房屋以及构筑物的总称。

解　释

一、建筑工程的分类

建筑工程是国家基本建设内容的重要组成部分，是国民经济建设中为各部门增添固定资产的一种经济活动，即进行建筑、设备购置和安装的生产活动以及与此相关联的其他有关工作。为有利于建设项目造价的确定和管理，按照不同的分类方法，建筑工程项目可以划分为以下几类。

1. 按照建设性质分类

按照建设性质分类，建筑工程可以划分为以下五类。

（1）新建项目。它是指"平地起家"，即从无到有，新开始建设的项目或原有固定资产基础很小，经扩大后其固定资产价值超过原有固定资产价值三倍以上的项目，也属新建项目。

（2）改建项目。它是指原有企业为提高产品的质量、节约能源、降低消耗、改变产品结构、更改产品的花色、品种、规格以及改进生产工艺流程而对厂房、设备、管路和线路等进行整体技术改造的项目。

1

（3）扩建项目。它是指原有企业为扩大产品的生产能力或增加新的产品品种，对原有车间的建筑面积进行扩大，工艺装置进行增添或更换以及进行新产品的厂房（车间）和工艺装置的建设及其附属设施的扩充等工作过程。

（4）迁建项目。它是指为改变工业结构布局，按照原有产品品种和生产规模由甲地迁移到乙地的建筑项目。

（5）恢复项目。它是指由于某种原因（例如火灾、水灾、地震或战争等）使原有企业或部分设备、厂房损坏报废，而后按照原有规模又进行投资建设的项目。

2. 按经济用途分类

建筑工程项目按照经济用途可以划分为生产性建设项目和非生产性建设项目两大类。

（1）生产性建设项目。它是指直接为物质生产部门服务的建设项目。其内容具体如下。

① 工业建设。它是指工矿企业建设项目中的生产车间、油田、矿井、实验室、仓库、办公室及其他工业用建筑物、构筑物的建造，生产用机器设备的购置及安装，生产用的工具、器具、仪器的购置等。

② 建筑业建设。它是指施工企业的仓库、办公室、建筑生产用和施工用的建筑物的建设，以及设备、工具、器具等的购置。

③ 农、林、水利、气象建设。它是指农场、牧场、拖拉机站、林场、渔场等有关农、林、牧、副、渔生产的仓库、修理间、办公室、水库、防洪、排涝、灌溉、气象站建设，以及为满足生产用的机械、设备、渔轮、工器具的购置及安装。

④ 交通邮电建设。它是指铁路（含专用铁路）、公路、桥梁、涵洞、航道、隧道、码头等建设，以及车辆、船舶、飞机等设备的购置；邮电事业的房屋（例如邮政局、所）建设，以及设备、工器具的购置；长途电缆、长途明线、微波、电台、市内电话和电讯用房屋的建设，设备、工具、器具的购置与安装。

⑤ 商业和物资供应建设。它是指百货商店、石油储库、冷藏

库和商业、物资用仓库等建设，以及贸易采购用的交通工具（例如汽车、摩托车、轻骑、自行车等）以及其他固定资产购置。

⑥ 地质资源勘探建设。它是指地质资源勘探（包括普查）用的仓库、办公室及其他工程建设，以及勘探用的机械、设备、工具、器具、仪器等购置。

(2) 非生产性建设项目。它是指直接用于满足人民物质文化生活需要的建设。其内容具体如下。

① 文教卫生建设。它是指独立的学校、影剧院、文化馆、俱乐部、图书馆、通讯社、报社、出版社、书店、体育场（馆）、广播电台（站）、独立医院、卫生院、诊疗所、门诊部、托儿所、幼儿园、疗养院用房屋的建设及设备、器械、仪器的购置。

② 科学研究建设。它是指独立的各种研究院、试验室、检验所等建设项目。

③ 公用事业建设。它是指城市公用给排水管道工程、污水处理工程、煤气或天然气管道工程、水源工程、防洪工程、道路、桥梁、电车、公共汽车、渡轮、旅馆、宾馆、理发厅、浴池、环境绿化等工程的建设。

④ 住宅建设。它是指专供居住使用的房屋及其附属设施的建设，例如职工宿舍、家属宿舍等。

⑤ 其他建设。它是指各级行政机关和社会团体的建设以及不属于以上各类的其他非生产性建设。

注：1. 报社、通讯社和出版社的印刷厂，大专院校附设的实验工厂建设，应列入"工业建设"项目。

2. 科学研究单位附设的试验工厂建设应列入"工业建设"项目。

3. 工厂附设的职工子弟小学、卫生所和托儿所应列入"文教卫生建设"项目。

3. 按建设规模分类

建筑工程固定资产投资，按照上级批准的建设项目总规模或总投资，可以划分为大型建设项目、中型建设项目和小型建设项目三类。更新改造措施项目分为限额以上和限额以下两类。限额以上项目是指能源、交通、原材料工业项目总投资 5000 万元以上，其他项目总投资 3000 万元以上的建设工程。

　　一个建设项目只能属于大、中、小型的一种类型，有关建筑材料工业建设项目大、中、小型标准划分，见表 1-1。

表 1-1　建材工业建设项目大、中、小型标准划分

项　目	计算单位		大型	中型	小型
水泥	年产量	万吨	100 以上	20～100（特种水泥 5 以上）	20 以下（特种水泥 5 以下）
平板玻璃厂	年产量	万重量箱	90 以上	45～90	45 以下
玻璃纤维厂	年产量	吨	5000 以上	1000～5000	1000 以下
石灰石矿	年产量	万吨	100 以上	50～100	50 以下
石棉矿	年产量	万吨	1 以上	0.1～1	0.1 以下
石墨矿	年产量	万吨	1 以上	0.3～1	0.3 以下
石膏矿	年产量	万吨	30 以上	10～30	10 以下
其他建材工业	总投资	万元	2000 以上	1000～2000	1000 以下

　　注：根据前述文件基本建设项目大中型划分标准目前未变，但原国家计委审批限额有所调整，根据国务院国发（1984）138 号文件批转《国家计委关于改进计划体制若干暂行规定》和国务院国发（1987）23 号文件《国务院关于放宽固定资产审批权限和简化审批手续的通知》，按总投资额划分的大中型项目，原国家计委审批限额由 1000 万元以上提高到能源、交通、原材料工业项目 5000 万元以上，其他项目 3000 万元以上。

二、建筑工程的内容

　　广义的建筑工程主要包括以下内容。

　　（1）各类房屋建筑工程和列入房屋建筑工程的供水、供暖、卫生、通风和燃气设备等的安装工程以及列入建筑工程的各种管道、电力、电信和电缆导线的敷设工程。

　　（2）设备基础、支柱、工作台、烟囱、水塔、水池、灰塔、造粒塔、排气塔（筒）和栈桥等建筑工程以及各种炉窑的砌筑工程和金属结构工程。

　　（3）为施工而进行的场地平整工程和总图竖向工程，工程和水文地质勘察，原有建筑物和障碍物的拆除以及建筑场地完工后的清理和绿化工程。

（4）矿井开凿、井巷延伸、露天矿剥离，石油、天然气钻井，修筑铁路、公路、桥梁、隧道、涵洞、机场、港口、码头、水库、堤坝、灌渠以及防洪工程等。

对一项房屋建筑工程来说，它的工程内容主要包括：地基与基础工程；砌筑工程；混凝土及钢筋混凝土工程；门窗及木结构工程；楼地面工程；屋面及防水工程；防腐、保温、隔热工程以及装饰油漆、裱糊工程等。

三、建筑工程的建设程序

建筑工程的建设程序又称为"基本建设程序"或"基本建设工作程序"。

基本建设程序是指拟建项目从设想、论证、评估、决策、设计、施工到验收、投入生产或交付使用整个过程中各项工作进行的先后顺序。这个顺序反映了建设工作的客观规律，是建设项目科学决策和顺利进行的重要保证。对于这一科学规律可以认识它、完善它，但是不能改变和违反它。

基本建设项目的全过程划分为以下几个阶段：计划任务书→建设地点的选择→设计文件→建设准备→计划安排→施工→生产准备→竣工验收、交付生产。

改革开放以来，我国社会主义经济建设获得了重大发展，对外全方位改革开放，对内逐步淡化计划经济，建立健全和强化社会主义市场经济，加大了拟建项目前期工作的力度。同时，国家相继出台了许多关于规范工程建设管理工作的经济法规，例如《建筑法》、《招标投标法》、《合同法》和《价格法》等，使建设工程工作程序更加完善。目前，一般建设工程的工作程序如图1-1所示。

1. 提出项目建议书

由国务院各部门、各省、自治区、直辖市、计划单列省辖市以及各企（事）业单位，根据国民经济和社会发展的长远规划、行业（部门）发展规划和地区发展规划，经过周密地调查研究和预测分析，向国家主管部门编报拟建工程项目的轮廓设想和建议立项的技

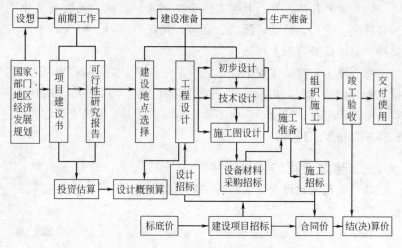

图 1-1　建筑工程的工作程序

术经济文件，称为项目建议书。它是建筑工程建设程序中的最初阶段，是国家确定建设项目的决策依据，其主要包括以下内容。

① 项目建设的目的、意义和依据。

② 产品需求的市场预测和产品销售。

③ 产品方案、生产方法、工艺原则和建设规模。

④ 资源情况、建设条件以及协作关系等的初步分析。

⑤ 环境保护以及"三废"治理的设想。

⑥ 工厂建设地点、占地面积和建设进度安排。

⑦ 工厂组织和劳动定员，资金来源和投资估算。

⑧ 投资经济效果、社会效益和投资回收年限的初步估计等。

2. 进行可行性研究

可行性研究是指对工程项目的投资兴建在技术上是否先进，经济上是否合理，效益上是否合算进行科学论证的方法。它是建设项目前期工作的一项重要工作，是工程项目建设决策的重要依据，必须运用科学研究的成果，对拟建项目的经济效果和社会效益进行综合分析、论证和评价。可行性研究报告的内容随项目性质和行业的不同而有所差别，不同行业各有侧重，但是基本内容是相同的。通常一个大型新建工业项目的可行性研究报告应包括以下几个方面的内容。

① 建设的目的和依据。

② 建设规模和产品方案。

③ 生产方法或工艺原则。

④ 主要协作条件。

⑤ 自然资源、工程地质和水文地质条件。

⑥ 资源综合利用、环境保护和"三废"治理的要求。

⑦ 建设地区或地点，占地数量估算。

⑧ 建设工期。

⑨ 劳动定员和企业组织。

⑩ 总投资估算。

⑪ 要求达到的经济效益以及投资回收期等。

3. 编制设计文件

设计文件是安排建设项目和组织工程施工的主要依据。当拟建建设项目的可行性研究报告批准后，建设单位通过设计招标或委托设计单位按照可行性研究报告中规定的内容和要求编制设计文件。大中型建设项目，通常采用两阶段设计，即初步设计和施工图设计。重大项目和特殊项目，可根据各行业的特点，经主管部门同意，按照三阶段进行设计，即初步设计阶段、技术设计阶段和施工图设计阶段。初步设计阶段编制设计概算；技术设计阶段编制修正概算；施工图设计阶段编制施工图预算。经批准的初步设计概算，是控制建设项目总投资的主要依据。

4. 建设前期准备工作

建设前期的准备工作主要包括：建设用地征购、拆迁和场地平整；完成施工用水、电、路三通工程；工程、水文地质勘察；组织施工招标，选择施工单位；办理建设项目施工许可证和组织设计文件审查、编制材料计划和组织大型专用设备采购订货预安排等工作。

5. 编制年度建设计划

根据批准的初步设计总概算和建设工期，合理地编制年度建设计划及投资运用支出计划。年度计划安排的建设内容，要和当年分配的投资、材料和设备相适应，配套项目要同时安排，相互衔接。

6. 建设施工

年度建设计划经主管部门批准后，便可以督促总承包单位进行编制施工进度计划和施工组织设计等工作，并且进行全面施工。

7. 生产准备

工业建设项目生产准备工作的主要内容包括：组建生产经营管理机构；制定相关制度和规定；招收和培训生产人员，组织生产人员参加设备安装、调试和工程验收；签订原材料、燃料、水、电、气以及协作产品等的供应运输协议；组织工具、器具、备品和备件的制造或订货；进行其他必需的准备工作。

8. 竣工验收、交付使用

建设项目按照设计文件规定的内容全部施工完成后，工业项目经负荷试运转和试生产考核，能够生产合格产品；非工业项目符合设计要求，能够满足正常的使用功能，便可及时组织验收。建设项目竣工验收，是工程建设程序的最后一步，是投资成果转入生产或服务的标志。所以，国家规定建设项目，按照批准的设计文件所规定的内容建完，都要及时地组织验收、交付使用，对促进建设项目及时投产、发挥投资效益和总结建设经验等都具有重要的作用。

9. 后评价

建设项目后评价是指工程项目竣工投产、生产经营一段时间后，对项目的立项决策、设计、施工、竣工投产和生产运营等全过程进行系统的总结评价的一种技术经济活动，是固定资产投资管理的一项重要内容。通过建设项目后评价达到肯定成绩、总结经验、找出差距、研究问题、吸取教训、提出建议、改进工作以及不断提高项目决策水平和投资效果的目的。

第2节　建筑工程基本建设项目的组成

每项基本建设工程都由许多部分组成。为了便于编制各种基本建设的施工组织设计和概、预算文件，必须对每项基本建设工程进行项目划分。基本建设工程可以划分为建设项目、单项工程、单位工程、分部工程和分项工程。

解　释

一、建设项目

建设项目是指按照总体设计范围内进行建设的一切工程项目的总称。它通常包括在厂区总图布置上表示的所有拟建工程；与厂区外各协作点相连接的所有相关工程，例如输电线路、给水排水工程、铁路、公路专用线和通讯线路；与生产相配套的厂外生活区内的一切工程。

为了使列入国家计划的建设项目迅速而有秩序地进行施工工作，由建设项目投资主管部门指定或组建一个承担组织建设项目的筹备和实施的法人及其组织机构，就称为建设单位。建设单位在行政上具有独立的组织形式，经济上实行独立核算，有权与其他经济实体建立经济往来关系，有批准的可行性研究和总体设计文件，能单独地编制建设工程计划，并且通过各种发包承建形式将建设项目付之实现。

一般来说，建设项目是指总体建设工程的物质内容，而建设单位是指该总体建设工程的组织者代表。新建项目及其建设单位通常都是同一个名称，例如工业建设中××机械厂、××化工厂、××造纸厂，民用建设中的××商业大厦、××工业大学、××住宅小区等；对于扩建、改建和技术改造项目，则常常以老企业名称作为建设单位，以××扩建工程、××改建工程作为建设项目的名称，例如××化工厂氟制冷剂扩建工程等。

一个建设项目的工程造价在初步设计或技术设计阶段，通常是由承担设计任务的设计单位编制设计总概算或修正概算来确定的。

二、单项工程

单项工程是指具有独立的设计文件，竣工后可以独立发挥生产能力、使用效益的工程，也称工程项目。它是建设项目的组成部分，例如工业建设中的各种生产车间、仓库和构筑物等；民用建设中的综合办公楼、住宅楼和影剧院等，都是能够发挥设计规定效益的单项工程。单项工程造价是通过编制综合概预算确定的。

单项工程不仅是具有独立存在意义的一个完整工程，还是一个极为复杂的综合组成体，通常由多个单位工程所构成。

三、单位工程

单位工程是指具有独立设计，可以单独组织施工，但是竣工后不能独立发挥效益的工程。

为了便于组织施工，通常根据工程的具体情况和独立施工的可能性，把一个单项工程划分为若干个单位工程。这样便于按设计专业计算各单位工程的造价。

建筑工程中的一般土建工程、室内给排水工程、室内采暖工程、通风空调工程和电气照明工程等，均各属一个单位工程。单位工程造价是通过编制单位工程概预算书来确定的，它是编制单项工程综合概预算和考核建筑工程成本的依据。

四、分部工程

分部工程是指在单位工程中，按部位、材料和工种进一步分解出来的工程。例如建筑工程中的一般土建工程，按照部位、材料结构和工种的不同，大体可以划分为土石方工程、桩基工程、砖石工程、混凝土及钢筋混凝土工程、金属结构工程、木作工程、楼地面工程、屋面工程和装饰工程等，其中的每一部分，均称为一个分部工程。分部工程是由许许多多的分项工程构成的。分部工程费用是单位工程造价的组成部分，是通过计算各个分项直接工程费来确定的，即

分部工程费＝$\sum$（分项工程费）＝$\sum$（分项工程量×相应分项工程单价）

(1-1)

五、分项工程

从对建筑产品估价的要求来看，分部工程依然很大，不能满足估价的需要，因为在每一分部工程中，影响工料消耗大小的因素仍然很多。例如，同样都是"砌砖"工程，由于所处的部位不同——砖基础、砖墙；厚度不同——半砖、一砖、一砖半厚等，则每一单位"砌砖"工程所消耗的砂浆、砖、人工和机械等数量有较大的差别。所以，还必须把分部工程按照不同的施工方法、不同的构造、不同的规格等，加以更细致的分解，划分为通过简单的施工过程就能生产出来，并且可以用适当的计量单位计算工料消耗的基本构造要素，例如"砖基础"等，则称为分项工程。

分项工程是分部工程的组成部分。它没有独立存在的意义，它只是为了便于计算建筑工程造价而分解出来的假定"产品"。在不同的建（构）筑物工程中，完成相同计量单位的分项工程，所需要的人工、材料和机械等的消耗量，基本上是相同的。所以，分项工程单位，是最基本的计算单位。分项工程单位价值是通过该分项工程工、料、机消耗数量与其三种消耗量的相应单价的乘积之和确定的。

第3节　建筑安装工程造价的构成及计算

要　　点

我国现行工程造价的构成主要划分为设备及工器具购置费用、建筑安装工程费用、工程建设其他费用、预备费、建设期贷款利息和固定资产投资方向调节税等几项。本节将分别予以介绍。

解　　释

一、设备及工器具购置费的构成及计算

1. 设备购置费的构成及计算

设备购置费是指达到固定资产标准，为建设工程项目购置或自制的各种国产或进口设备及工、器具的费用。它由设备原价和设备

运杂费构成。设备原价是指国产设备或进口设备的原价；设备运杂费是指除设备原价之外的关于设备采购、运输、途中包装及仓库保管等方向支出费用的总和。

（1）国产设备原价的构成及计算。国产设备原价是指设备制造厂的交货价或订货合同价。它一般根据生产厂或供应商的询价、报价、合同价确定，或采用一定的方法计算确定。国产设备原价分为以下两方面。

① 国产标准设备原价。国产标准设备是指按照主管部门颁布的标准图纸和技术要求，由设备生产厂批量生产的，符合国家质量检验标准的设备。其原价是设备制造厂的交货价，即出厂价。若设备由设备成套公司供应，则以订货合同价为设备原价。有的设备有两种出厂价，即带有备件的出厂价和不带有备件的出厂价。在计算设备原价时，通常按带有备件的出厂价计算。

② 国产非标准设备原价。国产非标准设备是指国家尚无定型标准，各设备生产厂不可能在工艺过程中批量生产，只能按一次订货，并根据具体的设计图纸制造的设备。其原价有多种不同的计算方法，例如成本计算估价法、系列设备插入估价法、分部组合估价法、定额估价法等。但是无论采用哪种方法都应该使非标准设备计价接近实际出厂价，并且计算方法简便。按成本计算估价法，非标准设备的原价由材料费、加工费、辅助材料费、专用工具费、废品损失费、外购配套件费、包装费、利润、税金和非标准设备设计费组成。计算公式如下。

单台非标准设备原价＝{[（材料费＋加工费＋辅助材料费）×
（1＋专用工具费率）×（1＋废品损失费率）＋
外购配套件费]×（1＋包装费率）－
外购配套件费}×（1＋利润率）＋销项税金＋
非标准设备设计费＋外购配套件费　　（1-2）

（2）进口设备原价的构成及计算。进口设备的原价是进口设备的抵岸价，一般是由进口设备到岸价（CIF）及进口从属费构成。进口设备的到岸价，即抵达买方边境港口或者边境车站的价格。在国际贸易中，交易双方所使用的交货类别不同，则交易价格的构成内容也有所不同。进口从属费用包括银行财务费、外贸手续费、进口关税、消费税、进口环节增值税等，进口车辆还需缴纳车辆购置税。

① 进口设备到岸价的构成及计算。

$$进口设备到岸价(CIF)＝离岸价格(FOB)＋国际运费＋运输保险费$$
$$＝运费在内价(CFR)＋运输保险费 \qquad (1-3)$$

a. 货价。货价是装运港船上交货价（FOB）。设备货价分为原币货价和人民币货价，原币货价一律折算成美元表示，人民币货价按原币货价乘以外汇市场美元兑换人民币汇率中间价来确定。进口设备货价按有关生产厂商询价、报价、订货合同价计算。

b. 国际运费。国际运费是从装运港（站）到达我国目的港（站）的运费。我国进口设备大部分采用海洋运输，小部分采用铁路运输，个别采用航空运输。进口设备国际运费计算公式为

$$国际运费(海、陆、空)＝原币货价(FOB)×运费率(\%) \qquad (1-4)$$
$$国际运费(海、陆、空)＝单位运价×运量 \qquad (1-5)$$

其中，运费率或单位运价按照有关部门或进出口公司的规定执行。

c. 运输保险费。对外贸易货物运输保险是由保险人（保险公司）与被保险人（出口人或进口人）订立保险契约，在被保险人交付一定的保险费后，保险人根据保险契约的规定对货物在运输过程中发生的承保责任范围内的损失给予经济上的补偿。这是一种财产保险。计算公式为

$$运输保险费＝\frac{货币原价(FOB)＋国外运输费}{1－保险费率(\%)}×保险费率(\%) \qquad (1-6)$$

其中，保险费率按照保险公司规定的进口货物保险费率计算。

② 进口从属费的构成及计算。

$$进口从属费＝银行财务费＋外贸手续费＋关税＋消费税＋$$
$$进口环节增值税＋车辆购置税 \qquad (1-7)$$

a. 银行财务费。银行财务费是在国际贸易结算中,中国银行为进出口商提供金融结算服务所收取的费用,可按下式简化计算。

$$银行财务费＝人民币货价(FOB)×银行财务费率 \qquad (1-8)$$

b. 外贸手续费。外贸手续费是按对外经济贸易部规定的外贸手续费率计取的费用,外贸手续费率一般取 1.5%。计算公式为

$$外贸手续费=[装运港船上交货价(FOB)+国际运费+$$
$$运输保险费]×外贸手续费率 \tag{1-9}$$

c. 关税。关税是由海关对进出国境或关境的货物和物品征收的一种税。计算公式为

$$关税=到岸价格(CIF)×进口关税税率 \tag{1-10}$$

到岸价格作为关税的计征基数时，通常又可称为关税完税价格。进口关税税率分为优惠和普通两种。优惠税率适用于和我国签订关税互惠条款的贸易条约或协定的国家的进口设备；普通税率适用于和我国未签订关税互惠条款的贸易条约或协定的国家的进口设备。进口关税税率按照我国海关总署发布的进口关税税率计算。

d. 消费税。消费税仅对部分进口设备（例如轿车、摩托车等）征收，一般计算公式为

$$应纳消费税税额=\frac{到岸价+关税}{1-消费税税率(\%)}×消费税税率(\%)$$

$$\tag{1-11}$$

其中，消费税税率根据规定的税率计算。

e. 增值税。增值税是对从事进口贸易的单位和个人，在进口商品报关进口后征收的税种。我国增值税条例规定，进口应税产品均按组成计税价格和增值税税率直接计算应纳税额。即

$$进口产品增值税额=组成计税价格×增值税税率(\%) \tag{1-12}$$
$$组成计税价格=关税完税价格+关税+消费税 \tag{1-13}$$

增值税税率根据规定的税率计算。

f. 海关监管手续费。指海关对进口减税、免税、保税货物实施监督、管理、提供服务的手续费。对于全额征收进口关税的货物不计本项费用。计算公式如下：

$$海关监管手续费=到岸价×海关监管手续费率 \tag{1-14}$$

g. 车辆购置附加费。进口车辆需缴进口车辆购置附加费。其公式如下。

$$进口车辆购置附加费=(到岸价+关税+消费税+增值税)×$$
$$进口车辆购置附加费率(\%) \tag{1-15}$$

（3）设备运杂费的构成及计算。设备运杂费通常由下列各项构成。

① 运费和装卸费。国产设备的运费和装卸费是由设备制造厂交货地点起至工地仓库（或施工组织设计指定的需要安装设备的堆放地点）止所发生的运费和装卸费；进口设备的运费和装卸费是则由我国到岸港口或边境车站起至工地仓库（或施工组织设计指定的需安装设备的堆放地点）止所发生的运费和装卸费。

② 包装费。在设备原价中没有包含的，为运输而进行的包装支出的各种费用。

③ 设备供销部门的手续费。按有关部门规定的统一费率计算。

④ 采购与仓库保管费。采购与仓库保管费是指采购、验收、保管和收发设备所发生的各种费用，包括设备采购人员、保管人员和管理人员的工资、工资附加费、办公费、差旅交通费，设备供应部门办公和仓库所占固定资产使用费、工具用具使用费、劳动保护费、检验试验费等。这些费用可按照主管部门规定的采购与保管费费率计算。

设备运杂费的计算公式为

设备运杂费＝设备原价×设备运杂费率(%)　　　(1-16)

2. 工具、器具及生产家具购置费的构成及计算

通常以设备购置费为计算基数，按照部门或行业规定的工具、器具及生产家具费率计算。计算公式为

工具、器具及生产家具购置费＝设备购置费×定额费率　(1-17)

二、建筑安装工程费用的构成及计算

1. 建筑安装工程费用的组成

我国现行建筑安装工程费用项目组成，按住房城乡建设部、财政部共同颁发的建标〔2013〕44 号文件规定如下。

（1）建筑安装工程费用项目组成（按费用构成要素划分）

建筑安装工程费按照费用构成要素划分：由人工费、材料（包含工程设备，下同）费、施工机具使用费、企业管理费、利润、规费和税金组成。其中人工费、材料费、施工机具使用费、企业管理费和利润包含在分部分项工程费、措施项目费、其他项目费中，具

体如图 1-2 所示。

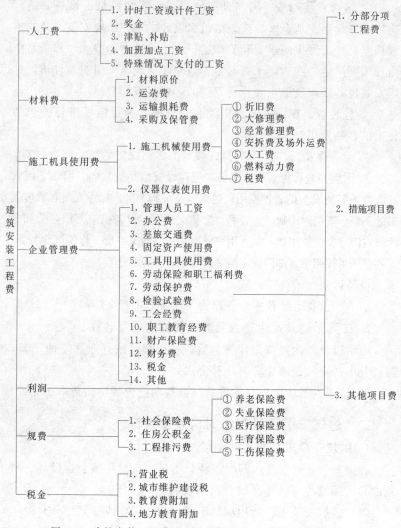

图 1-2　建筑安装工程费用项目组成（按费用构成要素划分）

1）人工费：是指按工资总额构成规定，支付给从事建筑安装工程施工的生产工人和附属生产单位工人的各项费用。内容包括：

① 计时工资或计件工资：是指按计时工资标准和工作时间或

对已做工作按计件单价支付给个人的劳动报酬。

②奖金：是指对超额劳动和增收节支支付给个人的劳动报酬。如节约奖、劳动竞赛奖等。

③津贴：是指为了补偿职工特殊或额外的劳动消耗和因其他特殊原因支付给个人的津贴，以及为了保证职工工资水平不受物价影响支付给个人的物价补贴。如流动施工津贴、特殊地区施工津贴、高温（寒）作业临时津贴、高空津贴等。

④加班加点工资：是指按规定支付的在法定节假日工作的加班工资和在法定日工作时间外延时工作的加点工资。

⑤特殊情况下支付的工资：是指根据国家法律、法规和政策规定，因病、工伤、产假、计划生育假、婚丧假、事假、探亲假、定期休假、停工学习、执行国家或社会义务等原因按计时工资标准或计时工资标准的一定比例支付的工资。

2）材料费：是指施工过程中耗费的原材料、辅助材料、构配件、零件、半成品或成品、工程设备的费用。内容包括：

①材料原价：是指材料、工程设备的出厂价格或商家供应价格。

②运杂费：是指材料、工程设备自来源地运至工地仓库或指定堆放地点所发生的全部费用。

③运输损耗费：是指材料在运输装卸过程中不可避免的损耗。

④采购及保管费：是指为组织采购、供应和保管材料、工程设备的过程中所需要的各项费用。包括采购费、仓储费、工地保管费、仓储损耗。

工程设备是指构成或计划构成永久工程一部分的机电设备、金属结构设备、仪器装置及其他类似的设备和装置。

3）施工机具使用费：是指施工作业所发生的施工机械、仪器仪表使用费或其租赁费。

①施工机械使用费：以施工机械台班耗用量乘以施工机械台班单价表示，施工机械台班单价应由下列七项费用组成。

a.折旧费：指施工机械在规定的使用年限内，陆续收回其原值的费用。

b. 大修理费：指施工机械按规定的大修理间隔台班进行必要的大修理，以恢复其正常功能所需的费用。

c. 经常修理费：指施工机械除大修理以外的各级保养和临时故障排除所需的费用。包括为保障机械正常运转所需替换设备与随机配备工具附具的摊销和维护费用，机械运转中日常保养所需润滑与擦拭的材料费用及机械停滞期间的维护和保养费用等。

d. 安拆费及场外运费：安拆费指施工机械（大型机械除外）在现场进行安装与拆卸所需的人工、材料、机械和试运转费用以及机械辅助设施的折旧、搭设、拆除等费用；场外运费指施工机械整体或分体自停放地点运至施工现场或由一施工地点运至另一施工地点的运输、装卸、辅助材料及架线等费用。

e. 人工费：指机上司机（司炉）和其他操作人员的人工费。

f. 燃料动力费：指施工机械在运转作业中所消耗的各种燃料及水、电等。

g. 税费：指施工机械按照国家规定应缴纳的车船使用税、保险费及年检费等。

② 仪器仪表使用费：是指工程施工所需使用的仪器仪表的摊销及维修费用。

4）企业管理费：是指建筑安装企业组织施工生产和经营管理所需的费用。内容包括以下各项。

① 管理人员工资：是指按规定支付给管理人员的计时工资、奖金、津贴补贴、加班加点工资及特殊情况下支付的工资等。

② 办公费：是指企业管理办公用的文具、纸张、账表、印刷、邮电、书报、办公软件、现场监控、会议、水电、烧水和集体取暖降温（包括现场临时宿舍取暖降温）等费用。

③ 差旅交通费：是指职工因公出差、调动工作的差旅费、住勤补助费，市内交通费和误餐补助费，职工探亲路费，劳动力招募费，职工退休、退职一次性路费，工伤人员就医路费，工地转移费以及管理部门使用的交通工具的油料、燃料等

费用。

④ 固定资产使用费：是指管理和试验部门及附属生产单位使用的属于固定资产的房屋、设备、仪器等的折旧、大修、维修或租赁费。

⑤ 工具用具使用费：是指企业施工生产和管理使用的不属于固定资产的工具、器具、家具、交通工具和检验、试验、测绘、消防用具等的购置、维修和摊销费。

⑥ 劳动保险和职工福利费：是指由企业支付的职工退职金、按规定支付给离休干部的经费，集体福利费、夏季防暑降温、冬季取暖补贴、上下班交通补贴等。

⑦ 劳动保护费：是企业按规定发放的劳动保护用品的支出。如工作服、手套、防暑降温饮料以及在有碍身体健康的环境中施工的保健费用等。

⑧ 检验试验费：是指施工企业按照有关标准规定，对建筑以及材料、构件和建筑安装物进行一般鉴定、检查所发生的费用，包括自设试验室进行试验所耗用的材料等费用。不包括新结构、新材料的试验费，对构件做破坏性试验及其他特殊要求检验试验的费用和建设单位委托检测机构进行检测的费用，对此类检测发生的费用，由建设单位在工程建设其他费用中列支。但对施工企业提供的具有合格证明的材料进行检测不合格的，该检测费用由施工企业支付。

⑨ 工会经费：是指企业按《工会法》规定的全部职工工资总额比例计提的工会经费。

⑩ 职工教育经费：是指按职工工资总额的规定比例计提，企业为职工进行专业技术和职业技能培训，专业技术人员继续教育、职工职业技能鉴定、职业资格认定以及根据需要对职工进行各类文化教育所发生的费用。

⑪ 财产保险费：是指施工管理用财产、车辆等的保险费用。

⑫ 财务费：是指企业为施工生产筹集资金或提供预付款担保、履约担保、职工工资支付担保等所发生的各种费用。

⑬ 税金：是指企业按规定缴纳的房产税、车船使用税、土地使用税、印花税等。

⑭ 其他：包括技术转让费、技术开发费、投标费、业务招待费、绿化费、广告费、公证费、法律顾问费、审计费、咨询费、保险费等。

5）利润：是指施工企业完成所承包工程获得的盈利。

6）规费：是指按国家法律、法规规定，由省级政府和省级有关权力部门规定必须缴纳或计取的费用。包括以下各项。

① 社会保险费

a. 养老保险费：是指企业按照规定标准为职工缴纳的基本养老保险费。

b. 失业保险费：是指企业按照规定标准为职工缴纳的失业保险费。

c. 医疗保险费：是指企业按照规定标准为职工缴纳的基本医疗保险费。

d. 生育保险费：是指企业按照规定标准为职工缴纳的生育保险费。

e. 工伤保险费：是指企业按照规定标准为职工缴纳的工伤保险费。

② 住房公积金：是指企业按规定标准为职工缴纳的住房公积金。

③ 工程排污费：是指按规定缴纳的施工现场工程排污费。

其他应列而未列入的规费，按实际发生计取。

7）税金：是指国家税法规定的应计入建筑安装工程造价内的营业税、城市维护建设税、教育费附加以及地方教育附加。

（2）建筑安装工程费用项目组成（按造价形成划分）

建筑安装工程费按照工程造价形成由分部分项工程费、措施项目费、其他项目费、规费、税金组成，分部分项工程费、措施项目费、其他项目费包含人工费、材料费、施工机具使用费、企业管理费和利润（见图1-3）。

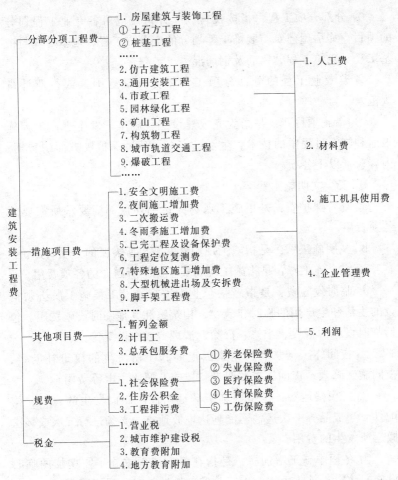

图 1-3 建筑安装工程费用项目组成(按造价形成划分)

1) 分部分项工程费:是指各专业工程的分部分项工程应予列支的各项费用。

① 专业工程:是指按现行国家计量规范划分的房屋建筑与装饰工程、仿古建筑工程、通用安装工程、市政工程、园林绿化工程、矿山工程、构筑物工程、城市轨道交通工程、爆破工程等各类工程。

② 分部分项工程：指按现行国家计量规范对各专业工程划分的项目。如房屋建筑与装饰工程划分的土石方工程、地基处理与桩基工程、砌筑工程、钢筋及钢筋混凝土工程等。

各类专业工程的分部分项工程划分见现行国家或行业计量规范。

2）措施项目费：是指为完成建设工程施工，发生于该工程施工前和施工过程中的技术、生活、安全、环境保护等方面的费用。内容包括以下各项。

① 安全文明施工费

a. 环境保护费：是指施工现场为达到环保部门要求所需要的各项费用。

b. 文明施工费：是指施工现场文明施工所需要的各项费用。

c. 安全施工费：是指施工现场安全施工所需要的各项费用。

d. 临时设施费：是指施工企业为进行建设工程施工所必须搭设的生活和生产用的临时建筑物、构筑物和其他临时设施费用。包括临时设施的搭设、维修、拆除、清理费或摊销费等。

② 夜间施工增加费：是指因夜间施工所发生的夜班补助费、夜间施工降效、夜间施工照明设备摊销及照明用电等费用。

③ 二次搬运费：是指因施工场地条件限制而发生的材料、构配件、半成品等一次运输不能到达堆放地点，必须进行二次或多次搬运所发生的费用。

④ 冬雨季施工增加费：是指在冬季或雨季施工需增加的临时设施、防滑、排除雨雪，人工及施工机械效率降低等费用。

⑤ 已完工程及设备保护费：是指竣工验收前，对已完工程及设备采取的必要保护措施所发生的费用。

⑥ 工程定位复测费：是指工程施工过程中进行全部施工测量放线和复测工作的费用。

⑦ 特殊地区施工增加费：是指工程在沙漠或其边缘地区、高海拔、高寒、原始森林等特殊地区施工增加的费用。

⑧ 大型机械设备进出场及安拆费：是指机械整体或分体自停

放场地运至施工现场或由一个施工地点运至另一个施工地点，所发生的机械进出场运输及转移费用及机械在施工现场进行安装、拆卸所需的人工费、材料费、机械费、试运转费和安装所需的辅助设施的费用。

⑨ 脚手架工程费：是指施工需要的各种脚手架搭、拆、运输费用以及脚手架购置费的摊销（或租赁）费用。

措施项目及其包含的内容详见各类专业工程的现行国家或行业计量规范。

3）其他项目费

① 暂列金额：是指建设单位在工程量清单中暂定并包括在工程合同价款中的一笔款项。用于施工合同签订时尚未确定或者不可预见的所需材料、工程设备、服务的采购，施工中可能发生的工程变更、合同约定调整因素出现时的工程价款调整以及发生的索赔、现场签证确认等的费用。

② 计日工：是指在施工过程中，施工企业完成建设单位提出的施工图纸以外的零星项目或工作所需的费用。

③ 总承包服务费：是指总承包人为配合、协调建设单位进行的专业工程发包，对建设单位自行采购的材料、工程设备等进行保管以及施工现场管理、竣工资料汇总整理等服务所需的费用。

4）规费：定义同1）建筑安装工程费用项目组成（按费用构成要素划分）中的规费。

5）税金：定义同1）建筑安装工程费用项目组成（按费用构成要素划分）中的税金。

2. 建筑安装工程费用参考计算方法

（1）各费用构成要素参考计算方法

1）人工费

$$\text{人工费} = \sum (\text{工日消耗量} \times \text{日工资单价}) \qquad (1\text{-}18)$$

$$\text{日工资单价} = \frac{\text{生产工人平均月工资（计时/计件）} + \text{平均月（奖金} + \text{津贴补贴} + \text{特殊情况下支付的工资）}}{\text{年平均每月法定工作日}}$$

$$(1\text{-}19)$$

注：公式(1-18)、公式(1-19)主要适用于施工企业投标报价时自主确定人工费，也是工程造价管理机构编制计价定额确定定额人工单价或发布人工成本信息的参考依据。

$$人工费 = \sum(工程工日消耗量 \times 日工资单价) \qquad (1\text{-}20)$$

其中，日工资单价是指施工企业平均技术熟练程度的生产工人在每工作日（国家法定工作时间内）按规定从事施工作业应得的日工资总额。

工程造价管理机构确定日工资单价应通过市场调查、根据工程项目的技术要求，参考实物工程量人工单价综合分析确定，最低日工资单价不得低于工程所在地人力资源和社会保障部门所发布的最低工资标准的：普工1.3倍、一般技工2倍、高级技工3倍。

工程计价定额不可只列一个综合工日单价，应根据工程项目技术要求和工种差别适当划分多种日人工单价，确保各分部工程人工费的合理构成。

注：公式(1-20)适用于工程造价管理机构编制计价定额时确定定额人工费，是施工企业投标报价的参考依据。

2）材料费

① 材料费

$$材料费 = \sum(材料消耗量 \times 材料单价) \qquad (1\text{-}21)$$

$$材料单价 = [(材料原价 + 运杂费) \times [1 + 运输损耗率(\%)]] \times$$
$$[1 + 采购保管费率(\%)] \qquad (1\text{-}22)$$

② 工程设备费

$$工程设备费 = \sum(工程设备量 \times 工程设备单价) \qquad (1\text{-}23)$$

$$工程设备单价 = (设备原价 + 运杂费) \times [1 + 采购保管费率(\%)]$$
$$(1\text{-}24)$$

3）施工机具使用费

① 施工机械使用费

$$施工机械使用费 = \sum(施工机械台班消耗量 \times 机械台班单价)$$
$$(1\text{-}25)$$

机械台班单价 = 台班折旧费 + 台班大修费 + 台班经常修理费 +

台班安拆费及场外运费＋台班人工费＋台班燃料动力费＋台班车船税费 (1-26)

注：工程造价管理机构在确定计价定额中的施工机械使用费时，应根据《建筑施工机械台班费用计算规则》结合市场调查编制施工机械台班单价。施工企业可以参考工程造价管理机构发布的台班单价，自主确定施工机械使用费的报价，如租赁施工机械，公式为：

施工机械使用费＝∑（施工机械台班消耗量×机械台班租赁单价）。

② 仪器仪表使用费

仪器仪表使用费＝工程使用的仪器仪表摊销费＋维修费

(1-27)

4）企业管理费费率

① 以分部分项工程费为计算基础

$$企业管理费费率(\%)=\frac{生产工人年平均管理费}{年有效施工天数×人工单价}×$$
$$人工费占分部分项工程费比例(\%) \quad (1-28)$$

② 以人工费和机械费合计为计算基础

$$企业管理费费率(\%)=\frac{生产工人年平均管理费}{年有效施工天数×(人工单价+每一工日机械使用费)}×100\%$$

(1-29)

③ 以人工费为计算基础

$$企业管理费费率(\%)=\frac{生产工人年平均管理费}{年有效施工天数×人工单价}×100\%$$

(1-30)

注：上述公式适用于施工企业投标报价时自主确定管理费，是工程造价管理机构编制计价定额确定企业管理费的参考依据。

工程造价管理机构在确定计价定额中企业管理费时，应以定额人工费或（定额人工费＋定额机械费）作为计算基数，其费率根据历年工程造价积累的资料，辅以调查数据确定，列入分部分项工程和措施项目中。

5）利润

① 施工企业根据企业自身需求并结合建筑市场实际自主确定，列入报价中。

② 工程造价管理机构在确定计价定额中利润时，应以定额人工费或"定额人工费＋定额机械费"作为计算基数，其费率根据历年工程造价积累的资料，并结合建筑市场实际确定，以单位（单项）工程测算，利润在税前建筑安装工程费的比重可按不低于 5％且不高于 7％的费率计算。利润应列入分部分项工程和措施项目中。

6）规费

① 社会保险费和住房公积金

社会保险费和住房公积金应以定额人工费为计算基础，根据工程所在地省、自治区、直辖市或行业建设主管部门规定费率计算。

$$社会保险费和住房公积金 = \sum（工程定额人工费 \times 社会保险费$$
$$和住房公积金费率）\qquad (1\text{-}31)$$

式中：社会保险费和住房公积金费率可以每万元发承包价的生产工人人工费和管理人员工资含量与工程所在地规定的缴纳标准综合分析取定。

② 工程排污费

工程排污费等其他应列而未列入的规费应按工程所在地环境保护等部门规定的标准缴纳，按实计取列入。

7）税金

税金计算公式：

$$税金 = 税前造价 \times 综合税率（\%）\qquad (1\text{-}32)$$

综合税率：

① 纳税地点在市区的企业

$$综合税率（\%） = \frac{1}{1 - 3\% - (3\% \times 7\%) - (3\% \times 3\%) - (3\% \times 2\%)} - 1$$

$$(1\text{-}33)$$

② 纳税地点在县城、镇的企业

综合税率(%)=$\dfrac{1}{1-3\%-(3\%\times 5\%)-(3\%\times 3\%)-(3\%\times 2\%)}$$-1$

$$(1-34)$$

③ 纳税地点不在市区、县城、镇的企业

综合税率(%)=$\dfrac{1}{1-3\%-(3\%\times 1\%)-(3\%\times 3\%)-(3\%\times 2\%)}$$-1$

$$(1-35)$$

④ 实行营业税改增值税的，按纳税地点现行税率计算。

（2）建筑安装工程计价参考公式

1）分部分项工程费

分部分项工程费＝$\sum$（分部分项工程量×综合单价）　(1-36)

式中：综合单价包括人工费、材料费、施工机具使用费、企业管理费和利润以及一定范围的风险费用（下同）。

2）措施项目费

① 国家计量规范规定应予计量的措施项目，其计算公式为：

措施项目费＝$\sum$（措施项目工程量×综合单价）　　(1-37)

② 国家计量规范规定不宜计量的措施项目计算方法如下。

a. 安全文明施工费

安全文明施工费＝计算基数×安全文明施工费费率(%)

$$(1-38)$$

计算基数应为定额基价（定额分部分项工程费＋定额中可以计量的措施项目费）、定额人工费或（定额人工费＋定额机械费），其费率由工程造价管理机构根据各专业工程的特点综合确定。

b. 夜间施工增加费

夜间施工增加费＝计算基数×夜间施工增加费费率(%)

$$(1-39)$$

c. 二次搬运费

二次搬运费＝计算基数×二次搬运费费率(%)　　(1-40)

d. 冬雨季施工增加费

冬雨季施工增加费＝计算基数×冬雨季施工增加费费率(％)

$$(1-41)$$

e. 已完工程及设备保护费

已完工程及设备保护费＝计算基数×已完工程及设备保护费费率(％)

$$(1-42)$$

上述 b～e 项措施项目的计费基数应为定额人工费或"定额人工费＋定额机械费"，其费率由工程造价管理机构根据各专业工程特点和调查资料综合分析后确定。

3）其他项目费

① 暂列金额由建设单位根据工程特点，按有关计价规定估算，施工过程中由建设单位掌握使用、扣除合同价款调整后如有余额，归建设单位。

② 计日工由建设单位和施工企业按施工过程中的签证计价。

③ 总承包服务费由建设单位在招标控制价中根据总包服务范围和有关计价规定编制，施工企业投标时自主报价，施工过程中按签约合同价执行。

4）规费和税金

建设单位和施工企业均应按照省、自治区、直辖市或行业建设主管部门发布标准计算规费和税金，不得作为竞争性费用。

（3）相关问题的说明

① 各专业工程计价定额的编制及其计价程序，均按本通知实施。

② 各专业工程计价定额的使用周期原则上为 5 年。

③ 工程造价管理机构在定额使用周期内，应及时发布人工、材料、机械台班价格信息，实行工程造价动态管理，如遇国家法律、法规、规章或相关政策变化以及建筑市场物价波动较大时，应适时调整定额人工费、定额机械费以及定额基价或规费费率，使建筑安装工程费能反映建筑市场实际。

④ 建设单位在编制招标控制价时，应按照各专业工程的计量规范和计价定额以及工程造价信息编制。

⑤ 施工企业在使用计价定额时除不可竞争费用外，其余仅作参考，由施工企业投标时自主报价。

三、工程建设其他费用的构成

工程建设其他费用是指从工程筹建到工程竣工验收交付使用的整个建设期间，除建筑安装工程费用和设备、工器具购置费以外的，为保证工程建设顺利完成和交付使用后能够正常发挥效用而发生的一些费用。

工程建设其他费用，按其内容大体可分为以下三类。

1. 土地使用费

任何一个建设项目都固定于一定地点与地面相连接，必须占用一定量的土地，也就必然要发生为获得建设用地而支付的费用，即土地使用费。它包括土地征用及迁移补偿费和国有土地使用费。

（1）土地征用及迁移补偿费

是指建设项目通过划拨方式取得无限期的土地使用权，依照《中华人民共和国土地管理法》等规定所支付的费用。其总和通常不得超过被征土地年产值的 20 倍，土地年产值则按该地被征用前 3 年的平均产量和国家规定的价格计算。其内容包括以下几项。

1）土地补偿费。征用耕地（包括菜地）的补偿标准，按政府规定，为该耕地年产值的若干倍。征用园地、鱼塘、藕塘、苇塘、宅基地、林地、牧场、草原等的补偿标准，由省、自治区、直辖市人民政府制定。征收无收益的土地，不予补偿。

2）安置补助费。征用耕地、菜地的，每个农业人口的安置补助费为该地每亩年产值的 2～3 倍，每亩耕地的安置补助费最高不得超过其年产值的 10 倍。

3）征地动迁费。包括征用土地上的房屋及附属构筑物、城市公共设施等拆除、迁建补偿费、搬迁运输费，以及企业单位因搬迁造成的减产、停工损失补贴费，拆迁管理费等。

4）青苗补偿费和被征用土地上的房屋、水井、树木等附着物补偿费。征用城市郊区的菜地时，还应按照有关规定向国家缴纳新菜地开发建设基金。

5）缴纳的耕地占用税或城镇土地使用税、土地登记费及征地管理费等。县市土地管理机关从征地费中提取土地管理费的比率，要按征地工作量的大小，视不同情况，在1‰～4‰的幅度内提取。

6）水利水电工程水库淹没处理补偿费。包括：农村移民安置迁建费；城市迁建补偿费；库区工矿企业、交通、电力、通信、广播、管网、水利等的恢复、迁建补偿费；库底清理费；防护工程费、环境影响补偿费用等。

（2）取得国有土地使用费

取得国有土地使用费包括：土地使用权出让金、城市建设配套费、拆迁补偿与临时安置补助费等。

1）土地使用权出让金。是指建设工程通过土地使用权出让方式，取得有限期的土地使用权，依照《中华人民共和国城镇国有土地使用权出让和转让暂行条例》规定，支付的土地使用权出让金。

① 明确国家是城市土地的唯一所有者，并分层次、有偿、有限期地出让、转让城市土地。第一层次是城市政府将国有土地使用权出让给用地者；第二层次及以下层次的转让则发生在使用者之间。

② 城市土地的出让和转让可采用协议、招标、公开拍卖等方式。

a. 协议方式是由用地单位申请，经市政府批准同意后双方洽谈具体地块及地价。该方式适用于市政工程、公益事业用地以及需要减免地价的机关、部队用地和需要重点扶持、优先发展的产业用地。

b. 招标方式是在规定的期限内，由用地单位以书面形式投标，市政府根据投标报价、所提供的规划方案以及企业信誉综合考虑，择优而取。该方式适用于一般工程建设用地。

c. 公开拍卖是指在指定的地点和时间，由申请用地者叫价应价，价高者得。这完全是由市场竞争决定，适用于盈利高的行业用地。

③ 在有偿出让和转让土地时，政府对地价不作统一规定，但应坚持以下原则。

a. 地价对目前的投资环境不产生大的影响。

b. 地价与当地的社会经济承受能力相适应。

c. 地价要考虑已投入的土地开发费用、土地市场供求关系、土地用途和使用年限。

④ 关于政府有偿出让土地使用权的年限，各地可根据时间、区位等各种条件作不同的规定，一般可在 30～99 年。按照地面附属建筑物的折旧年限来看，以 50 年为宜。

⑤ 土地有偿出让和转让，土地使用者和所有者要签约，明确使用者对土地享有的权利和应承担的义务。

a. 有偿出让和转让使用权，要向土地受让者征收契税。

b. 转让土地如有增值，要向转让者征收土地增值税。

c. 在土地转让期间，国家要区别不同地段、不同用途向土地使用者收取土地占用费。

2）城市建设配套费。是指因进行城市公共设施的建设而分摊的费用。

3）拆迁补偿与临时安置补助费。该项费用由拆迁补偿费和临时安置补助费或搬迁补助费构成。拆迁补偿费是指拆迁人对被拆迁人，按照有关规定予以补偿所需的费用。拆迁补偿的形式可分为产权调换和货币补偿两种形式。产权调换的面积按照所拆迁房屋的建筑面积计算；货币补偿的金额按照所拆迁房屋的区位、用途、建筑面积等因素，以房地产市场评估价格确定。拆迁人应当对被拆迁人或者房屋承租人支付搬迁补助费。在过渡期内，被拆迁人或者房屋承租人自行安排住处的，拆迁人应当支付临时安置补助费。

2. 与项目建设有关的其他费用

与项目建设有关的其他费用在进行工程估算及概算中可根据实际情况进行计算，通常包括以下各项。

（1）建设单位管理费。建设单位管理费是指建设项目从立项、筹建、建设、联合试运转、竣工验收、交付使用及后评估等全过程管理所需的费用。内容包括以下几项。

① 建设单位开办费。它是指新建项目所需办公设备、生活家具、用具、交通工具等购置费用。

② 建设单位经费。它包括工作人员的基本工资、工资性补贴、职工福利费、劳动保护费、劳动保险费、办公费、差旅交通费、工会经费、职工教育经费、固定资产使用费、工具用具使用费、技术图书资料费、生产人员招募费、工程招标费、合同契约公证费、工程质量监督检测费、工程咨询费、法律顾问费、审计费、业务招待费、排污费、竣工交付使用清理及竣工验收费、后评估等费用。不包括应计入设备、材料预算价格的建设单位采购及保管设备材料所需的费用。

建设单位管理费按照单项工程费用之和（包括设备工器具购置费和建筑安装工程费用）乘以建设单位管理费率计算。

建设单位管理费率按照建设项目的不同性质、不同规模确定。有的建设项目按照建设工期和规定的金额计算建设单位管理费。

（2）勘察设计费。勘察设计费是指为本建设项目提供项目建议书、可行性研究报告及设计文件等所需费用，内容包括以下几项。

① 编制项目建议书、可行性研究报告及投资估算、工程咨询、评价以及为编制上述文件所进行勘察、设计、研究试验等所需费用。

② 委托勘察、设计单位进行初步设计、施工图设计及概预算编制等所需费用。

③ 在规定范围内由建设单位自行完成的勘察、设计工作所需

费用。

勘察设计费中，项目建议书、可行性研究报告按国家颁布的收费标准计算，设计费按国家颁布的工程设计收费标准计算；勘察费一般民用建筑 6 层以下的按 $3 \sim 5$ 元$/m^2$ 计算，高层建筑按 $8 \sim 10$ 元$/m^2$ 计算，工业建筑按 $10 \sim 12$ 元$/m^2$ 计算。

（3）研究试验费。它是指为建设项目提供和验证设计参数、数据、资料等所进行的必要的试验费用以及设计规定在施工中必须进行试验、验证所需费用。包括自行或委托其他部门研究试验所需人工费、材料费、试验设备及仪器使用费等。这项费用按照设计单位根据本工程项目的需要提出的研究试验内容和要求计算。

（4）建设单位临时设施费。它是建设期间建设单位所需临时设施的搭设、维修、摊销费用或租赁费用。

临时设施包括临时宿舍、文化福利及公用事业房屋与构筑物、仓库、办公室、加工厂以及规定范围内的道路、水、电、管线等临时设施和小型临时设施。

（5）工程监理费。它是建设单位委托工程监理单位对工程实施监理工作所需费用。根据原国家物价局、建设部《关于发布工程建设监理费用有关规定的通知》（［1992］价费字 479 号）等文件规定，选择下列方法之一计算。

① 一般情况应按工程建设监理收费标准计算，即按所监理工程概算或预算的百分比计算。

② 对于单工种或临时性项目可根据参与监理的年度平均人数按 3.5 万～5 万元/人年计算。

（6）工程保险费。它是指建设项目在建设期间根据需要实施工程保险所需的费用。包括以各种建筑工程及其在施工过程中的物料、机器设备为保险标的的建筑工程一切险，以安装工程中的各种机器、机械设备为保险标的的安装工程一切险，以及机器损坏保险等。根据不同的工程类别，分别以其建筑、安装工程费乘以建筑、安装工程保险费率计算。民用建筑（例如商场、旅馆、医院、学校、住宅楼、综合性大楼）占建筑工程费的 2‰～4‰；其他建筑（例如仓库、道路、码头、水坝、隧道、桥梁、管道、工业厂房等）占建筑工程费的 3‰～6‰；安装工程（例如工业、农业、电子、电器、机械、纺织、矿山、石油、化学及钢铁工业、钢结构桥梁）占建筑工程费的 3‰～6‰。

（7）引进技术和进口设备其他费用。它包括出国人员费用、国外工程技术人员来华费用、技术引进费、分期或延期付款利息、担保费以及进口设备检验鉴定费。

① 出国人员费用。它是指为引进技术和进口设备，派出人员在国外培训和进行设计联络、设备检验等的差旅费、制装费、生活费等。这项费用根据设计规定的出国培训和工作的人数、时间及派往国家，按财政部、外交部规定的临时出国人员费用开支标准及中国民用航空公司现行国际航线票价等进行计算，其中使用外汇部分应计算银行财务费用。

② 国外工程技术人员来华费用。它是指为安装进口设备、引进国外技术等聘用外国工程技术人员进行技术指导工作所发生的费用。包括技术服务费、外国技术人员的在华工资、生活补贴、差旅费、医药费、住宿费、交通费、宴请费、参观游览等招待费用。这项费用按每人每月费用指标计算。

③ 技术引进费。它是指为引进国外先进技术而支付的费用。包括专利费、专有技术费（技术保密费）、国外设计及技术资料费、计算机软件费等。这项费用根据合同或协议的价格计算。

④ 分期或延期付款利息。它是指利用出口信贷引进技术或进口设备采取分期或延期付款的办法所支付的利息。

⑤ 担保费。它是指国内金融机构为买方出具保函的担保费。这项费用按有关金融机构规定的担保费率计算（一般可按承保金额的 5‰计算）。

⑥ 进口设备检验鉴定费用。它是指进口设备按规定付给商品检验部门的进口设备检验鉴定费。这项费用按进口设备货价的 3‰～5‰计算。

（8）工程承包费。它是具有总承包条件的工程公司，对工程建设项目从开始建设至竣工投产全过程的总承包所需的管理费用。具体内容包括组织勘察设计、设备材料采购、非标设备设计制造与销售、施工招标、发包、工程预决算、项目管理、施工质量监督、隐蔽工程检查、验收和试车直至竣工投产的各种管理费用。该费用按国家主管部门或省、自治区、直辖市协调规定的工程总承包费取费标准计算。若无规定时，一般工业建设项目为投资估算的 6%～8%，民用建筑和市政项目为 4%～6%。不实行工程承包的项目不计算本项费用。

3. 与未来企业生产经营有关的其他费用

（1）联合试运转费。它是新建企业或改扩建企业在工程竣工验收前，按照设计的生产工艺流程和质量标准对整个企业进行联合试运转所发生的费用支出与联合试运转期间的收入部分的差额部分。联合试运转费用一般根据不同性质的项目按需进行试运转的工艺设备购置费的百分比计算。

（2）生产准备费。它是新建企业或新增生产能力的企业，为保证竣工交付使用进行必要的生产准备所发生的费用。费用内容包括生产人员培训费和其他费用。生产准备费一般根据需要培训和提前进厂人员的人数及培训时间，按生产准备费指标进行估算。

（3）办公和生活家具购置费。它是指为保证新建、改建、扩建项目初期正常生产、使用和管理所必须购置的办公和生活家具、用具的费用。该费用改建、扩建项目低于新建项目。这项费用按照设计定员人数乘以综合指标计算，一般为 600～800 元/人。

四、预备费、固定资产投资方向调节税、建设期贷款利息和铺底流动资金

1. 预备费

按我国现行规定，预备费包括基本预备费和涨价预备费。

（1）基本预备费。基本预备费是在初步设计及概算内难以预料

的工程费用，费用内容包括以下三项。

① 在批准的初步设计范围内，技术设计、施工图设计及施工过程中所增加的工程费用；设计变更、局部地基处理等增加的费用。

② 一般自然灾害造成的损失和预防自然灾害所采取的措施费用。实行工程保险的工程项目费用应适当降低。

③ 竣工验收时为鉴定工程质量对隐蔽工程进行必要的挖掘和修复费用。

基本预备费是按设备及工、器具购置费，建筑安装工程费用和工程建设其他费用三者之和为计取基础，乘以基本预备费率进行计算。基本预备费率的取值应执行国家及部门的有关规定。

（2）涨价预备费。涨价预备费是建设项目在建设期间内由于价格等变化引起工程造价变化的预测预留费用。费用内容包括：人工、设备、材料、施工机械的价差费，建筑安装工程费及工程建设其他费用调整，利率、汇率调整等增加的费用。

涨价预备费的测算方法，一般根据国家规定的投资综合价格指数，按估算年份价格水平的投资额为基数，采用复利方法计算。计算公式如下。

$$PF = \sum_{t=1}^{n} I_t \left[(1+f)^t - 1 \right] \qquad (1\text{-}43)$$

式中　PF——涨价预备费；

　　　n——建设期年份数；

　　　I_t——建设期中第 t 年的投资计划额，包括设备及工器具购置费、建筑安装工程费、工程建设其他费用及基本预备费；

　　　f——年均投资价格上涨率。

2. 固定资产投资方向调节税

为了贯彻国家产业政策，控制投资规模，引导投资方向，调整投资结构，加强重点建设，促进国民经济持续稳定协调发展，国家根据国民经济的运行趋势和全社会固定资产投资的状况，对进行固定资产投资的单位和个人开征或暂缓征收固定资产投资方的调节税（该税征收对象不含中外合资经营企业、中外合作经营企业和外资企业）。

投资方向调节税根据国家产业政策和项目经济规模实行差别税率，税率分为 0、5％、10％、15％、30％五个档次，各固定资产投资项目按其单位工程分别确定适用的税率。计税依据为固定资产投资项目实际完成的投资额，其中更新改造项目为建筑工程实际完成的投资额。投资方向调节税按固定资产投资项目的单位工程年度计划投资额预缴。年度终了后，按年度实际投资结算，多退少补。项目竣工后按全部实际投资进行清算，多退少补。

为贯彻国家宏观调控政策，扩大内需，鼓励投资，根据国务院的决定，对《中华人民共和国固定资产投资方向调节税暂行条例》规定的纳税义务人，其固定资产投资应税项目自 2000 年 1 月 1 日起新发生的投资额，暂停征收固定资产投资方向调节税。但该税种并未取消。

3. 建设期贷款利息

建设期投资贷款利息是指建设项目使用银行或其他金融机构的贷款，在建设期应归还的借款的利息。它是为了筹措建设项目资金所发生的各项费用中最主要的费用。建设项目筹建期间借款的利息，按规定可以计入购建资产的价值或开办费。贷款机构在贷出款项时，一般都是按复利考虑的。作为投资者来说，在项目建设期间，投资项目一般没有还本付息的资金来源，即使按要求还款，其资金也可能是通过再申请借款来支付。当项目建设期长于一年时，为简化计算，可假定借款发生当年均在年中支用，按半年计息，年初欠款按全年计息，这样，建设期投资贷款的利息可按下式计算。

$$q_j = \left(P_{j-1} + \frac{1}{2}A_j \right) \cdot i \qquad (1\text{-}44)$$

式中　q_j——建设期第 j 年应计利息；

P_{j-1}——建设期第（$j-1$）年末贷款累计金额与利息累计金额

之和；

A_j——建设期第 j 年贷款金额；

i——年利率。

4. 铺底流动资金

铺底流动资金是生产经营性项目投产后，为进行正常生产运营，用于购买原材料、燃料，支付工资及其他经营费用等所需的周转资金。流动资金估算一般参照现有同类企业的状况采用分项详细估算法，个别情况或者小型项目可采用扩大指标法。

（1）分项详细估算法。对计算流动资金需要掌握的流动资产和流动负债这两类因素应分别进行估算。在可行性研究中，为简化计算，仅对存货、现金、应收账款这 3 项流动资产和应付账款这项流动负债进行估算。

（2）扩大指标估算法。

① 按建设投资的一定比例估算。例如，国外化工企业的流动资金，通常是按建设投资的 $15\% \sim 20\%$ 计算。

② 按经营成本的一定比例估算。

③ 按年销售收入的一定比例估算。

④ 按单位产量占用流动资金的比例估算。

流动资金一般在投产前开始筹措。在投产第一年开始按生产负荷进行安排，其借款部分按全年计算利息。流动资金利息应计入财务费用。项目计算期末回收全部流动资金。

例 题

【例 1-1】 某建设期为 3 年的建设项目，各年投资计划额如下：第 1 年贷款 7600 万元，第 2 年贷款 12800 万元，第 3 年贷款 3800 万元，年投资价格上涨率为 6%。试计算建设项目建设期间涨价预备费。

【解】

（1）第 1 年涨价预备费

$$PF_1 = I_1[(1+f)-1] = 7600 \times 0.06 = 456(万元)$$

（2）第 2 年涨价预备费

$$PF_2=I_2\left[(1+f)^2-1\right]=12800\times(1.06^2-1)=1582.08(万元)$$

（3）第 3 年涨价预备费

$$PF_3=I_3\left[(1+f)^3-1\right]=3800\times(1.06^3-1)=725.86(万元)$$

（4）建设期的涨价预备费

$$PF=PF_1+PF_2+PF_3=456+1582.08+725.86=2763.94(万元)$$

【例 1-2】 某建设期为 3 年的新建项目，共向银行贷款 1600 万元，各年的贷款金额如下：第 1 年 400 万元；第 2 年 700 万元；第 3 年 500 万元。年利率为 6%，试计算建设期利息。

【解】 在建设期，各年利息计算如下。

（1）第 1 年利息＝$0.5\times400\times6\%=12$（万元）

（2）第 2 年利息＝$(400+12+0.5\times700)\times6\%=45.72$（万元）

（3）第 3 年利息＝$(400+12+700+45.72+0.5\times500)\times6\%=84.46$（万元）

（4）建设期利息总和＝$12+45.72+84.46=142.18$（万元）

第 4 节　建筑工程造价的分类及计价特征

要　点

工程造价是指进行一个工程项目的建造所需要花费的全部费用，即从工程项目确定建设意向直至建成、竣工验收为止的整个建设期间所支出的总费用，这是保证工程项目建造正常进行的必要资金，是建设项目投资中最主要的部分。

本节主要介绍建筑工程造价的分类及计价特征。

解　释

一、建筑工程造价的分类

1. 按用途分类

建筑工程造价按用途分为标底价格、投标价格、中标价格、直接发包价格、合同价格等。

（1）标底价格　它是招标人的期望价格，不是交易价格。招标人以此作为衡量投标人投标价格的一个尺度，也是招标人的一种控制投资的手段。

编制标底价可由招标人自行操作，也可委托招标代理机构操作，由招标人作出决策。

（2）投标价格　投标人为了得到工程施工承包的资格，按照招标人在招标文件中的要求进行估价，然后依据投标策略确定投标价格，以争取中标并且通过工程实施取得经济效益。所以投标报价是卖方的要价，若中标，这个价格就是合同谈判和签订合同确定工程价格的基础。

若设有标底，投标报价时要研究招标文件中评标时如何使用标底。

① 以靠近标底者得分最高，这时报价就无须追求最低标价。

② 标底价只作为招标人的期望，但是仍要求低价中标，这时投标人就要努力采取措施，既使标价最具竞争力（最低价），又使报价不低于成本，即能获得理想的利润。由于"既能中标，又能获利"是投标报价的原则，故投标人的报价必须以雄厚的技术和管理实力做后盾，编制出既有竞争力又能盈利的投标报价。

（3）中标价格　《招标投标法》第四十条规定："评标委员会应当按照招标文件确定的评标标准和方法，对投标文件进行评审和比较；设有标底的，应当参考标底。"所以评标的依据一是招标文件，二是标底（设有标底时）。

《招标投标法》第四十一条规定，中标人的投标应符合下列两个条件之一。一是"能最大限度地满足招标文件中规定的各项综合评价标准"；二是"能够满足招标文件的实质性要求，并且经评审的投标价格最低，但是投标价低于成本的除外"。第二项条件主要是说的投标报价。

（4）直接发包价格　它是由发包人与指定的承包人直接接触，通过谈判达成协议签订施工合同，而不需要像招标承包定价方式那样，通过竞争定价。直接发包方式计价只适用于不宜进行招标的工程，例如军事工程、保密技术工程、专利技术工程及发包人认为不宜招标而又不违反《招标投标法》第三条（招标范围）规定的其他工程。

直接发包方式计价首先提出协商价格意见的可能是发包人或其委托的中介机构，也可能是承包人提出价格意见交发包人或其委托的中介组织进行审核。无论由哪方提出协商价格意见，都要通过谈判协商，签订承包合同，确定为合同价。

直接发包价格是以审定的施工图预算为基础，由发包人与承包人商定增减价的方式定价。

（5）合同价格　《建设工程施工发包与承包计价管理办法》第十二条规定："合同价可采用以下方式：（一）固定价。合同总价或者单价在合同约定的风险范围内不可调整。（二）可调价。合同总价或者单价在合同实施期内，根据合同约定的办法调整。（三）成本加酬金。"

1）固定合同价。可分为固定合同单价和固定合同总价两种。

① 固定合同单价。它是指合同中确定的各项单价在工程实施期间不因价格变化而调整，而在每月（或每阶段）工程结算时，根据实际完成的工程量结算，在工程全部完成时以竣工图的工程量最终结算工程总价款。

② 固定合同总价。它是指承包整个工程的合同价款总额已经确定，在工程实施中不再因物价上涨而变化，所以固定合同总价应考虑价格风险因素，也须在合同中明确规定合同总价包括的范围。这类合同价可以使发包人对工程总开支做到大体心中有数，在施工过程中可以更有效地控制资金的使用。但是对承包人来说，要承担较大的风险，例如物价波动、气候条件恶劣、地质地基条件及其他意外困难等，所以合同价款一般会高些。

2）可调合同价。

① 可调单价。合同单价可调，通常在工程招标文件中规定。在合同中签订的单价，根据合同约定的条款，若在工程实施过程中

物价发生变化，可作调整。有的工程在招标或签约时，因某些不确定因素而在合同中暂定某些分部分项工程的单价，在工程结算时，再根据实际情况和合同约定对合同单价进行调整，确定实际结算单价。

② 可调总价。合同中确定的工程合同总价在实施期间可随价格变化而调整。发包人和承包人在商订合同时，以招标文件的要求及当时的物价计算出合同总价。若在执行合同期间，由于通货膨胀引起成本增加达到某一限度时，合同总价则作相应调整。可调合同价使发包人承担了通货膨胀的风险，承包人则承担其他风险。一般适合于工期较长（例如 1 年以上）的项目。

关于可调价格的调整方法，常用的有以下几种。

a. 按主材计算价差。发包人在招标文件中列出需要调整价差的主要材料表及其基期价格（一般采用当时当地工程造价管理机构公布的信息价或结算价），工程竣工结算时按竣工当时当地工程造价管理机构公布的材料信息价或结算价，与招标文件中列出的基期价比较计算材料差价。

b. 主料按抽料法计算价差，其他材料按系数计算价差。主要材料按施工图预算计算的用量和竣工当月当地工程造价管理机构公布的材料结算价或信息价与基价对比计算差价。其他材料按当地工程造价管理机构公布的竣工调价系数计算方法计算差价。

c. 按工程造价管理机构公布的竣工调价系数及调价计算方法计算差价。

d. 调值公式法。调值公式一般包括固定部分、材料部分和人工部分三项。当工程规模和复杂性增大时，公式也会变得复杂。调值公式如下。

$$P = P_0 \left(a_0 + a_1 \frac{A}{A_0} + a_2 \frac{B}{B_0} + a_3 \frac{C}{C_0} + \cdots \right) \qquad (1\text{-}45)$$

式中　　　　P——调值后的工程价格；

　　　　　　P_0——合同价款中工程预算进度款；

　　　　　　a_0——固定要素的费用在合同总价中所占比重，这部分费用在合同支付中不能调整；

a_1，a_2，a_3…——代表有关各项变动要素的费用（例如人工费、钢材费用、水泥费用、运输费用等）在合同总价中所占比重，$a_0+a_1+a_2+a_3+\cdots=1$；

A_0，B_0，C_0…——签订合同时与 a_1、a_2、a_3…对应的各种费用的基期价格指数或价格；

A，B，C…——在工程结算月份与 a_1、a_2、a_3…对应的各种费用的现行价格指数或价格。

各部分费用在合同总价中所占比重在许多标书中要求承包人在投标时提出，并在价格分析中予以论证。也有的由发包人在招标文件中规定一个允许范围，由投标人在此范围内选定。

e. 实际价格结算法。有些地区规定对钢材、木材、水泥三大材的价格按实际价格结算的方法，工程承包人可凭发票按实报销。此法操作方便，但是也导致承包人忽视降低成本。为避免副作用，地方建设主管部门要定期公布最高结算限价，同时合同文件中应规定发包人有权要求承包人选择更廉价的供应来源。

采用哪种方法，应按工程价格管理机构的规定，经双方协商后在合同的专用条款中约定。

3）成本加酬金确定的合同价。合同中确定的工程合同价，其工程成本部分按现行计价依据计算，酬金部分则按工程成本乘以通过竞争确定的费率计算，将两者相加，确定出合同价。一般分为以下几种形式。

① 成本加固定酬金确定的合同价。工程成本实报实销，但是酬金是事先商定的一个固定数目。计算公式如下。

$$C=C_a+F \tag{1-46}$$

式中 C——总造价；

C_a——工程成本；

F——酬金。

其中 F 通常按估算的工程成本的一定百分比确定，数额是固定不变的。这种承包方式虽然不能鼓励承包商关心降低成本，但是从尽快取得酬金出发，承包商将会关心缩短工期。为了鼓励承包单位更好地工作，也有在固定酬金之外，再根据工程质量、工期和降低成本情况另加奖金的。奖金所占比例的上限可大于固定酬金，以充分发挥奖励的积极作用。

② 成本加浮动酬金确定的合同价。这种承包方式要事先商定工程成本和酬金的预期水平。若实际成本恰好等于预期水平，工程造价就是成本加固定酬金；若实际成本低于预期水平，则增加酬金；若实际成本高于预期水平，则减少酬金。这三种情况可用算式表示如下。

$$
\begin{aligned}
C_a = C_0, & \quad \text{则 } C = C_a + F \\
C_a < C_0, & \quad \text{则 } C = C_a + F + \Delta F \\
C_a > C_0, & \quad \text{则 } C = C_a + F - \Delta F
\end{aligned} \tag{1-47}
$$

式中　C_0——预期成本；

　　　C——总造价；

　　　C_a——工程成本；

　　　F——酬金；

　　　ΔF——酬金增减部分，可以是一个百分数，也可以是一个固定的绝对数。

采用这种承包方式，当实际成本超支而减少酬金时，以原定的固定酬金数额为减少的最高限度。也就是在最坏的情况下，承包人将得不到任何酬金，但是不必承担赔偿超支的责任。

从理论上讲，这种承包方式既对承发包双方都没有太多风险，又能促使承包商关心降低成本和缩短工期；但是在实践中准确地估算预期成本比较困难，所以要求当事双方具有丰富的经验并掌握充分的信息。

③ 成本加固定百分比酬金确定的合同价。这种合同价是发包人对承包人支付的人工、材料和施工机械使用费、措施费、施工管理费等按实际直接成本全部据实补偿，同时按照实际直接成本的固定百分比付给承包人一笔酬金，作为承包方的利润。其计算公式如下。

$$C = C_a(1 + P) \qquad (1\text{-}48)$$

式中　C——总造价；

　　C_a——实际发生的工程成本；

　　P——固定的百分数。

从公式中可以看出，总造价 C 将随工程成本 C_a 而水涨船高，不能鼓励承包商关心缩短工期和降低成本，对建设单位是不利的。现在已很少采用这种承包方式。

④ 目标成本加奖罚确定的合同价。在仅有初步设计和工程说明书便迫切要求开工的情况下，可根据粗略估算的工程量和适当的单价表编制概算，作为目标成本。随着详细设计逐步具体化，工程量和目标成本可加以调整，另外规定一个百分数作为酬金。最后结算时，若实际成本高于目标成本并超过事先商定的界限（例如5％），则减少酬金；若实际成本低于目标成本（也有一个幅度界限），则加给酬金。计算公式如下。

$$C = C_a + P_1 C_0 + P_2(C_0 - C_a) \qquad (1\text{-}49)$$

式中　C_0——目标成本；

　　P_1——基本酬金百分数；

　　P_2——奖罚百分数；

　　C——总造价；

　　C_a——实际发生的工程成本。

此外，还可另加工期奖罚。

这种承包方式可以促使承包商关心降低成本和缩短工期，而且目标成本是随设计的进展而加以调整然后确定下来的，故建设单位和承包商双方都不会承担太大的风险，这是其可取之处。当然也要求承包商和建设单位的代表都须具有比较丰富的经验和充分的信息。

在工程实践中，采用哪一种合同计价方式，是采用固定价还是可调价方式，应根据建设工程的特点，业主对筹建工作的设想，对工程费用、工期和质量的要求等，综合考虑后进行确定。

2. 按计价方法分类

建筑工程造价按计价方法可分为预算造价、概算造价和施工图预算造价等，参见本书第 1 章第 5 节和第 6 章相关内容，此处不作详解讲解。

二、建筑工程造价的计价特征

1. 计价的单件性

建设工程在生产上的单件性决定了在造价计算上的单件性，它不能像一般工业产品那样，可以按品种、规格成批地生产，统一定价，而只能按照单件计价。国家或地区有关部门不能按各个工程逐件控制价格，只能就工程造价中各项费用项目的划分、工程造价构成的一般程序、概预算的编制方法、各种概预算定额和费用标准等作出统一性的规定，以此作宏观性的价格控制。

2. 计价的多次性

建设工程的生产过程是一个要经过可行性研究、设计、施工和竣工验收等多个阶段、周期较长的生产消费过程。为了工程建设各方建立合理的经济关系，方便进行工程项目管理，适应工程造价控制与管理的要求，需要对建设工程进行多次性计价。

在编制项目建议书、进行可行性研究阶段，一般可按规定的投资估算指标、类似工程的造价资料、现行的设备材料价格，结合工程实际情况进行投资估算。投资估算是可行性研究报告的重要组成部分，是判断项目可行性和进行项目决策的重要依据。经批准的投资估算是工程造价的目标限额，是以后编制概预算的基础。

在初步设计阶段，总承包设计单位要根据初步设计的总体布置、工程项目、各单项工程的主要结构和设备清单，采用有关概算定额或概算指标等编制建设项目的总概算。它包括从筹建到竣工验收的全部建设费用。设计概算是初步设计文件的重要组成部分。经批准的设计总概算是确定建设项目总造价、编制固定资产投资计划、签订建设项目承包总合同和贷款总合同的依据，也是控制建设项目贷款和施工图预算以及考核设计经济合理性的依据。

工程开工之前，要由设计单位依据施工图设计确定的工程量，套用有关预算定额单价、间接费取费率和利润率以及税率等编制施工图预算。施工图预算是施工图设计文件的重要组成部分。施工图预算经审核批准后，是签订工程承包合同、实行工程造价包干和办理工程价款结算的依据。实行招标的工程，施工图预算是确定标底的基础。

　　在签订建设项目总承包合同、设备材料采购合同时，要在对设备材料价格发展趋势进行分析和预测的基础上，通过招标投标，由发包方和承包方共同确定一致同意的合同价作为双方结算的基础。合同价款是指按有关规定或协议条款约定的各种取费标准计算的用以支付给承包方按照合同要求完成工程内容的价款总额。在合同实施阶段，对于影响工程造价的设备、材料价差及设计变更等，应按合同规定的调整范围及调价方法对合同价进行必要的修正，确定结算价。

　　工程项目竣工交付使用时，建设单位需编制竣工决算，反映工程建设项目的实际造价和建成交付使用的固定资产及流动资产的详细情况，作为财产交接、考核交付使用的财产成本以及使用部门建立财产明细表和登记新增财产价值的依据。竣工决算是完成一个建设工程所实际花费的费用，是该建设工程的实际造价。

　　综上所述，从投资估算、设计概算、施工图预算到招标承包合同价，再到各项工程的结算价和最后在结算价基础上编制的竣工决算，整个计价过程是一个由粗到细、由浅到深，经过多次计价最后达到工程实际造价的过程，计价过程各环节之间相互衔接，前者制约后者，后者补充前者。

3. 计价方法的多样性

　　工程造价多次性计价有各不相同的计价依据，对造价的精确度要求也不相同，这就决定了计价方法的多样性。计算概、预算造价的方法有单价法和实物法等。计算投资估算的方法有设备系数法、生产能力指数估算法等。不同的方法利弊不同，适应条件也不同，计价时要根据具体情况加以选择。

4. 计价的组合性

一个建设项目的总造价由各个单项工程造价组成，而各个单项工程造价又由各个单位工程造价所组成。各单位工程造价又是按分部工程、分项工程和相应定额、费用标准等进行计算得出的。可见，为确定一个建设项目的总造价，应首先计算各单位工程造价，再计算各单项工程造价（通常称为综合概预算造价），然后汇总成总造价（又称总概预算造价）。显然，这个计价过程充分体现了分部组合计价的特点。

5. 计价依据的复杂性

由于影响造价的因素多，计价依据复杂，种类繁多。主要可分为以下七类。

① 计算设备和工程量的依据。包括项目建议书、可行性研究报告和设计文件等。

② 计算人工、材料、机械等实物消耗量的依据。包括投资估算指标、概算定额、预算定额等。

③ 计算工程单价的价格依据。包括人工单价、材料价格、材料运杂费和机械台班费等。

④ 计算设备单价的依据。包括设备原价、设备运杂费和进口设备关税等。

⑤ 计算措施费、间接费和工程建设其他费用的依据，主要是相关的费用定额和指标。

⑥ 政府规定的税、费。

⑦ 物价指数和工程造价指数。

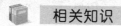 相关知识

建筑工程造价的特点

1. 大额性

众所周知，建筑工程项目的造价动辄数百万、数千万、数亿、十几亿元，特大型建筑工程项目的造价可达百亿、千亿元。因此，建筑工程造价具有大额性的特点，并关系到有关方面的重大经济利益，同时也会对宏观经济产生重大影响。

2. 层次性

工程的层次性决定造价的层次性。一个建设项目往往含有多个能够独立发挥设计效能的单项工程（例如办公室、写字楼、住宅楼等）。一个单项工程又是由能够各自发挥专业效能的多个单位工程（例如土建工程、装饰装修工程等）组成。与此相适应，工程造价有3个层次：建设项目总造价、单项工程造价和单位工程造价。如果专业分工更细，单位工程的组成部分——分部分项工程也可以成为交换对象，例如大型土方工程、基础工程、砌筑工程等，这样工程造价的层次就增加分部工程和分项工程而成为5个层次。即使从造价的计算和工程管理的角度看，工程造价的层次性也是非常突出的。

3. 动态性

任何一项工程从决策到竣工交付使用，都有一个较长的建设期间，而且由于不可控因素的影响，在预计工期内，许多影响工程造价的动态因素，例如工程变更，设备材料价格，工资标准以及费率、利率、汇率都会发生变化。这种变化必然会影响到造价的变动。所以工程造价在整个建设期中处于不确定状态，直至竣工决算后才能最终确定工程的实际造价。

4. 兼容性

工程造价的兼容性首先表现在它具有两种含义。第一种含义是工程造价是指建设一项工程预期开支或实际开支的全部固定资产投资费用；第二种含义是工程承发包价格。即为建成一项工程、预计或实际在土地市场、设备市场、技术劳务市场，以及承包市场等交易活动中所形成的建筑安装工程的价格和建设工程总价格。通常把第二种含义认定为是工程承发包价格。兼容性其次表现在工程造价构成因素的广泛性和复杂性。在工程造价中，成本因素非常复杂，其中为获得建设工程用地支出的费用、项目可行性研究和规划设计费用、与政府一定时期政策（特别是产业政策和税收政策）相关的费用占有相当大的份额。盈利的构成也较为复杂，资金成本较大。

5. 个别性、差异性

任何一项工程都有特定的用途、功能、规模。所以对每一项工程的结构、造型、空间分割、设备配置和内外装饰都有具体的要求，因而使工程内容和实物形态都具有个别性、差异性。产品的差异性决定了工程造价的个别性差异。同时，每项工程所处地区、地段都不相同，使这一特点得到强化。

第5节　建筑工程预算定额

要　点

建筑工程预算定额是指在合理的施工组织设计、正常的施工条件下，生产一定计量单位合格分项工程或构件所需耗费的人工、材料和施工机械台班数量的标准。预算定额是工程建设管理工作中的一项重要技术经济法规，是进行设计方案比较、编制建筑工程施工图预算和确定工程造价的重要依据。

解　释

一、建筑工程预算定额的内容

目前，我国尚无全国统一建筑工程预算定额，只有原建设部于1995年12月以建标［1995］736号通知发布的《全国统一建筑工程基础定额》，该定额从其功能作用方面来说，实质上就是预算定额，所以这里以该定额为例对建筑工程预算定额的内容予以说明。

《全国统一建筑工程基础定额》（土建工程）（GJD—101—95）的内容，主要由以下几部分组成。

1. 颁发文件

原建设部以"建标［1995］736号"文件向各省、自治区、直辖市建委（建设厅）、有关计委、国务院各有关部门通知称：自1995年12月15日起《全国统一建筑工程基础定额》（土建工程）（GJD—101—95）和《全国统一建筑工程预算工程量计算规则》（GJDGZ—101—95）开始施行，原建设部1992年印发的《全国统一建筑装饰工程预算定额》停止执行。《全国统一建筑工程基础定额》（土建工程）和《全国统一建筑工程预算工程量计算规则》由原建设部负责解释和管理，由中国计划出版社出版、发行。

2. 目录

《全国统一建筑工程基础定额》目录共分为十五章，列示如下。

第一章　　土石方工程

第二章　　桩基础工程

第三章　　脚手架工程

第四章　　砌筑工程

第五章　　混凝土及钢筋混凝土工程

第六章　　构件运输及安装工程

第七章　　门窗及木结构工程

第八章　　楼地面工程

第九章　　屋面及防水工程

第十章　　防腐、保温、隔热工程

第十一章　　装饰工程

第十二章　　金属结构制作工程

第十三章　　建筑工程垂直运输定额

第十四章　　建筑物超高增加人工、机械定额

第十五章　　附录

3. 总说明

总说明主要阐述了《全国统一建筑工程基础定额》（土建工程）的含义、功能作用、适用范围、编制依据和定额消耗量（人工、材料、机械）的确定方法等。

4. 分部工程

分部工程是指定额中的各章工程。各分部工程主要包括说明和定额表两大部分，有的分部工程还包括附录等内容。各分部工程中的每一分项工程，都由分项工程名称、工作内容和定额表组成。分项工程工作内容扼要说明了该分项工程主要工序的施工操作过程和先后顺序；定额表内有各子目名称、计量单位、人工、材料、机械台班的消耗数量以及各个子目的定额编号等，有的定额表下还有

附注。

5. 附录

附录的用途主要是为编制建筑工程地区单位估价表提供方便，《全国统一建筑工程基础定额》（土建工程）（GJD—101—95）中的附录主要包括以下内容。

① 混凝土配合比表。

② 耐酸、防腐及特种砂浆、混凝土配合比表。

③ 抹灰砂浆配合比表。

④ 砌筑砂浆配合比表。

6. 工程量计算规则

工程量计算规则的内容主要是统一了各分部分项工程实物数量的计算方法和计量单位等。

二、建筑工程预算定额的作用

预算定额在我国基本建设管理工作中具有很重要的地位。它的作用包括以下几点。

1. 预算定额是编制建筑工程施工图预算的重要依据

建筑工程施工图预算中每一计量单位的分项或子项工程与结构构件的费用，都是按施工图纸的工程量乘以相应的预算单价计算的。而预算单价则是根据预算定额规定的人工、材料和施工机械台班的消耗数量乘以当地人工工资、材料预算价格、施工机械台班预算价格编制的。因此预算定额是编制建筑工程施工图预算的依据。

2. 预算定额是编制概算定额与概算指标的基础

概算定额或概算指标，是设计单位在初步设计阶段确定建（构）筑物粗略价值的依据。概算定额是在预算定额的基础上，以主体结构分项工程为主，进一步综合、扩大、合并与其相关的分项或子项工程编制的，每一扩大分项工程都包括了数项相应预算定额的内容。例如概算定额的砖基础分项工程，综合了人工挖地槽、砌砖基础、素土回填夯实、运土、基础防潮层敷设五个预算定额项目。因此，使用概算定额编制初步设计概算，既节省时间，又能较为准确地确定工程造价。

概算指标比概算定额更加综合，它简明、齐全，使用方便，是及时、准确编制初步设计概算的重要价格依据。

3. 预算定额是国家对基本建设进行计划管理和贯彻厉行节约方针的重要手段

由于预算定额是编制施工图预算、确定工程造价的依据，国家可以通过预算定额，将全国的基本建设投资和资源的消耗量，控制在一个合理的水平上，以期对基本建设实行计划管理。同时，预算定额也是设计部门对设计方案进行技术经济分析的工具，特别是选择新结构、新材料时，应对照预算定额规定的人工、材料、机械消耗指标和综合基价（即单价）进行比较，选择技术先进、经济合理的设计方案。这一切都有利于国家对基本建设进行计划管理和贯彻厉行节约的方针，防止人、财、物的浪费。

4. 预算定额是工程竣工结算的依据

预算定额规定了完成各种分项、子项工程和结构构件的全部工序，任何已完工程都必须符合预算定额规定的工程内容。竣工工程的价款也应按已完成的工程量和预算定额单价进行计算，以保证国家建设资金的合理使用。

三、建筑工程预算定额的使用方法

1. 定额的编号

为了方便套用定额项目和便于检查定额项目单价选套得是否正确，在编制建筑工程预算书时，在预算表的"估价号"栏内必须填写子项或细项工程的定额编号。《全国统一建筑工程基础定额》（土建工程）（GJD—101—95）的定额采用两符号编号法，即×—×××。在《全国统一建筑工程基础定额》（土建工程）颁发以前，建筑工程预算定额由各省、自治区、直辖市主管部门制定，因此，各省、自治区、直辖市所编建筑工程预算定额的项目编号各不相同。各地区所编建筑工程预算定额项目编号的几种常见方法说明如下。

（1）三符号编号法。它是指用分部工程—分项工程—子目（细项)，或分部工程—项目所在定额页数—子目（细项）三个号码进行定额编号。

（2）两符号编号法。它是指采用分部工程—子目两个符号来表示子目（工程项目）的定额编号。即《全国统一建筑工程基础定额》（土建工程）（GJD—101—95），以及《全国统一安装工程预算定额》（GYD—201~213），就是采用两符号编号法。

2. 选用定额单价的方法

选用预算定额单价，首先应查阅定额目录，找出相应的分部工程（通常多用第一章、第二章、第三章……表示），再找出所需要套用的分项工程（用阿拉伯数字 1、2、3……表示）和该分项工程所在页数，即可查到所要套用的分项或子项工程预算单价。

在查找定额时，应首先确定要套用的分项或子项工程属于哪个分部工程，然后从目录上找到这个分项或子项工程所在页数，核对工程名称、内容，若全部吻合，就可以确定使用这个定额预算单价。

3. 套用定额单价的方法

按上述查阅预算定额的方法，找到该分项工程所在页数，若经核对分项工程的项目与施工图规定内容相同，则可以直接套用；如果不相同，在定额规定允许换算的情况下，应先进行换算后再套用，并且在定额编号的右下角标注"换"字样，例如"8—×换"。

对于定额中规定不允许换算的分项工程，绝不能随意换算，但是可参照相类似的分项工程单价套用，若没有相类似的分项工程单价可参照，应编制补充预算单价。

四、预算定额单价的换算方法

预算定额单价换算，简称定额换算。它是指将预算定额中规定的内容和施工图纸要求的内容不相一致的部分，进行调整更换，取得一致的过程。在实际工作中换算最多的内容是混凝土等级与砂浆等级。这两种材料基价的换算公式如下。

换算后的预算基价＝定额基价－（应换出半成品数量×应换

$$出半成品单价) \times (应换入半成品单价 \times$$

$$应换入半成品单价) \tag{1-50}$$

或 换算后的预算基价＝定额基价±应换算半成品数量×

$$(应换入单价－应换出单价) \tag{1-51}$$

注：上式中"±"是指由低标号换高标号时用"＋"，反之用"－"。

相关知识

运用建筑工程综合预算定额编制预算注意事项

目前，我国各地区定额参差不齐，即有的地区用预算定额，有的地区用综合预算定额，还有的地区运用的是消耗量定额等。

使用综合预算定额编制工程概预算，能够减少工程量计算项目，简化编制工作，加快编制进度，及时满足现场的需要。

建筑工程综合预算定额是在预算定额的基础上，以主体结构分项为主，进一步综合、扩大、合并与其相关部分，使该结构比预算定额的范围更为扩大。由于建筑工程综合预算定额有较大的综合性，使用建筑工程综合预算定额编制概预算时，应注意以下事项。

① 注意认真学习定额的总说明。对说明中指出的编制原则、适用范围和作用，以及考虑或未考虑的因素，要很好地理解和熟记。

② 注意认真学习各分部工程说明，一定要熟悉各分项工程中所综合的内容，否则就会发生漏算或重复计算工程量。

③ 对常用的分项定额所包括的工作内容、计量单位等，要注意通过日常工作实践，逐步加深印象和记忆。

④ 注意掌握建筑工程综合预算定额中哪些项目允许换算哪些项目不允许换算。凡规定不允许换算的项目，均不得因具体工程的施工组织设计、施工方案、施工条件不同而任意换算。

⑤ 注意定额与定额间的关系。

⑥ 注意有关问题说明及定额术语，例如定额中注有"×××

以内或以下"者，除注明者外，均包括×××本身。"×××以外"或以上者，除注明者外，则均不包括其本身。

　　只有做好上述工作，才能依据设计图纸、综合预算（或预算）定额，迅速准确地确定工程量项目，正确计算工程量，准确地选用定额单价，以便及时的编制工程预算；同时，也才能运用建筑工程综合预算定额做好相关各项工作。

第2章　建筑工程施工图识图

第1节　建筑工程施工图的分类及组成

要　点

建筑设计人员，按照国家的建筑方针政策、设计规范、设计标准，结合有关资料（例如建设地点的水文、地质、气象、资源和交通运输条件等）以及建设项目委托人提出的具体要求，在经过批准的初步（或扩大初步）设计的基础上，运用制图学原理，采用国家统一规定的图例、符号和线型等来表示拟建建筑物、构筑物以及建筑设备各部位之间空间关系及其实际形状尺寸的图样，并且用于拟建项目施工和编制工程量清单计价文件或施工图预算的一整套图纸，就称为施工图。

本节主要介绍建筑工程施工图的分类及组成。

解　释

一、施工图的分类

根据专业的不同，建筑工程施工图分为总平面布置图、建筑图和安装图三大部分。总平面布置图是总图运输施工图的组成之一，建筑图又称土建图（包括建筑和结构），安装图包括给排水（含消防）、采暖、通风和电气施工图等。

每个专业的施工图，根据作用的不同，又可分为基本图和详图。表明建筑安装工程全局性内容的施工图称为基本图，例如建筑平面图、立面图、剖面图和总平面图；表明某一局部或某一构（配）件详细构造材料、尺寸和做法的图样称为详图。

二、施工图的组成

一套完整的建筑工程施工图纸，通常由如图 2-1 所示的几部分组成。

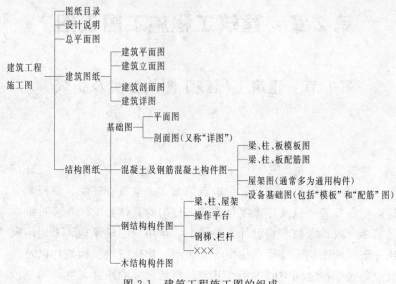

图 2-1　建筑工程施工图的组成

相关知识

● 建筑工程施工图纸的排列次序

　　建筑工程施工图纸的排列次序，各设计单位不完全相同，但是通常其排列次序可用程序式表示为：图纸目录→设计总说明→建筑总平面图→建筑图→结构图→给排水图→暖通空调图→电气工程图→建筑智能系统安装图……一般是全局性图纸在前，局部性图纸在后；先施工的图纸在前，后施工的图纸在后。

第 2 节　建筑工程施工图的识图方法

要　　点

　　建筑工程施工图的识图，应按照一定的步骤和方法进行，才能获得比较好的效果，所以本节主要介绍建筑工程施工图的识图方法。

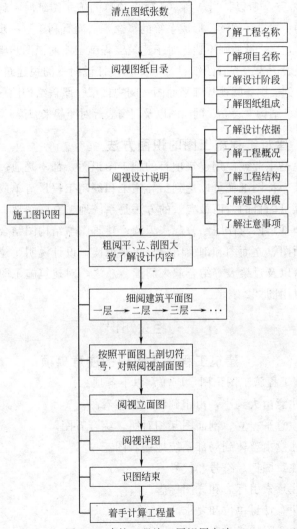

解　释

● 一、建筑工程施工图的识图步骤

建筑工程施工图纸都是由图纸目录、设计说明、建筑平面图、

```
                          ┌─ 清点图纸张数 ─┐
                          │                              ┌─ 了解工程名称
                          │                              ├─ 了解项目名称
                          ├─ 阅视图纸目录 ──────┤
                          │                              ├─ 了解设计阶段
                          │                              └─ 了解图纸组成
                          │                              ┌─ 了解设计依据
                          │                              ├─ 了解工程概况
                          ├─ 阅视设计说明 ──────┤─ 了解工程结构
                          │                              ├─ 了解建设规模
            施工图识图 ──┤                              └─ 了解注意事项
                          ├─ 粗阅平、立、剖图大
                          │     致了解设计内容
                          ├─ 细阅建筑平面图
                          │     一层 → 二层 → 三层 → …
                          ├─ 按照平面图上剖切符
                          │     号，对照阅视剖面图
                          ├─ 阅视立面图
                          ├─ 阅视详图
                          ├─ 识图结束
                          └─ 着手计算工程量
```

图 2-2　建筑工程施工图识图方法

立面图、剖面图、结构平面图（包括基础平面布置图、楼层平面布置图和屋盖平面图等）以及建筑和结构详图组成。一个建设项目的施工图纸，由于结构、规模、性质和用途等不同，其数量多少也不同，例如建造一栋 4000～5000m² 的砖混结构住宅楼，图纸的张数就有 20～30 张。所以，当拿到一个建设项目的施工图纸时，就必须按照一定的步骤进行阅读，形成系统的概念，从而有利于下一步工程量的计算等，反之欲速则不达。对于建筑工程施工图的识图步骤也可以用程序式表达为：查看图纸目录→阅视设计说明→阅视建筑平面图、立面图、剖面图→阅视基础平面图→阅视楼层、屋盖结构图→阅视详图→建筑、结构平、立、剖面图以及门窗表等对照起来阅读。

二、建筑工程施工图的识图方法

无论是工业或民用建筑项目的施工图识图，都不是通过阅读某一张或某一种图纸就可以达到指导施工和编制工程量清单或概预算计算工程量的目的，而最有效的方法是系统地、有联系地、综合地识图，即基本图与详图结合起来识读；建筑图与结构图结合起来识读；平面图、立面图和剖面图结合起来识读；设计说明、建筑用料表、门窗以及过梁表等结合起来阅读。总之，对建筑施工图的识图方法可以用图 2-2 表示。

相关知识

建筑工程施工图识图注意事项

建筑工程施工图识图，应注意以下各项。

① 注意由大到小，由粗到细，循序看图。

② 注意平、立、剖面图互相对照，综合看图。

③ 注意由整体到局部系统地去看图。

④ 注意图例、符号和代号。

⑤ 注意索引标志和详图标志。

⑥ 注意计量单位和要求。

⑦ 注意附注或说明。

⑧ 结合实物看图。

⑨ 发现图中有不明白之处或错误时，应及时询问设计人员，切忌想当然判断和在图面上乱勾滥画，应保持图面整洁无损。

建筑工程施工图是计算工程量和指导施工的依据，为了便于表达设计内容和图面的整洁、简明和清晰，施工图中采用了一系列统一规定的图例、符号、代号，熟悉与牢记这些图例、符号和代号，有助于提高识图能力和看图速度。

第3节 建筑工程施工图常用图例

要 点

建筑工程施工图常用图例包括：总平面图图例、建筑构造及配件图例与常用建筑材料图例。通过学习本节知识，可以帮助读者更好地进行设计与预算工作。

解 释

一、总平面图图例（表 2-1）

表 2-1 总平面图图例

序号	名 称	图 例	备 注
1	新建建筑物	 ① 12F/2D H=59.00m	新建建筑物以粗实线表示，与室外地坪相接处±0.00 外墙定位轮廓线 建筑物一般以±0.00 高度处的外墙定位轴线交叉点坐标定位。轴线用细实线表示，并标明轴线号 根据不同设计阶段标注建筑编号，地上、地下层数，建筑高度，建筑出入口位置（两种表示方法均可，但同一图纸采用一种表示方法） 地下建筑物以粗虚线表示其轮廓 建筑上部（±0.00 以上）外挑建筑用细实线表示 建筑物上部连廊用细虚线表示并标注位置

序号	名　　称	图　　例	备　　注
2	原有建筑物		用细实线表示
3	计划扩建的预留地或建筑物		用中粗虚线表示
4	拆除的建筑物		用细实线表示
5	建筑物下面的通道		—
6	散状材料露天堆场		需要时可注明材料名称
7	其他材料露天堆场或露天作业场		需要时可注明材料名称
8	铺砌场地		—
9	敞棚或敞廊		—
10	高架式料仓		—
11	漏斗式贮仓		左、右图为底卸式 中图为侧卸式
12	冷却塔（池）		应注明冷却塔或冷却池
13	水塔、贮罐		左图为卧式贮罐 右图为水塔或立式贮罐

62

序号	名 称	图 例	备 注
14	水池、坑槽		也可以不涂黑
15	明溜矿槽（井）		—
16	斜井或平洞		—
17	烟囱		实线为烟囱下部直径，虚线为基础，必要时可注写烟囱高度和上、下口直径
18	围墙及大门		—
19	挡土墙	5.00 1.50	挡土墙根据不同设计阶段的需要标注 墙顶标高 墙底标高
20	挡土墙上设围墙		—
21	台阶及无障碍坡道	1. 2.	1. 表示台阶（级数仅为示意） 2. 表示无障碍坡道
22	露天桥式起重机	$G_n=$ (t)	起重机起重量 G_n，以吨计算 "+"为柱子位置
23	露天电动葫芦	$G_n=$ (t)	起重机起重量 G_n，以吨计算 "+"为支架位置

序号	名　称	图　例	备　注
24	门式起重机	$G_n=$ (t) $G_n=$ (t)	起重机起重量 G_n，以吨计算 上图表示有外伸臂 下图表示无外伸臂
25	架空索道	I　　I	"I"为支架位置
26	斜坡卷扬机道		—
27	斜坡栈桥(皮带廊等)		细实线表示支架中心线位置
28	坐标	1. $X=105.00$ 　　$Y=425.00$ 2. $A=105.00$ 　　$B=425.00$	1.表示地形测量坐标系 2.表示自设坐标系 坐标数字平行于建筑标注
29	方格网交叉点标高	-0.50 | 77.85 　　　　78.35	"78.35"为原地面标高 "77.85"为设计标高 "−0.50"为施工高度 "−"表示挖方("+"表示填方)
30	填方区、挖方区、未整平区及零线	+ 　 − + 　 −	"+"表示填方区 "−"表示挖方区 中间为未整平区 点划线为零点线
31	填挖边坡		—
32	分水脊线与谷线		上图表示脊线 下图表示谷线
33	洪水淹没线		洪水最高水位以文字标注
34	地表排水方向		—

序号	名　　称	图　　例	备　　注
35	截水沟	$\frac{1}{40.00}$	"1"表示1‰的沟底纵向坡度,"40.00"表示变坡点间距离,箭头表示水流方向
36	排水明沟	107.50 + $\frac{1}{40.00}$ 107.50 $\frac{1}{40.00}$	上图用于比例较大的图面 下图用于比例较小的图面 "1"表示1‰的沟底纵向坡度,"40.00"表示变坡点间距离,箭头表示水流方向 "107.50"表示沟底变坡点标高(变坡点以"+"表示)
37	有盖板的排水沟	$\frac{1}{40.00}$ $\frac{1}{40.00}$	—
38	雨水口	1. 2. 3.	1.雨水口 2.原有雨水口 3.双落式雨水口
39	消火栓井		—
40	急流槽		箭头表示水流方向
41	跌水		
42	拦水(闸)坝		—
43	透水路堤		边坡较长时,可在一端或两端局部表示
44	过水路面		—
45	室内地坪标高	151.00 ▽(±0.00)	数字平行于建筑物书写

序号	名　称	图　例	备　注
46	室外地坪标高	▼143.00	室外标高也可采用等高线
47	盲道		—
48	地下车库入口		机动车停车场
49	地面露天停车场		—
50	露天机械停车场		露天机械停车场

注：来自《总图制图标准》（GB/T 50103—2010）。

二、建筑构造及配件图例（表 2-2）

表 2-2　建筑构造及配件图例

序号	名　称	图　例	备　注
1	墙体		(1)上图为外墙，下图为内墙。 (2)外墙细线表示有保温层或有幕墙 (3)应加注文字或涂色或图案填充表示各种材料的墙体 (4)在各层平面图中防火墙宜着重以特殊图案填充表示
2	隔断		(1)加注文字或涂色或图案填充表示各种材料的轻质隔断 (2)适用于到顶与不到顶隔断
3	玻璃幕墙		幕墙龙骨是否表示由项目设计决定
4	栏杆		—

66

序号	名　称	图　例	备　注
5	楼梯	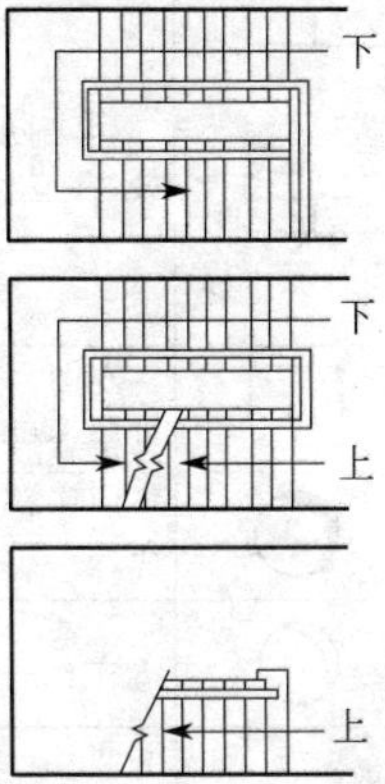	(1)上图为顶层楼梯平面,中图为中间层楼梯平面,下图为底层楼梯平面 (2)需设置靠墙扶手或中间扶手时,应在图中表示
6	坡道	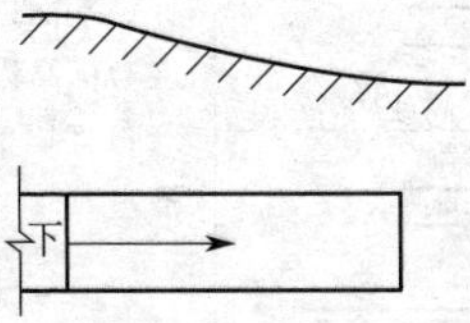	长坡道
		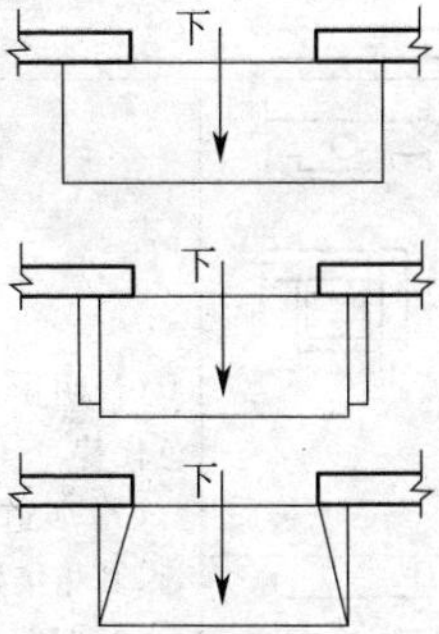	上图为两侧垂直的门口坡道,中图为有挡墙的门口坡道,下图为两侧找坡的门口坡道
7	台阶	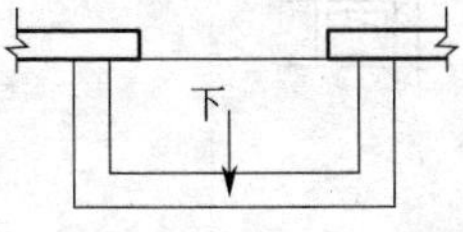	—

序号	名 称	图 例	备 注
8	平面高差	XX XX	用于高差小的地面或楼面交接处,并应与门的开启方向协调
9	检查口		左图为可见检查口,右图为不可见检查口
10	孔洞		阴影部分亦可填充灰度或涂色代替
11	坑槽		—
12	墙预留洞、槽	宽×高或φ 标高 宽×高或φ×深 标高	(1)上图为预留洞,下图为预留槽 (2)平面以洞(槽)中心定位 (3)标高以洞(槽)底或中心定位 (4)宜以涂色区别墙体和预留洞(槽)
13	地沟		上图为有盖板地沟,下图为无盖板明沟
14	烟道		(1)阴影部分亦可填充灰度或涂色代替 (2)烟道、风道与墙体为相同材料,其相接处墙身线应连通 (3)烟道、风道根据需要增加不同材料的内衬
15	风道		

序号	名　称	图　例	备　注
16	新建的墙和窗		—
17	改建时保留的墙和窗		只更换窗,应加粗窗的轮廓线
18	拆除的墙		—
19	改建时在原有墙或楼板新开的洞		—

69

序号	名 称	图 例	备 注
20	在原有墙或楼板洞旁扩大的洞	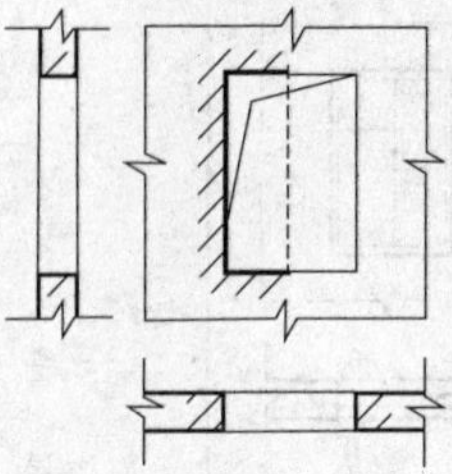	图示为洞口向左边扩大
21	在原有墙或楼板上全部填塞的洞	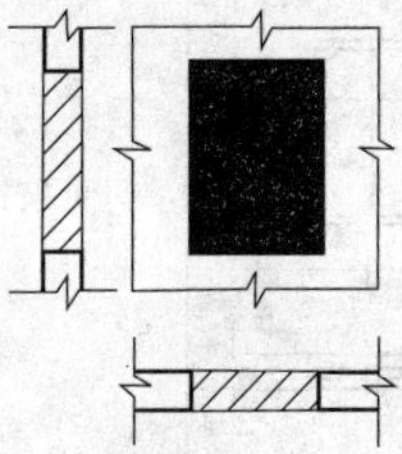	图中立面填充灰度或涂色
22	在原有墙或楼板上局部填塞的洞	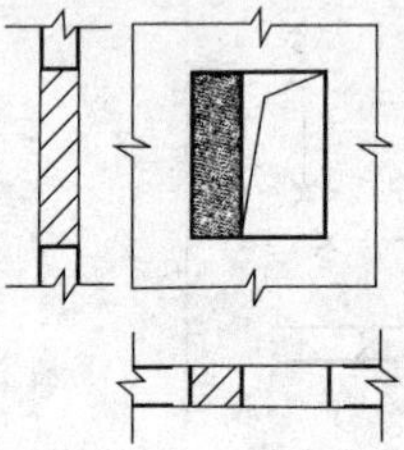	左侧为局部填塞的洞,图中立面填充灰度或涂色
23	空门洞	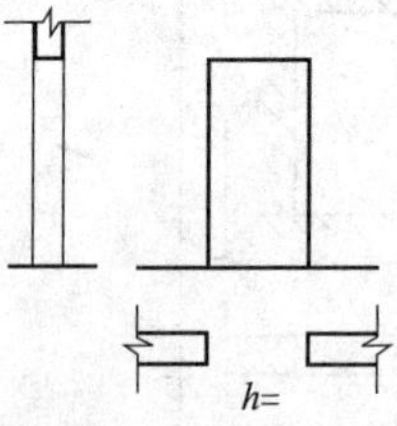	h 为门洞高度

序号	名 称	图 例	备 注
24	单面开启单扇门（包括平开或单面弹簧）		(1)门的名称代号用 M 表示 (2)平面图中，下为外，上为内 (3)立面图中，开启线实线为外开，虚线为内开，开启线交角的一侧为安装合页一侧。开启线在建筑立面图中可不表示，在立面大样图中可根据需要绘出 (4)剖面图中，左为外，右为内 (5)附加纱扇应以文字说明，在平、立、剖面图中均不表示 (6)立面形式应按实际情况绘制
	双面开启单扇门（包括双面平开或双面弹簧）		
	双层单扇平开门		
25	单面开启双扇门（包括平开或单面弹簧）		(1)门的名称代号用 M 表示 (2)平面图中，下为外，上为内 门开启线为 90°、60° 或 45°，开启弧线宜绘出 (3)立面图中，开启线实线为外开，虚线为内开，开启线交角的一侧为安装合页一侧。开启线在建筑立面图中可不表示，在立面大样图中可根据需要绘出 (4)剖面图中，左为外，右为内 (5)附加纱扇应以文字说明，在平、立、剖面图中均不表示 (6)立面形式应按实际情况绘制
	双面开启双扇门（包括双面平开或双面弹簧）		
	双层双扇平开门		

71

序号	名　称	图　例	备　注
26	折叠门		(1)门的名称代号用 M 表示 (2)平面图中,下为外,上为内 (3)立面图中,开启线实线为外开,虚线为内开,开启线交角的一侧为安装合页一侧 (4)剖面图中,左为外,右为内 (5)立面形式应按实际情况绘制
	推拉折叠门		
27	墙洞外单扇推拉门		(1)门的名称代号用 M 表示 (2)平面图中,下为外,上为内 (3)剖面图中,左为外,右为内 (4)立面形式应按实际情况绘制
	墙洞外双扇推拉门		
	墙中单扇推拉门		(1)门的名称代号用 M 表示 (2)立面形式应按实际情况绘制
	墙中双扇推拉门		

序号	名　称	图　例	备　注
28	推杠门	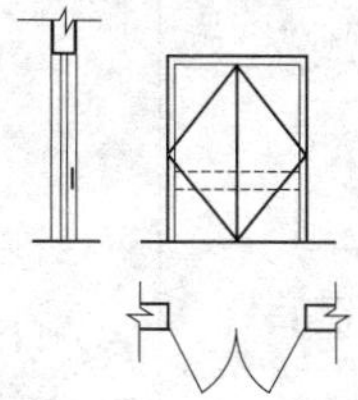	(1)门的名称代号用 M 表示 (2)平面图中,下为外,上为内 门开启线为 90°、60°或 45° (3)立面图中,开启线实线为外开,虚线为内开,开启线交角的一侧为安装合页一侧。开启线在建筑立面图中可不表示,在立面大样图中可根据需要绘出
29	门连窗	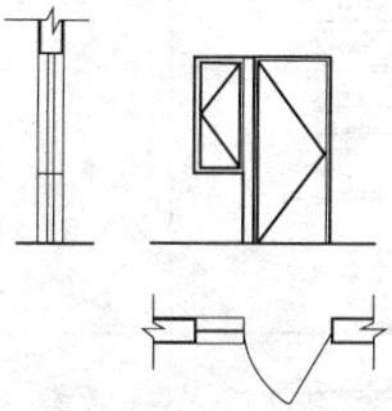	(4)剖面图中,左为外,右为内 (5)立面形式应按实际情况绘制
30	旋转门	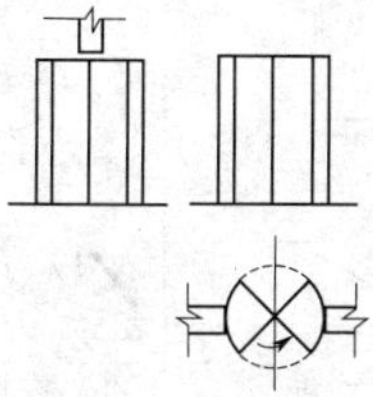	
	两翼智能旋转门	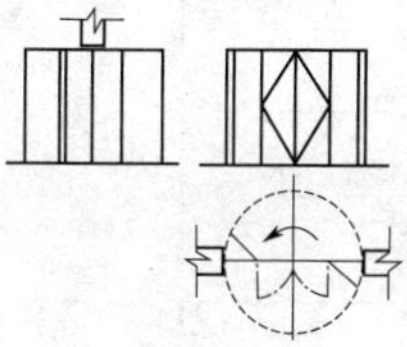	(1)门的名称代号用 M 表示 (2)立面形式应按实际情况绘制
31	自动门	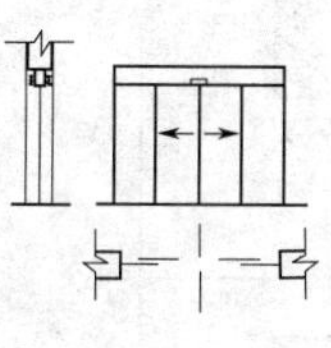	
32	折叠上翻门	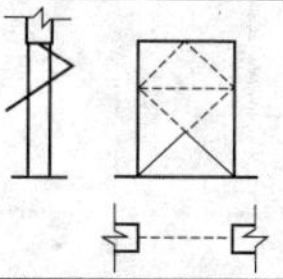	(1)门的名称代号用 M 表示 (2)平面图中,下为外,上为内 (3)剖面图中,左为外,右为内 (4)立面形式应按实际情况绘制

序号	名　称	图　例	备　注
33	提升门		(1)门的名称代号用 M 表示 (2)立面形式应按实际情况绘制
34	分节提升门		
35	人防单扇防护密闭门 人防单扇密闭门		(1)门的名称代号按人防要求表示 (2)立面形式应按实际情况绘制
36	人防双扇防护密闭门 人防双扇密闭门		(1)门的名称代号按人防要求表示 (2)立面形式应按实际情况绘制

序号	名　　称	图　　例	备　　注
37	横向卷帘门		
	竖向卷帘门		
	单侧双层卷帘门		
	双侧单层卷帘门		

序号	名　称	图　例	备　注
38	固定窗	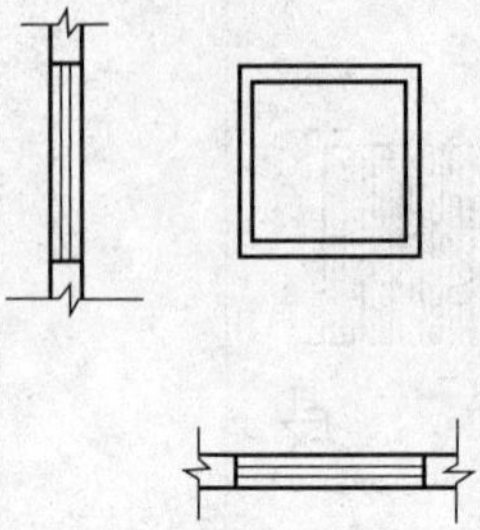	
39	上悬窗	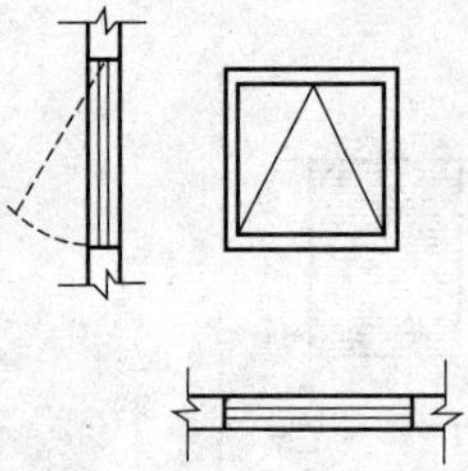	(1)窗的名称代号用 C 表示 (2)平面图中,下为外,上为内 (3)立面图中,开启线实线为外开,虚线为内开,开启线交角的一侧为安装合页一侧。开启线在建筑立面图中可不表示,在立面大样图中可根据需要绘出 (4)剖面图中,左为外,右为内。虚线仅表示开启方向,项目设计不表示 (5)附加纱窗应以文字说明,在平、立、剖面图中均不表示 (6)立面形式应按实际情况绘制
	中悬窗	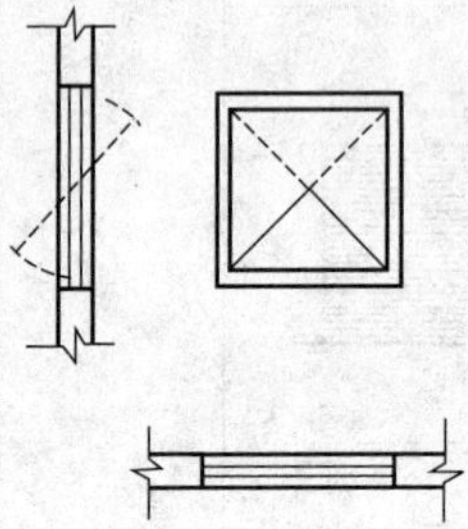	
40	下悬窗	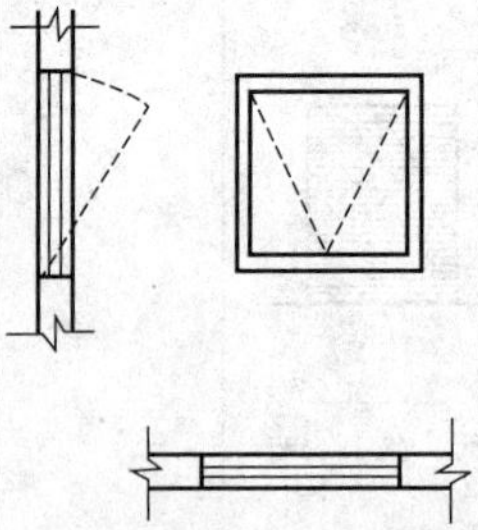	

序号	名 称	图 例	备 注
41	立转窗	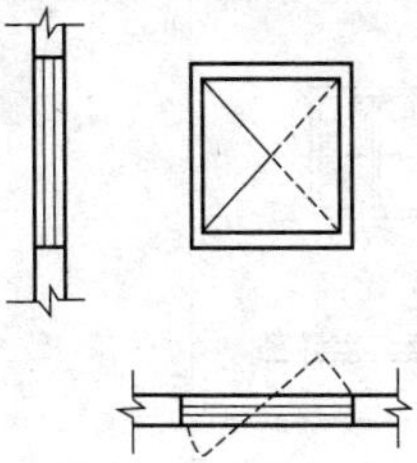	
42	内开平开内倾窗	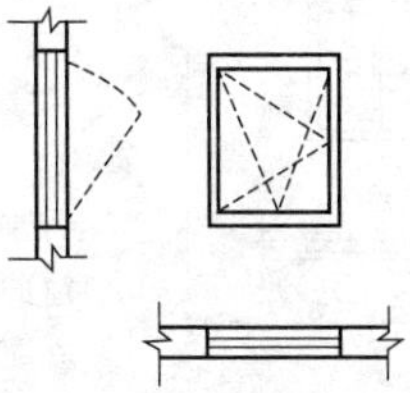	(1)窗的名称代号用C表示 (2)平面图中,下为外,上为内 (3)立面图中,开启线实线为外开,虚线为内开,开启线交角的一侧为安装合页一侧。开启线在建筑立面图中可不表示,在立面大样图中可根据需要绘出 (4)剖面图中,左为外,右为内。虚线仅表示开启方向,项目设计不表示 (5)附加纱窗应以文字说明,在平、立、剖面图中均不表示 (6)立面形式应按实际情况绘制
43	单层外开平开窗	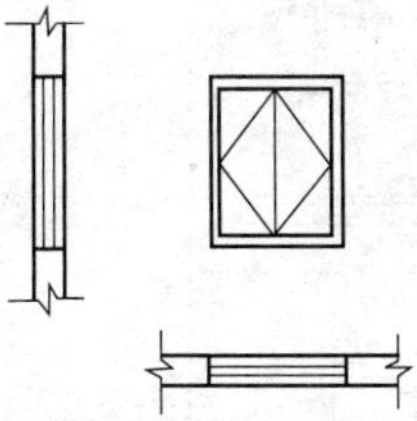	
	单层内开平开窗	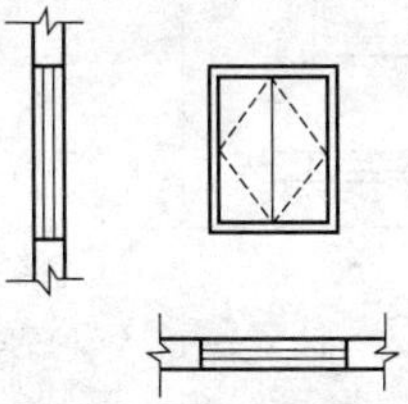	
	双层内外开平开窗	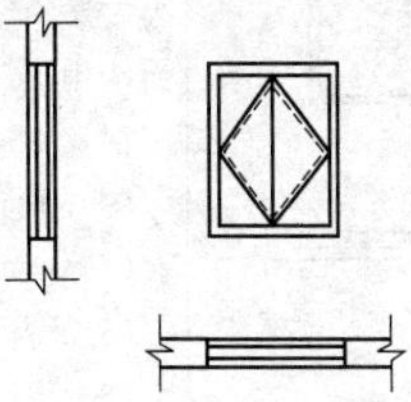	

序号	名　称	图　例	备　注
44	单层推拉窗		
	双层推拉窗		(1)窗的名称代号用 C 表示 (2)立面形式应按实际情况绘制
45	上推窗		
46	百叶窗		
47	高窗	$h=$	(1)窗的名称代号用 C 表示 (2)立面图中,开启线实线为外开,虚线为内开,开启线交角的一侧为安装合页一侧。开启线在建筑立面图中可不表示,在立面大样图中可根据需要绘出 (3)剖面图中,左为外,右为内 (4)立面形式应按实际情况绘制 (5)h 表示高窗底距本层地面高度 (6)高窗开启方式参考其他窗型

序号	名　称	图　例	备　注
48	平推窗		(1)窗的名称代号用 C 表示 (2)立面形式应按实际情况绘制

● 三、常用建筑材料图例（表 2-3）

表 2-3　常用建筑材料图例

序号	名　称	图　例	备　注
1	自然土壤		包括各种自然土壤
2	夯实土壤		—
3	砂、灰土		—
4	砂砾石、碎砖三合土		—
5	石材		—
6	毛石		—
7	普通砖		包括实心砖、多孔砖、砌块等砌体。断面较窄不易绘出图例线时，可涂红，并在图纸备注中加注说明，画出该材料图例
8	耐火砖		包括耐酸砖等砌体
9	空心砖		指非承重砖砌体
10	饰面砖		包括铺地砖、马赛克、陶瓷锦砖、人造大理石等
11	焦渣、矿渣		包括与水泥、石灰等混合而成的材料

序号	名　称	图　例	备　注
12	混凝土		(1)本图例指能承重的混凝土及钢筋混凝土
13	钢筋混凝土		(2)包括各种强度等级、骨料、添加剂的混凝土 (3)在剖面图上画出钢筋时,不画图例线 (4)断面图形小,不易画出图例线时,可涂黑
14	多孔材料		包括水泥珍珠岩、沥青珍珠岩、泡沫混凝土、非承重加气混凝土、软木、蛭石制品等
15	纤维材料		包括矿棉、岩棉、玻璃棉、麻丝、木丝板、纤维板等
16	泡沫塑料材料		包括聚苯乙烯、聚乙烯、聚氨酯等多孔聚合物类材料
17	木材		(1)上图为横断面,左图为垫木、木砖或木龙骨 (2)下图为纵断面
18	胶合板		应注明为×层胶合板
19	石膏板		包括圆孔、方孔石膏板、防水石膏板、硅钙板、防火板等
20	金属		(1)包括各种金属 (2)图形小时,可涂黑
21	网状材料		(1)包括金属、塑料网状材料 (2)应注明具体材料名称
22	液体		应注明液体名称
23	玻璃		包括平板玻璃、磨砂玻璃、夹丝玻璃、钢化玻璃、中空玻璃、夹层玻璃、镀膜玻璃等

序号	名　　称	图　　例	备　　注
24	橡胶		—
25	塑料		包括各种软、硬塑料及有机玻璃等
26	防水材料		构造层次多或比例大时,采用上图图例
27	粉刷		本图例采用较稀的点

　　注：1、2、5、7、8、13、14、16、17、18 图例中的斜线、短斜线、交叉斜线等均为 45°。

第3章 建筑工程基础定额工程量计算

第1节 土石方工程

 要 点

土石方工程基础定额项目主要包括土方工程、石方工程及土石方运输与回填工程。本节主要介绍土石方工程的基础定额工程量计算规则及其在实际工作中的应用。

解 释

● 一、基础定额说明

1. 人工土石方

① 土壤及岩石分类。详见表 3-1 和表 3-2。人工挖地槽、地坑定额深度最深为 6m，超过 6m 时，可另作补充定额。

表 3-1 土壤分类表

土壤分类	土壤名称	开挖方法
一、二类土	粉土、砂土（粉砂、细砂、中砂、粗砂、砾砂）、粉质黏土、弱中盐渍土、软土（淤泥质土、泥炭、泥炭质土）、软塑红黏土、冲填土	用锹、少许用镐、条锄开挖。机械能全部直接铲挖满载者
三类土	黏土、碎石土（圆砾、角砾）混合土、可塑红黏土、硬塑红黏土、强盐渍土、素填土、压实填土	主要用镐、条锄，少许用锹开挖。机械需部分刨松方能铲挖满载者或可直接铲挖但不能满载者
四类土	碎石土（卵石、碎石、漂石、块石）、坚硬红黏土、超盐渍土、杂填土	全部用镐、条锄挖掘，少许用撬棍挖掘。机械须普遍刨松方能铲挖满载者

注：本表土的名称及其含义按国家标准《岩土工程勘察规范》〔GB 50021—2001（2009 年版）〕定义。

表 3-2 岩石分类表

岩石分类		代表性岩石	开挖方法
极软岩		1. 全风化的各种岩石 2. 各种半成岩	部分用手凿工具、部分用爆破法开挖
软质岩	软岩	1.强风化的坚硬岩或较硬岩 2.中等风化-强风化的较软岩 3.未风化-微风化的页岩、泥岩、泥质砂岩等	用风镐和爆破法开挖
	较软岩	1.中等风化-强风化的坚硬岩或较硬岩 2.未风化-微风化的凝灰岩、千枚岩、泥灰岩、砂质泥岩等	用爆破法开挖
硬质岩	较硬岩	1. 微风化的坚硬岩 2. 未风化-微风化的大理岩、板岩、石灰岩、白云岩、钙质砂岩等	用爆破法开挖
	坚硬岩	未风化-微风化的花岗岩、闪长岩、辉绿岩、玄武岩、安山岩、片麻岩、石英岩、石英砂岩、硅质砾岩、硅质石灰岩等	用爆破法开挖

注：本表依据国家标准《工程岩体分级标准》（GB 50218—94）和《岩土工程勘察规范》〔GB 50021—2001（2009 年版）〕整理。

② 人工土方定额是按干土编制的，如挖湿土时，人工乘以系数 1.18。干湿的划分，应根据地质勘测资料以地下常水位为准划分，地下常水位以上为干土，以下为湿土。

③ 人工挖孔桩定额，适用于在有安全防护措施的条件下施工。

④ 定额中不包括地下水位以下施工的排水费用，发生时另行计算。挖土方时如有地表水需要排除时，亦应另行计算。

⑤ 支挡土板定额项目分为密撑和疏撑，密撑是指满支挡土板；疏撑是指间隔支挡土板，实际间距不同时，定额不作调整。

⑥ 在有挡土板支撑下挖土方时，按实挖体积，人工乘以系数 1.43。

⑦ 挖桩间土方时，按实挖体积（扣除桩体占用体积），人工乘以系数 1.5。

⑧ 人工挖孔桩，桩内垂直运输方式按人工考虑。如深度超过 12m 时，16m 以内按 12m 项目人工用量乘以系数 1.3；20m 以内

83

乘以系数1.5计算。同一孔内土壤类别不同时，按定额加权计算，如遇有流沙、淤泥时，另行处理。

⑨ 场地竖向布置挖填土方时，不再计算平整场地的工程量。

⑩ 石方爆破定额是按炮眼法松动爆破编制的，不分明炮、闷炮，但闷炮的覆盖材料应另行计算。

⑪ 石方爆破定额是按电雷管导电起爆编制的，如采用火雷管爆破时，雷管应换算，数量不变。扣除定额中的胶质导线，换为导火索，导火索的长度按每个雷管2.12m计算。

2. 机械土石方

① 岩石分类，详见表3-2。

② 推土机推土和石渣，铲运机铲运土重车上坡时，如果坡度大于5%时，其运距按坡度区段斜长乘以坡度系数计算，坡度系数见表3-3。

表3-3 坡度系数

坡度/%	5~10	15以内	20以内	25以内
系数	1.75	2.0	2.25	2.50

③ 汽车、人力车、重车上坡降效因素，已综合在相应的运输定额项目中，不再另行计算。

④ 机械挖土方工程量，按机械挖土方90%，人工挖土方10%计算，人工挖土部分按相应定额项目人工乘以系数2。

⑤ 土壤含水率定额是以天然含水率为准制定的。含水率大于25%时，定额人工、机械乘以系数1.15；若含水率大于40%时另行计算。

⑥ 推土机推土或铲运机铲土土层平均厚度小于300mm时，推土机台班用量乘以系数1.25；铲运机台班用量乘以系数1.17。

⑦ 挖掘机在垫板上进行作业时，人工、机械乘以系数1.25，定额内不包括垫板铺设所需的工料、机械消耗。

⑧ 推土机、铲运机，推、铲未经压实的积土时，按定额项目乘以系数0.73。

⑨ 机械土方定额是按三类土编制的，如实际土壤类别不同时，定额中机械台班量乘以表 3-4 中的系数。

表 3-4　机械台班系数

项　　目	一、二类土壤	四类土壤
推土机推土方	0.84	1.18
铲运机铲运土方	0.84	1.26
自行铲运机铲运土方	0.86	1.09
挖掘机挖土方	0.84	1.14

⑩ 定额中的爆破材料是按炮孔中无地下渗水、积水编制的，炮孔中若出现地下渗水、积水时，处理渗水或积水发生的费用另行计算。定额内未计爆破时所需覆盖的安全网、草袋、架设安全屏障等设施，发生时另行计算。

⑪ 机械上下行驶坡道土方，合并在土方工程量内计算。

⑫ 汽车运土运输道路是按一、二、三类道路综合确定的，已考虑了运输过程中道路清理的人工，如需要铺筑材料时，另行计算。

二、基础定额工程量计算规则

1. 土方工程

（1）一般规定。

① 土方体积均以挖掘前的天然密实体积为准计算。如遇必须以天然密实体积折算时，可按表 3-5 所列数值折算。

表 3-5　土方体积折算表

虚方体积	天然密实度体积	夯实后体积	松填体积
1.00	0.77	0.67	0.83
1.30	1.00	0.87	1.08
1.50	1.15	1.00	1.25
1.20	0.92	0.80	1.00

② 挖土一律以设计室外地坪标高为准计算。

（2）平整场地及碾压工程量计算。

① 人工平整场地是指建筑场地挖、填土方厚度在±30cm 以内及找平。挖、填土方厚度超过±30cm 以外时，按场地土方平衡竖向布置图另行计算。

② 平整场地工程量按建筑物外墙外边线每边各加 2m，以 m² 计算。

③ 建筑场地原土碾压以 m² 计算，填土碾压按图示填土厚度以 m³ 计算。

（3）挖掘沟槽、基坑土方工程量计算。

① 沟槽、基坑划分。凡图示沟槽底宽在 3m 以内，且沟槽长大于槽宽 3 倍以上的，为沟槽；凡图示基坑底面积在 20m² 以内的为基坑；凡图示沟槽底宽 3m 以外，坑底面积 20m² 以外，平整场地挖土方厚度在 30cm 以外，均按挖土方计算。

② 计算挖沟槽、基坑、土方工程量需放坡时，放坡系数按表3-6 规定计算。

表 3-6　放坡系数表

土类别	放坡起点 /m	人工挖土	机械挖土		
			在坑内作业	在坑上作业	顺沟槽 在坑上作业
一、二类土	1.20	1：0.5	1：0.33	1：0.75	1：0.5
三类土	1.50	1：0.33	1：0.25	1：0.67	1：0.33
四类土	2.00	1：0.25	1：0.10	1：0.33	1：0.25

注：1. 沟槽、基坑中土的类别不同时，分别按其放坡起点、放坡系数、依不同土的厚度加权平均计算。

2. 计算放坡时，在交接处的重复工程量不予扣除，原槽、坑作基础垫层时，放坡自垫层上表面开始计算。

③ 挖沟槽、基坑需支挡土板时，其宽度按图示沟槽、基坑底宽，单面加 10cm，双面加 20cm 计算。挡土板面积，按槽、坑垂直支撑面积计算，支挡土板后，不得再计算放坡。

④ 基础施工所需工作面，按表 3-7 规定计算。

表 3-7　基础施工所需工作面宽度

基础材料	每边各增加工作面宽度/mm
砖基础	200
浆砌毛石、条石基础	150
混凝土基础垫层支模板	300
混凝土基础支模板	300
基础垂直面做防水层	1000（防水层面）

⑤ 挖沟槽长度。外墙按图示中心线长度计算；内墙按图示基础底面之间净长线长度计算；内外突出部分（垛、附墙烟囱等）体积并入沟槽土方工程量内计算。

⑥ 人工挖土方深度超过 1.5m 时，按表 3-8 增加工日。

表 3-8　人工挖土方超深增加工日

深 2m 以内	深 4m 以内	深 6m 以内
5.55 工日	17.60 工日	26.16 工日

⑦ 挖管道沟槽按图示中心线长度计算，沟底宽度，设计有规定的，按设计规定尺寸计算，设计无规定的，可按表 3-9 规定宽度计算。

表 3-9　管道地沟沟底宽度计算　　　　　单位：m

管径/mm	铸铁管、钢管 石棉水泥管	混凝土、钢筋混凝土、 预应力混凝土管	陶土管
50～70	0.60	0.80	0.70
100～200	0.70	0.90	0.80
250～350	0.80	1.00	0.90
400～450	1.00	1.30	1.10
500～600	1.30	1.50	1.40

管径/mm	铸铁管、钢管石棉水泥管	混凝土、钢筋混凝土、预应力混凝土管	陶土管
700～800	1.60	1.80	—
900～1000	1.80	2.00	—
1100～1200	2.00	2.30	—
1300～1400	2.20	2.60	—

注：1. 按上表计算管道沟土方工程量时，各种井类及管道（不含铸铁给排水管）接口等处需加宽增加的土方量不另计算，底面积大于 20m² 的井类，其增加工程量并入管沟土方内计算。

2. 铺设铸铁给排水管道时其接口等处土方增加量，可按铸铁给排水管道地沟土方总量的 2.5% 计算。

⑧ 沟槽、基坑深度，按图示槽、坑底面至室外地坪深度计算；管道地沟按图示沟底至室外地坪深度计算。

（4）人工挖孔桩土方工程量计算。按图示桩断面积乘以设计桩孔中心线深度计算。

（5）井点降水工程量计算。井点降水区别轻型井点、喷射井点、大口径井点、电渗井点、水平井点，按不同井管深度的井管安装、拆除，以根为单位计算，使用按套、天计算。

井点套组成：轻型井点，50 根为 1 套；喷射井点，30 根为 1 套；大口径井点，45 根为 1 套；电渗井点阳极，30 根为 1 套；水平井点，10 根为 1 套。

井管间距应根据地质条件和施工降水要求，依施工组织设计确定，施工组织设计没有规定时，可按轻型井点管距 0.8～1.6m，喷射井点管距 2～3m 确定。

使用天应以每昼夜 24h 为一天，使用天数应按施工组织设计规定的使用天数计算。

2. 石方工程

岩石开凿及爆破工程量，按不同石质采用不同方法计算。

① 人工凿岩石，按图示尺寸以 m³ 计算。

② 爆破岩石按图示尺寸以 m³ 计算，其沟槽、基坑深度、宽度允许超挖量：次坚石为 200mm，特坚石为 150mm，超挖部分岩石并入岩石挖方量之内计算。

3. 土石方运输与回填工程

（1）土（石）方回填。土（石）方回填土区分夯填、松填，按图示回填体积并依下列规定，以 m³ 计算。

① 沟槽、基坑回填土，沟槽、基坑回填体积以挖方体积减去设计室外地坪以下埋设砌筑物（包括基础垫层、基础等）体积计算。

② 管道沟槽回填，以挖方体积减去管径所占体积计算。管径在 500mm 以下的不扣除管道所占体积；管径超过 500mm 以上时，按表 3-10 规定扣除管道所占体积计算。

表 3-10　管道扣除土方体积表

管道直径/mm	钢管	铸铁管	混凝土管
501～600	0.21	0.24	0.33
601～800	0.44	0.49	0.60
801～1000	0.71	0.77	0.92
1001～1200	—	—	1.15
1201～1400	—	—	1.35
1401～1600	—	—	1.55

③ 房心回填土，按主墙之间的面积乘以回填土厚度计算。

④ 余土或取土工程量，可按下式计算。

$$余土外运体积＝挖土总体积－回填土总体积 \qquad (3\text{-}1)$$

当计算结果为正值时，为余土外运体积，负值时为取土体积。

⑤ 地基强夯按设计图示强夯面积，区分夯击能量，夯击遍数以 m² 计算。

（2）土方运距计算规则。

① 推土机推土运距。按挖方区重心至回填区重心之间的直线距离计算。

② 铲运机运土运距。按挖方区重心至卸土区重心加转向距离 45m 计算。

③ 自卸汽车运土运距。按挖方区重心至填土区（或堆放地点）重心的最短距离计算。

 例 题

【例 3-1】 某独立柱基础示意图如图 3-1 所示，试计算其工程量。

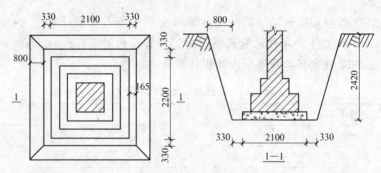

图 3-1 独立柱基础示意图（单位：mm）

【解】 独立柱基础土方量计算如下。

$$工程量 = (2.2+0.33\times2)\times(2.1+0.33\times2)\times2.42$$
$$+ (2.2+0.33\times2+2.1+0.33\times2)\times0.33\times2.42^2$$
$$+ \frac{4}{3}\times0.33^2\times2.42^3$$
$$= 32.02 \ (m^3)$$

【例 3-2】 某挖地槽土方示意图如图 3-2 所示，槽长 80m、槽深 3m，土质为三类土，砌毛石基础 60cm，其工作面宽度每边增加 15cm，试计算挖地槽土方体积。

【解】

因为土质为三类土，所以 $K = 0.33$

$$V = H(a+2c+KH)L$$

$$=80 \times 3 \times (0.6 + 2 \times 0.5 + 0.33 \times 3)$$
$$=621.6(\text{m}^3)$$

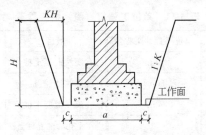

图 3-2　挖地槽土方示意图

第2节　桩基础工程

要　点

本节主要介绍桩基础工程的基础定额工程量计算规则及其在实际工作中的应用。

解　释

一、基础定额说明

① 定额适用于一般工业与民用建筑工程的桩基础，不适用于水工建筑、公路桥梁工程。

② 定额中土壤级别划分应根据工程地质资料中的土层构造和土壤物理、力学性能的有关指标，参考纯沉桩时间确定。凡遇有沙夹层者，应首先按沙层情况确定土级。无沙层者，按土壤物理力学性能指标并参考每平方米平均纯沉桩时间确定。用土壤力学性能指标鉴别土的级别时，桩长在 12m 以内，相当于桩长的 1/3 的土层厚度应达到所规定的指标；12m 以外，按 5m 厚度确定。

③ 除静力压桩外，均未包括接桩，如需接桩，除按相应打桩定额项目计算外，按设计要求另计算接桩项目。

④ 单位工程打（灌）桩工程量在表 3-11 规定数量以内时，其人工、机械量按相应定额项目乘以系数 1.25 计算。

· 表 3-11　单位工程打（灌）桩工程量

项目	单位工程的工程量	项目	单位工程的工程量
钢筋混凝土方桩	150m³	打孔灌注混凝土桩	60m³
钢筋混凝土管桩	50m³	打孔灌注沙、石桩	60m³
钢筋混凝土板桩	50m³	钻孔灌注混凝土桩	100m³
钢板桩	50t	潜水钻孔灌注混凝土桩	100m³

⑤ 焊接桩接头钢材用量，设计与定额用量不同时，可按设计用量换算。

⑥ 打试验桩按相应定额项目的人工、机械乘以系数 2 计算。

⑦ 打桩、打孔，桩间净距小于 4 倍桩径（桩边长）的，按相应定额项目中的人工、机械乘以系数 1.13 计算。

⑧ 定额以打直桩为准，如打斜桩斜度在 1∶6 以内者，按相应定额项目乘以系数 1.25，如斜度大于 1∶6 者，按相应定额项目人工、机械乘以系数 1.43 计算。

⑨ 定额以平地（坡度小于 15°）打桩为准，如在堤坡上（坡度大于 15°）打桩时，按相应定额项目人工、机械乘以系数 1.15 计算。如在基坑内（基坑深度大于 1.5m）打桩或在地坪上打坑槽内（坑槽深度大于 1m）桩时，按相应定额项目人工、机械乘以系数 1.11 计算。

⑩ 定额各种灌注的材料用量中，均已包括表 3-12 规定的充盈系数和材料损耗，其中灌注沙石桩除上述充盈系数和损耗率外，还包括级配密实系数 1.334。

表 3-12　定额各种灌注的材料用量

项目名称	打孔灌注混凝土桩	钻孔灌注混凝土桩	打孔灌注沙桩	打孔灌注沙石桩
充盈系数	1.25	1.30	1.30	1.30
损耗率/%	1.5	1.5	3	3

⑪ 在桩间补桩或强夯后的地基打桩时，按相应定额项目人工、机械乘以系数 1.15 计算。

⑫ 打送桩时可按相应打桩定额项目综合工日及机械台班乘以表 3-13 规定的系数计算。

表 3-13　送桩深度系数

送桩深度	2m 以内	4m 以内	4m 以上
系数	1.25	1.43	1.67

⑬ 金属周转材料中包括桩帽、送桩器、桩帽盖、活瓣桩尖、钢管、料斗等属于周转性使用的材料。

二、基础定额工程量计算规则

(1) 计算打桩（灌注桩）工程量前应确定的事项。

① 确定土质级别。依工程地质资料中的土层构造，土的物理、化学性质及每米沉桩时间鉴别适用定额土质级别。

② 确定施工方法、工艺流程，采用机型、桩、土的泥浆运距。

(2) 打预制钢筋混凝土桩的体积，按设计桩长（包括桩尖，不扣除桩尖虚体积）·乘以桩截面面积计算。管桩的空心体积应扣除。如管桩的空心部分按设计要求灌注混凝土或其他填充材料时，应另行计算。

(3) 接桩。电焊接桩按设计接头，以个计算，硫磺胶泥接桩截面以 m² 计算。

(4) 送桩。按桩截面面积乘以送桩长度（即打桩架底至桩顶面高度或自桩顶面至自然地坪面另加 0.5m）计算。

(5) 打拔钢板桩按钢板桩重量以 t 计算。

(6) 打孔灌注桩。

① 混凝土桩、沙桩、碎石桩的体积，按设计规定的桩长（包括桩尖，不扣除桩尖虚体积）乘以钢管管箍外径截面面积计算。

② 扩大桩的体积按单桩体积乘以次数计算。

③ 打孔后先埋入预制混凝土桩尖，再灌注混凝土者，桩尖按

《全国统一建筑工程预算工程量计算规则》（GJDGZ—101—1995）中的钢筋混凝土章节规定计算体积，灌注桩按设计长度（自桩尖顶面至桩顶面高度）乘以钢管管箍外径截面面积计算。

(7) 钻孔灌注桩，按设计桩长（包括桩尖，不扣除桩尖虚体积）增加 0.25m 乘以设计断面面积计算。

(8) 灌注混凝土桩的钢筋笼制作依设计规定，按《全国统一建筑工程预算工程量计算规则》（GJDGZ—101—1995）中的钢筋混凝土章节相应项目以 t 计算。

(9) 泥浆运输工程量按钻孔体积以 m³ 计算。

(10) 其他。

① 安、拆导向夹具，按设计图纸规定的水平延长米计算。

② 桩架 90°调面只适用轨道式、走管式、导杆、筒式柴油打桩机，以次计算。

例　题

【例 3-3】 计算 60 根如图 3-3 所示的预制钢筋混凝土板桩的工程量。

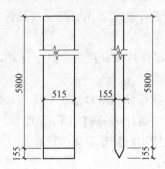

图 3-3　预制钢筋混凝土板桩（单位：mm）

【解】 工程量 $= (5.8 + 0.155) \times 0.155 \times 0.515 \times 60$

$\qquad = 28.52$（m³）

【例 3-4】 某套管成孔灌注桩示意图如图 3-4 所示，已知土质为二级土，试计算 70 根套管成孔灌注桩的工程量。

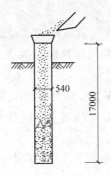

图 3-4 套管成孔灌注桩示意图（单位：mm）

【解】 工程量 $= \pi \times \left(\dfrac{0.54}{2} \right)^2 \times 17 \times 70 = 272.54$（m³）

第3节 脚手架工程

要 点

脚手架工程基础定额项目主要包括砌筑脚手架、现浇钢筋混凝土框架脚手架、装饰工程脚手架及其他脚手架等。本节主要介绍脚手架工程的基础定额工程量计算规则及其在实际工作中的应用。

解 释

一、基础定额说明

① 外脚手架、里脚手架按搭设材料分为木制、竹制、钢管脚手架；烟囱脚手架和电梯井字脚手架为钢管式脚手架。

② 外脚手架定额中均综合了上料平台、护卫栏杆等。

③ 斜道是按依附斜道编制的，独立斜道按依附斜道定额项目人工、材料、机械乘以系数 1.8 计算。

④ 水平防护架和垂直防护架指脚手架以外单独搭设的，用于车辆通道、人行通道、临街防护和施工与其他物体隔离等的

防护。

⑤ 烟囱脚手架综合了垂直运输架、斜道、缆风绳、地锚等。

⑥ 水塔脚手架按相应的烟囱脚手架人工乘以系数 1.11 计算，其他不变。

⑦ 架空运输道，以架宽 2m 为准，如架宽超过 2m 时，应按相应项目乘以系数 1.2 计算，超过 3m 时按相应项目乘以系数 1.5 计算。

⑧ 满堂基础套用满堂脚手架基本层定额项目的 50% 计算脚手架。

⑨ 外架全封闭材料按竹席考虑，如采用竹笆板时，人工乘以系数 1.10 计算；如采用纺织布时，人工乘以系数 0.80 计算。

⑩ 高层钢管脚手架是以现行规范为依据计算的，如采用型钢平台加固时，各地市自行补充定额。

二、基础定额工程量计算规则

1. 一般规则

① 建筑物外墙脚手架，凡设计室外地坪至檐口（或女儿墙上表面）的砌筑高度在 15m 以下的按单排脚手架计算；砌筑高度在 15m 以上的或砌筑高度虽不足 15m，但外墙门窗及装饰面积超过外墙表面积 60% 以上时，均按双排脚手架计算。采用竹制脚手架时，按双排计算。

② 建筑物内墙脚手架，凡设计室内地坪至顶板下表面（或山墙高度的 1/2 处）的砌筑高度在 3.6m 以下的，按外脚手架计算。

③ 石砌墙体，凡砌筑高度超过 1.0m 以上时，按外脚手架计算。

④ 计算内、外墙脚手架时，均不扣除门、窗洞口、空圈洞口等所占的面积。

⑤ 同一建筑物高度不同时，应按不同高度分别计算。

⑥ 现浇钢筋混凝土框架柱、梁按双排脚手架计算。

⑦ 围墙脚手架，凡室外自然地坪至围墙顶面的砌筑高度在

3.6m 以下的按里脚手架计算；砌筑高度在 3.6m 以上时，按单排脚手架计算。

⑧ 室内天棚装饰面距设计室内地坪在 3.6m 以上时，应计算满堂脚手架，计算满堂脚手架后，墙面装饰工程则不再计算脚手架。

⑨ 滑升模板施工的钢筋混凝土烟囱、筒仓，不另计算脚手架。

⑩ 砌筑贮仓，按双排外脚手架计算。

⑪ 贮水（油）池，大型设备基础，凡距地坪高度超过 1.2m 的，均按双排脚手架计算。

⑫ 整体满堂钢筋混凝土基础，凡其宽度超过 3m 时，按其底板面积计算满堂脚手架。

2. 砌筑脚手架

① 砌筑脚手架按外墙外边线长度乘以外墙砌筑高度，以 m² 计算，突出墙外宽度在 24cm 以内的墙垛、附墙烟囱等不计算脚手架；宽度超过 24cm 时按图示尺寸展开计算，并入外脚手架工程量之内。

② 里脚手架按墙面垂直投影面积计算。

③ 独立砖柱按图示结构外围周长另加 3.6m，乘以砌筑高度，以 m² 计算，套用相应外脚手架定额。

3. 现浇钢筋混凝土框架脚手架

① 现浇钢筋混凝土柱，按柱图示周长尺寸另加 3.6m，乘以柱高，以 m² 计算，套用相应外脚手架定额。

② 现浇钢筋混凝土梁、墙，按设计室外地坪或楼板上表面至楼板底之间的高度，乘以梁、墙净长，以 m² 计算，套用相应双排外脚手架定额。

4. 装饰工程脚手架

① 满堂脚手架，按室内净面积计算，其高度在 3.6～5.2m 时，计算基本层，超过 5.2m 时，每增加 1.2m 按增加一层计算，不足 0.6m 的不计。

② 挑脚手架，按搭设长度和层数，以延长米计算。

③ 悬空脚手架，按搭设水平投影面积，以 m² 计算。

④ 高度超过 3.6m 墙面装饰不能利用原砌筑脚手架时，可以计算装饰脚手架。装饰脚手架按双排脚手架乘以系数 0.3 计算。

5. 其他脚手架

① 水平防护架，按实际铺板的水平投影面积，以 m² 计算。

② 垂直防护架，按自然地坪至最上一层横杆之间的搭设高度，乘以实际搭设长度，以 m² 计算。

③ 架空运输脚手架，按搭设长度以延长米计算。

④ 烟囱、水塔脚手架，区别不同搭设高度，以座计算。

⑤ 电梯井脚手架，按单孔以座计算。

⑥ 斜道，区别不同高度以座计算。

⑦ 砌筑贮仓脚手架，不分单筒或贮仓组，均按单筒外边线周长乘以设计室外地坪至贮仓上口之间高度，以 m² 计算。

⑧ 贮水（油）池脚手架，按其外形周长乘以地坪至外形顶面边线之间的高度，以 m² 计算。

⑨ 大型设备基础脚手架，按其外形周长乘以地坪至外形顶面边线之间的高度，以 m² 计算。

⑩ 建筑物垂直封闭工程量按封闭面的垂直投影面积计算。

6. 安全网

① 立挂式安全网，按架网部分的实挂长度乘以实挂高度计算。

② 挑出式安全网，按挑出的水平投影面积计算。

例　题

【例 3-5】　某七层砖混住宅平面图如图 3-5 所示，女儿墙顶面标高 21.5m，楼层高 3.0m，楼板厚 0.12m，室内外高差 0.3m，计算该工程内外墙脚手架工程量。

【解】　住宅砖墙砌筑高度 21.8m，外脚手架按钢管双排脚手架计算，室内净高为 $3.0-0.12=2.88$（m），低于 3.6m，内墙脚手架按里脚手架计算，也采用钢管架。

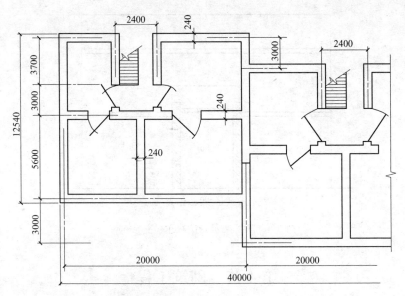

图 3-5　某住宅平面图（单位：mm）

（1）钢管式双排外脚手架工程量

外墙外边线长 $L_{外}=(40.0+12.54+3.0)\times2=111.08$（m）

工程量　　　　$S=111.08\times21.8=2421.54$（m²）

（2）内墙里脚手架工程量

内墙总长＝[(20.0－0.24)＋(5.6－0.24)＋(6.7－0.24)×2]

　　　　　×2＋(12.3－3.0－0.24)

　　　　＝85.14（m）

里脚手架工程量＝85.14×(3.0－0.12)×7＝1716.42（m²）

【例 3-6】　如图 3-6 所示，试计算房屋的防护长度为 30m 时的防护工程量。

【解】　水平防护架，按实际铺板的水平投影面积，以 m² 计算。垂直防护架，按自然地坪至最上一层横杆之间的搭设高度，乘以实际搭设长度，以 m² 计算。

水平防护架工程量＝6.5×30＝195（m²）

垂直防护架工程量＝7.8×30×2＝468（m²）

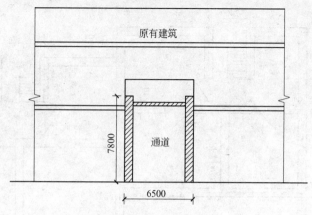

图 3-6　防护架示意图（单位：mm）

第4节　砌筑工程

　　砌筑工程基础定额项目主要包括砖基础、砖砌体及砖构筑物等。本节主要介绍砌筑工程的基础定额工程量计算规则及其在实际工作中的应用。

一、基础定额说明

1. 砌砖、砌块

　　① 定额中砖的规格，是按标准砖编制的；砌块、多孔砖规格是按常用规格编制的。规格不同时，可以换算。

　　② 砖墙定额中已包括先立门窗框的调直用工以及腰线、窗台线、挑檐等一般出线用工。

　　③ 砖砌体均包括了原浆勾缝用工，加浆勾缝时，另按相应定额计算。

④ 填充墙以填炉渣、炉渣混凝土为准，如实际使用材料与定额不同时允许换算，其他不变。

⑤ 墙体必需放置的拉接钢筋，应按《全国统一建筑工程基础定额》（GJD—101—95）中的钢筋混凝土章节另行计算。

⑥ 硅酸盐砌块、加气混凝土砌块墙，是按水泥混合砂浆编制的，如设计使用水玻璃矿渣等粘接剂为胶合料时，应按设计要求另行换算。

⑦ 圆形烟囱基础按砖基础定额执行，人工乘以系数 1.2 计算。

⑧ 砖砌挡土墙，2 砖以上执行砖基础定额；2 砖以内执行砖墙定额。

⑨ 零星项目是指砖砌小便池槽、明沟、暗沟、隔热板带砖墩、地板墩等。

⑩ 项目中砂浆是按常用规格、强度等级列出，如与设计不同时，可以换算。

2. 砌石

① 定额中粗、细料石（砌体）墙按 400mm × 220mm × 200mm，柱按 450mm × 220mm × 200mm，踏步石按 400mm × 200mm × 100mm 规格编制的。

② 毛石墙镶砖墙身按内背镶 1/2 砖编制的，墙体厚度为 600mm。

③ 毛石护坡高度超过 4m 时，定额人工乘以系数 1.15 计算。

④ 砌筑圆弧形石砌体基础、墙（含砖石混合砌体）按定额项目人工乘以系数 1.1 计算。

二、基础定额工程量计算规则

1. 砖基础定额工程量计算规则

（1）基础与墙身（柱身）的划分。

① 基础与墙（柱）身使用同一种材料时，以设计室内地面为界（有地下室者，以地下室室内设计地面为界），以下为基础，以上为墙（柱）身。

② 基础与墙身使用不同材料时，位于设计室内地面±300mm

以内时，以不同材料为分界线，超过±300mm 时，以设计室内地面为分界线。

③ 砖、石围墙，以设计室外地坪为界线，以下为基础，以上为墙身。

（2）基础长度。

① 外墙墙基按外墙中心线长度计算；内墙墙基按内墙净长计算。基础大放脚 T 形接头处的重叠部分以及嵌入基础的钢筋、铁件、管道、基础防潮层及单个面积在 0.3m² 以内孔洞所占体积不予扣除，但靠墙暖气沟的挑檐也不增加。附墙垛基础宽出部分体积应并入基础工程量内。

② 砖砌挖孔桩护壁工程量按实砌体积计算。

2. 砖砌体定额工程量计算规则

（1）一般规则。

① 计算墙体时，应扣除门窗洞口、过人洞、空圈、嵌入墙身的钢筋混凝土柱、梁（包括过梁、圈梁、挑梁）、砖砌平拱和暖气包壁龛及内墙板头的体积，不扣除梁头、外墙板头、檩头、垫木、木楞头、沿椽木、木砖、门窗走头、砖墙内的加固钢筋、木筋、铁件、钢管及每个面积在 0.3m² 以下的孔洞等所占的体积，突出墙面的窗台虎头砖、压顶线、山墙泛水、烟囱根、门窗套及三皮砖以内的腰线和挑檐等体积也不增加。

② 砖垛、三皮砖以上的腰线和挑檐等体积，并入墙身体积内计算。

③ 附墙烟囱（包括附墙通风道、垃圾道）按其外形体积计算，并入所依附的墙体积内，不扣除每一个孔洞横截面在 0.1m² 以下的体积，但孔洞内的抹灰工程量也不增加。

④ 女儿墙高度，自外墙顶面至图示女儿墙顶面高度，分别按不同墙厚并入外墙计算。

⑤ 砖砌平拱、平砌砖过梁按图示尺寸以 m³ 计算。如设计无规定时，砖砌平拱按门窗洞口宽度两端共加 100mm，乘以高度（门窗洞口宽小于 1500mm 时，高度为 240mm；大于 1500mm 时，高

度为 365mm）计算；平砌砖过梁按门窗洞口宽度两端共加 500mm，高度按 440mm 计算。

（2）砌体厚度计算。

① 标准砖以 240mm×115mm×53mm 为准，砌体计算厚度，按表 3-14 采用。

② 使用非标准砖时，其砌体厚度应按砖实际规格和设计厚度计算。

表 3-14 标准砖墙墙厚计算表

砖数/(厚度)	1/4	1/2	3/4	1	1.5	2	2.5	3
计算厚度/mm	53	115	180	240	365	490	615	740

（3）墙的长度计算。外墙长度按外墙中心线长度计算，内墙长度按内墙净长线计算。

（4）墙身高度的计算。

① 外墙墙身高度。斜（坡）屋面无檐口顶棚者算至屋面板底，如图 3-7 所示；有屋架且室内外均有顶棚者，算至屋架下弦底面另加 200mm，如图 3-8 所示；无顶棚者算至屋架下弦底加 300mm；出檐宽度超过 600mm 时，应按实砌高度计算；平屋面算至钢筋混凝土板底，如图 3-9 所示。

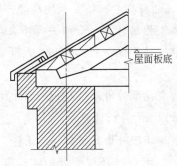
屋面板底

图 3-7 斜坡屋面无檐口顶棚者墙身高度计算

② 内墙墙身高度。位于屋架下弦者，其高度算至屋架底；无屋架者算至顶棚底另加 100mm；有钢筋混凝土楼板隔层者算至板

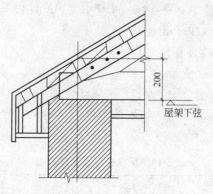

图 3-8 有屋架且室内外均有顶棚者墙身高度计算

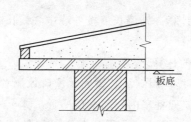

图 3-9 无顶棚者墙身高度计算

底；有框架梁时算至梁底面。

③ 内、外山墙，墙身高度。按其平均高度计算。

（5）框架间砌体工程量计算。分别按内外墙以框架间的净空面积乘以墙厚计算，框架外表镶贴砖部分亦并入框架间砌体工程量内计算。

（6）空花墙。按空花部分外形体积以 m³ 计算，空花部分不予扣除，其中实体部分以 m³ 另行计算。

（7）空斗墙。空斗墙按外形尺寸以 m³ 计算。墙角、内外墙交接处，门窗洞口立边，窗台砖及屋檐处的实砌部分已包括在定额内，不另计算，但窗间墙、窗台下、楼板下、梁头下等实砌部分，应另行计算，套零星砌体定额项目。

（8）多孔砖、空心砖。按图示厚度以 m³ 计算，不扣除其孔、空心部分体积。

（9）填充墙。填充墙按外形尺寸计算，以 m³ 计算，其中实砌部分已包括在定额内，不另计算。

（10）加气混凝土墙。硅酸盐砌块墙、小型空心砌块墙，按图示尺寸以 m³ 计算。按设计规定需要镶嵌砖砌体部分已包括在定额内，不另计算。

（11）其他砖砌体。

① 砖砌锅台、炉灶，不分大小，均按图示外形尺寸以 m³ 计算，不扣除各种空洞的体积。

② 砖砌台阶（不包括梯带）按水平投影面积以 m³ 计算。

③ 厕所蹲台、水槽腿、灯箱、垃圾箱、台阶挡墙或梯带、花台、花池、地垄墙及支撑地楞的砖墩，房上烟囱、屋面架空隔热层砖墩及毛石墙的门窗立边，窗台虎头砖等实砌体积，以 m³ 计算，套用零星砌体定额项目。

④ 检查井及化粪池不分壁厚均以 m³ 计算，洞口上的砖平拱碶等并入砌体体积内计算。

⑤ 砖砌地沟不分墙基、墙身合并以 m³ 计算。石砌地沟按其中心线长度以延长线计算。

3. 砖构筑物定额工程量计算规则

（1）砖烟囱。

① 筒身，圆形、方形均按图示筒壁平均中心线周长乘以厚度并扣除筒身各种孔洞、钢筋混凝土圈梁、过梁等的体积，以 m³ 计算，其筒壁周长不同时可按下式分段计算。

$$V = \sum (H \times C \times \pi D) \tag{3-2}$$

式中 V——筒身体积；

H——每段筒身垂直高度；

C——每段筒壁厚度；

D——每段筒壁中心线的平均直径。

② 烟道、烟囱内衬按不同内衬材料并扣除孔洞后，以图示实体积计算。

③ 烟囱内壁表面隔热层，按筒身内壁并扣除各种孔洞后的面积以 m² 计算；填料按烟囱内衬与筒身之间的中心线平均周长乘以图示宽度和筒高，并扣除各种孔洞所占体积（但不扣除连接横砖及防沉带的体积）后以 m³ 计算。

④ 烟道砌砖。烟道与炉体的划分以第一道闸门为界，炉体内的烟道部分列入炉体工程量计算。

（2）砖砌水塔。

① 水塔基础与塔身划分。以砖砌体的扩大部分顶面为界，以上为塔身，以下为基础，分别套用相应基础砌体定额。

② 塔身以图示实砌体积计算，并扣除门窗洞口和混凝土构件所占的体积，砖平拱□及砖出檐等并入塔身体积内计算，套用水塔砌筑定额。

③ 砖水箱内外壁，不分壁厚均以图示实砌体积计算，套用相应的内外砖墙定额。

（3）砌体内钢筋加固。应按设计规定，以 t 计算，套用钢筋混凝土中相应项目。

例　题

【例 3-7】　某基础剖面示意图如图 3-10 所示，已知基础外墙中心线长度和内墙净长度之和 60.54m，试计算毛石基础工程量。

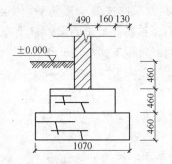

图 3-10　某基础剖面示意图（单位：mm）

【解】　毛石基础工程量计算如下。

$$V = 毛石基础断面面积 \times (外墙中心线长度 + 内墙净长度)$$
$$= (1.07 \times 0.46 + 0.81 \times 0.46) \times 60.54$$
$$= 52.35 \ (m^3)$$

【例 3-8】 某基础工程如图 3-11 所示，MU30 整毛石，基础用 M5.0 水泥砂浆砌筑。试计算石基础工程量。

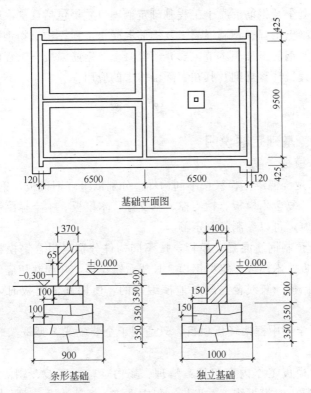

图 3-11　基础工程（单位：mm）

【解】　$L_中 = (6.5 \times 2 - 0.25 \times 2 + 9.5 + 0.425 \times 2) \times 2 = 45.7 \ (m)$

$L_内 = 9.5 - 0.25 \times 2 + 6.5 - 0.25 - 0.185 = 15.07 \ (m)$

毛石条基工程量 $= (45.7 + 15.07) \times (0.9 + 0.7 + 0.5) \times 0.35$
$$= 44.67 \ (m^3)$$

毛石独立基础工程量 $= (1 \times 1 + 0.7 \times 0.7) \times 0.35 = 0.52 \ (m^3)$

第5节 混凝土及钢筋混凝土工程

混凝土及钢筋混凝土工程基础定额项目主要包括现浇混凝土及钢筋混凝土工程、预制混凝土及钢筋混凝土工程、构筑物钢筋混凝土工程及钢筋工程。本节主要介绍混凝土及钢筋混凝土工程的基础定额工程量计算规则及其在实际工作中的应用。

解　释

一、基础定额说明

1. 模板

① 现浇混凝土模板按不同构件，分别以组合钢模板、钢支撑、木支撑，复合木模板、钢支撑、木支撑，木模板、木支撑配制，模板不同时，可以编制补充定额。

② 预制钢筋混凝土模板，按不同构件分别以组合钢模板、复合木模板、木模板、定型钢模、长线台钢拉模，并配制相应的砖地模、砖胎模、长线台混凝土地模编制的，使用其他模板时，可以换算。

③ 定额中框架轻板项目，只适用于全装配式定型框架轻板住宅工程。

④ 模板工作内容包括：清理、场内运输、安装、刷隔离剂、浇灌混凝土时模板维护、拆模、集中堆放、场外运输。木模板包括制作（预制包括刨光，现浇不刨光），组合钢模板、复合木模板包括装箱。

⑤ 现浇混凝土梁、板、柱、墙是按支模高度（地面至板底）3.6m编制的，超过3.6m时按超过部分工程量另按超高的项目计算。

⑥ 用钢滑升模板施工的烟囱、水塔及贮仓是按无井架施工计算的，并综合了操作平台，不再计算脚手架及竖井架。

⑦ 用钢滑升模板施工的烟囱、水塔、提升模板使用的钢爬杆用量是按100％摊销计算的，贮仓是按50％摊销计算的，设计要求不同时，另行计算。

⑧ 倒锥壳水塔塔身钢滑升模板项目，也适用于一般水塔塔身滑升模板工程。

⑨ 烟囱钢滑升模板项目均已包括烟囱筒身、牛腿、烟道口；水塔钢滑升模板均已包括直筒、门窗洞口等模板用量。

⑩ 组合钢模板、复合木模板项目，未包括回库维修费用。应按定额项目中所列摊销量的模板、零星夹具材料价格的8％计入模板预算价格之内。回库维修费的内容包括：模板的运输费，维修的人工、机械、材料费用等。

2. 钢筋

① 钢筋工程按钢筋的不同品种、不同规格，按现浇构件钢筋、预制构件钢筋、预应力钢筋及箍筋分别列项。

② 预应力构件中的非预应力钢筋按预制钢筋相应项目计算。

③ 设计图纸未注明的钢筋接头和施工损耗的，已综合在定额项目内。

④ 绑扎铁丝、成型点焊和接头焊接用的电焊条已综合在定额项目内。

⑤ 钢筋工程内容包括：制作、绑扎、安装以及浇灌混凝土时维护钢筋用工。

⑥ 现浇构件钢筋以手工绑扎，预制构件钢筋以手工绑扎、点焊分别列项，实际施工与定额不同时，不再换算。

⑦ 非预应力钢筋不包括冷加工，如设计要求冷加工时，另行计算。

⑧ 预应力钢筋如设计要求人工时效处理时，应另行计算。

⑨ 预制构件钢筋，如用不同直径钢筋点焊在一起时，按直径最小的定额项目计算，如粗细筋直径比在两倍以上时，其人工乘以系数1.25计算。

⑩ 后张法钢筋的锚固是按钢筋帮条焊、U形插垫编制的，如

采用其他方法锚固时，应另行计算。

⑪ 表 3-15 所列的构件，其钢筋可按表列系数调整人工、机械用量。

表 3-15　钢筋调整人工、机械系数表

项目	预制钢筋		现浇钢筋		构筑物			
系数范围	拱梯形屋架	托架梁	小型构件	小型池槽	烟囱	水塔	贮仓	
							矩形	圆形
人工、机械调整系数	1.16	1.05	2	2.52	1.7	1.7	1.25	1.50

3. 混凝土

① 混凝土的工作内容包括：筛沙子、筛洗石子、后台运输、搅拌、前台运输、清理、润湿模板、浇灌、捣固、养护。

② 毛石混凝土，是按毛石占混凝土体积 20％ 计算的。如设计要求不同时，可以换算。

③ 小型混凝土构件，是指每件体积在 $0.05m^3$ 以内的未列出定额项目的构件。

④ 预制构件厂生产的构件，在混凝土定额项目中考虑了预制厂内构件运输、堆放、码垛、装车运出等的工作内容。

⑤ 构筑物混凝土按构件选用相应的定额项目。

⑥ 轻板框架的混凝土梅花柱按预制异型柱；叠合梁按预制异型梁；楼梯段和整间大楼板按相应预制构件定额项目计算。

⑦ 现浇钢筋混凝土柱、墙定额项目，均按规范规定综合了底部灌注 1：2 水泥砂浆的用量。

⑧ 混凝土已按常用列出强度等级，如与设计要求不同时，可以换算。

二、基础定额工程量计算规则

1. 现浇混凝土及钢筋混凝土工程定额工程量计算规则

（1）一般规定

除遵循上述基础定额说明中"3. 混凝土"的内容外，还应符合以下两条规定。

①　承台桩基础定额中已考虑了凿桩头用工。

②　集中搅拌、运输、泵输送混凝土参考定额中，当输送高度超过 30m 时，输送泵台班用量乘以系数 1.10 计算；输送高度超过 50m 时，输送泵台班用量乘以系数 1.25 计算。

(2) 现浇混凝土及钢筋混凝土模板

①　现浇混凝土及钢筋混凝土模板工程量，除另有规定者外，均应区别模板的不同材质，按混凝土与模板接触面的面积，以 m^2 计算。

②　现浇钢筋混凝土柱、梁、板、墙的支模高度（即室外地坪至板底或板面至板底之间的高度）以 3.6m 以内为准，超过 3.6m 以上部分，另按超过部分计算增加支撑工程量。

③　现浇钢筋混凝土墙、板上单孔面积在 $0.3m^2$ 以内的孔洞，不予扣除，洞侧壁模板也不增加；单孔面积在 $0.3m^2$ 以外时，应予扣除，洞侧壁模板面积并入墙、板模板工程量之内计算。

④　现浇钢筋混凝土框架分别按梁、板、柱、墙有关规定计算。附墙柱并入墙内工程量计算。

⑤　杯形基础杯口高度大于杯口大边长度的，套用高杯基础定额项目。

⑥　柱与梁、柱与墙、梁与梁等连接的重叠部分以及伸入墙内的梁头、板头部分，均不计算模板面积。

⑦　构造柱外露面均应按图示外露部分计算模板面积。构造柱与墙接触面不计算模板面积。

⑧　现浇钢筋混凝土悬挑板（雨篷、阳台）按图示外挑部分尺寸的水平投影面积计算。挑出墙外的牛腿梁及板边模板不另计算。

⑨　现浇钢筋混凝土楼梯，以图示露明面尺寸的水平投影面积计算，不扣除小于 500mm 楼梯井所占面积。楼梯的踏步、踏步板、平台梁等侧面模板，不另计算。

⑩　混凝土台阶不包括梯带，按图示台阶尺寸的水平投影面积计算，台阶端头两侧不另计算模板面积。

⑪ 现浇混凝土小型池槽按构件外围体积计算，池槽内、外侧及底部的模板不应另计算。

（3）现浇混凝土

1）混凝土工程量除另有规定者外，均按图示尺寸实体体积以 m^3 计算。不扣除构件内钢筋、预埋铁件及墙、板中 $0.3m^2$ 内的孔洞所占体积。

2）基础。

① 有肋带形混凝土基础，其肋高与肋宽之比在 $4:1$ 以内的按有肋带形基础计算；超过 $4:1$ 时，其基础底按板式基础计算，以上部分按墙计算。

② 箱式满堂基础应分别按无梁式满堂基础、柱、墙、梁、板有关规定计算，套相应定额项目。

③ 设备基础除块体以外，其他类型设备基础分别按基础、梁、柱、板、墙等有关规定计算，套用相应的定额项目计算。

3）柱。按图示断面尺寸乘以柱高以 m^3 计算。柱高按下列规定确定。

① 有梁板的柱高，应自柱基上表面（或楼板上表面）至上一层楼板上表面之间的高度计算。

② 无梁板的柱高，应自柱基上表面（或楼板上表面）至柱帽下表面之间的高度计算。

③ 框架柱的柱高应自柱基上表面至柱顶高度计算。

④ 构造柱按全高计算，与砖墙嵌接部分的体积并入柱身体积内计算。

⑤ 依附柱上的牛腿，并入柱身体积内计算。

4）梁。按图示断面尺寸乘以梁长以 m^3 计算，梁长按下列规定确定。

① 梁与柱连接时，梁长算至柱侧面。

② 主梁与次梁连接时，次梁长算至主梁侧面。

③ 伸入墙内梁头，梁垫体积并入梁体积内计算。

5）板。按图示面积乘以板厚以 m^3 计算，其中：

① 有梁板包括主、次梁与板，按梁、板体积之和计算；

② 无梁板按板和柱帽体积之和计算；

③ 平板按板实体体积计算；

④ 现浇挑檐天沟与板（包括屋面板、楼板）连接时，以外墙为分界线；与圈梁（包括其他梁）连接时，以梁外边线为分界线。外墙边线以外或梁外边线以外为挑檐天沟。

⑤ 各类板伸入墙内的板头并入板体积内计算。

⑥ 墙。按图示中心线长度乘以墙高及厚度以 m³ 计算，应扣除门窗洞口及 0.3m³ 以外孔洞的体积，墙垛及突出部分并入墙体积内计算。

⑦ 整体楼梯包括休息平台，平台梁、斜梁及楼梯的连接梁，按水平投影面积计算，不扣除宽度小于 500mm 的楼梯井，伸入墙内部分不另增加。

⑧ 阳台、雨篷（悬挑板），按伸出外墙的水平投影面积计算，伸出外墙的牛腿不另计算。带反挑檐的雨篷按展开面积并入雨篷内计算。

⑨ 栏杆按净长度以延长米计算。伸入墙内的长度已综合在定额内。栏板以 m³ 计算，伸入墙内的栏板，合并计算。

⑩ 预制板补现浇板缝时，按平板计算。

⑪ 预制钢筋混凝土框架柱现浇接头（包括梁接头），按设计规定的断面和长度以 m³ 计算。

6）钢筋混凝土构件接头灌缝　包括构件坐浆、灌缝、堵板孔、塞板梁缝等。均按预制钢筋混凝土构件实体体积以 m³ 计算。

① 柱与柱基的灌缝，按首层柱体积计算；首层以上柱灌缝按各层柱体积计算。

② 空心板堵孔的人工材料，已包括在定额内。如不堵孔时，每 10m³ 空心板体积应扣除 0.23m³ 预制混凝土块和 2.2 工日。

2. 预制混凝土及钢筋混凝土工程定额工程量计算规则

1）预制钢筋混凝土构件模板

① 预制钢筋混凝土模板工程量，除另有规定者外均按混凝土

实体体积以 m³ 计算。

② 小型池槽按外形体积以 m³ 计算。

③ 预制桩尖按虚体积（不扣除桩尖虚体积部分）计算。

2) 预制混凝土

① 混凝土工程量均按图示尺寸实体体积以 m³ 计算，不扣除构件内钢筋、铁件及小于 300mm×300mm 以内的孔洞面积。

② 预制桩按桩全长（包括桩尖）乘以桩断面（空心桩应扣除孔洞体积）以 m³ 计算。

③ 混凝土与钢杆件组合的构件，混凝土部分按构件实体积以 m³ 计算，钢构件部分以 t 计算，分别套用相应的定额项目。

3. 构筑物钢筋混凝土工程定额工程量计算规则

（1）构筑物钢筋混凝土模板

① 构筑物工程的模板工程量，除另有规定者外，区别现浇、预制和构件类别，分别按现浇和预制混凝土及钢筋混凝土模板工程量计算规定中有关的规定计算。

② 大型池槽等分别按基础、墙、板、梁、柱等有关规定计算并套相应定额项目。

③ 液压滑升钢模板施工的烟筒、水塔塔身、贮仓等，均按混凝土体积，以 m³ 计算。预制倒圆锥形水塔罐壳模板按混凝土体积，以 m³ 计算。

④ 预制倒圆锥形水塔罐壳组装、提升、就位，按不同容积以座计算。

（2）构筑物钢筋混凝土

1) 构筑物混凝土除另规定者外，均按图示尺寸扣除门窗洞口及 0.3m² 以外孔洞所占体积以实体体积计算。

2) 水塔。

① 筒身与槽底以槽底连接的圈梁底为界，以上为槽底，以下为筒身。

② 筒式塔身及依附于筒身的过梁、雨篷挑檐等并入筒身体积内计算；柱式塔身，柱、梁合并计算。

③ 塔顶及槽底。塔顶包括顶板和圈梁，槽底包括底板挑出的斜壁板和圈梁等，合并计算。

3）贮水池不分平底、锥底、坡底均按池底计算，壁基梁、池壁不分圆形壁和矩形壁，均按池壁计算；其他项目均按现浇混凝土部分相应项目计算。

4. 钢筋工程定额工程量计算规则

（1）一般规定

1）钢筋工程，应区别现浇、预制构件、不同钢种和规格，分别按设计长度乘以单位重量，以 t 计算。

2）计算钢筋工程量时，设计已规定钢筋搭接长度的，按规定搭接长度计算；设计未规定搭接长度的，已包括在钢筋的损耗率之内，不另计算搭接长度。钢筋电渣压力焊接、套筒挤压等接头，以个计算。

3）先张法预应力钢筋，按构件外形尺寸计算长度，后张法预应力钢筋按设计图规定的预应力钢筋预留孔道长度，并区别不同的锚具类型，分别按下列规定计算。

① 低合金钢筋两端采用螺杆锚具的，预应力的钢筋按预留孔道的长度减 0.35m 计算，螺杆另行计算。

② 低合金钢筋一端采用镦头插片，另一端螺杆锚具的，预应力钢筋长度按预留孔道长度计算，螺杆另行计算。

③ 低合金钢筋一端采用镦头插片，另一端帮条锚具的，预应力钢筋增加 0.15m 计算；两端均采用帮条锚具的，预应力钢筋共增加 0.3m 计算。

④ 低合金钢筋采用后张混凝土自锚的，预应力钢筋长度增加 0.35m 计算。

⑤ 低合金钢筋或钢绞线采用 JM、XM、QM 型锚具，孔道长度在 20m 以内的，预应力钢筋长度增加 1m；孔道长度在 20m 以上的，预应力钢筋长度增加 1.8m 计算。

⑥ 碳素钢丝采用锥形锚具，孔道长在 20m 以内的，预应力钢筋长度增加 1m；孔道长在 20m 以上的，预应力钢筋长度增

加 1.8m。

⑦ 碳素钢丝两端采用镦粗头时，预应力钢丝长度增加 0.35m 计算。

（2）其他规定

① 钢筋混凝土构件预埋铁件工程量按设计图示尺寸，以 t 计算。

② 固定预埋螺栓、铁件的支架，固定双层钢筋的铁马凳、垫铁件，按审定的施工组织设计规定计算，套用相应定额项目。

例　题

【例 3-9】 某独立基础示意图如图 3-12 所示，试计算现浇钢筋混凝土独立基础工程量。

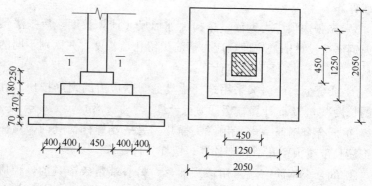

图 3-12　独立基础示意图（单位：mm）

【解】 现浇钢筋混凝土独立基础工程量，应按图示尺寸计算其实体积。

$$V = 2.05 \times 2.05 \times 0.47 + 1.25 \times 1.25 \times 0.18 + 0.45 \times 0.45 \times 0.25$$
$$\approx 2.31 \ (\text{m}^3)$$

【例 3-10】 有梁式满堂基础的尺寸如图 3-13 所示。机械原土夯实，铺设混凝土垫层，混凝土强度等级为 C15，有梁式满堂基础，混凝土强度等级为 C20，场外搅拌量为 50m³/h，运距为 5km。试计算梁式满堂基础的工程量。

116

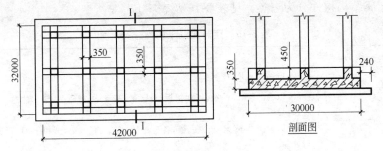

图 3-13　梁式满堂基础（单位：mm）

【解】 满堂基础工程量＝图示长度×图示宽度×厚度＋翻梁体积

满堂基础工程量＝42×32×0.35＋0.35×0.45×[42×3

$$+(32-0.35×3)×5]$$

$$≈514.62 （m^3）$$

第 6 节　构件运输及安装工程

要　点

本节主要介绍构件运输及安装工程的基础定额工程量计算规则及其在实际工作中的应用。

解　释

一、基础定额说明

1. 构件运输

① 定额包括混凝土构件运输、金属结构构件运输及木门窗运输。

② 定额适用于由构件堆放场地或构件加工厂至施工现场的运输。

③ 按构件的类型和外形尺寸划分。预制混凝土构件分为六类，

金属结构构件分为三类，见表 3-16 及表 3-17。

表 3-16 预制混凝土构件分类

类别	项 目
1	4m 以内空心板、实心板
2	6m 以内的桩、屋面板、工业楼板、进深梁、基础梁、吊车梁、楼梯休息板、楼梯段、阳台板
3	6m 以上至 14m 梁、板、柱、桩，各类屋架、桁架、托架（14m 以上的另行处理）
4	天窗架、挡风架、侧板、端壁板、天窗上下档、门框及单体体积在 0.1m³ 以内的小构件
5	装配式内、外墙板、大楼板、厕所板
6	隔墙板（高层用）

表 3-17 金属结构构件分类

类别	项 目
1	钢柱、屋架、托架梁、防风桁架
2	吊车梁、制动梁、型钢檩条、钢支撑、上下档、钢拉杆、栏杆、盖板、垃圾出灰门、倒灰门、笼子、爬梯、零星构件、平台、操作台、走道休息台、扶梯、钢吊车梯台、烟囱紧固箍
3	墙架、挡风架、天窗架、组合檩条、轻型屋架、滚动支架、悬挂支架、管道支架

④ 定额综合考虑了城镇、现场运输道路等级、重车上下坡等各种因素，不得因道路条件不同而修改定额。

⑤ 构件运输过程中，如遇路桥限载（限高），而发生的加固、拓宽等费用及有电车线路和公安交通管理部门的保安护送费用，应另行处理。

2. 构件安装

① 定额按单机作业制定。

② 定额按机械起吊点中心回转半径 15m 以内的距离计算；如超出 15m 时，应另按构件 1km 运输定额项目执行。

③ 每一工作循环中，均包括机械的必要位移。

④ 定额按履带式起重机、轮胎式起重机、塔式起重机分别编

制。如使用汽车式起重机时，按轮胎式起重机相应定额项目计算，乘以系数 1.05 计算。

⑤ 定额不包括起重机械、运输机械行驶道路的修整、铺垫工作的人工、材料和机械。

⑥ 柱接柱定额未包括钢筋焊接。

⑦ 小型构件安装是指单体小于 0.1m³ 的构件安装。

⑧ 升板预制柱加固是指预制柱安装后，至楼板提升完成期间，所需的加固搭设费。

⑨ 定额内未包括金属构件拼接和安装所需的连接螺栓。

⑩ 钢屋架单榀重量在 1t 以下者，按轻钢屋架定额计算。

⑪ 钢柱、钢屋架、天窗架安装定额中，不包括拼装工序，如需拼装时，按拼装定额项目计算。

⑫ 凡单位一栏中注有"％"者，均指该项费用占本项定额总价的百分数。

⑬ 预制混凝土构件若采用砖模制作时，其安装定额中的人工、机械乘以系数 1.1 计算。

⑭ 预制混凝土构件和金属构件安装定额均不包括为安装工程所搭设的临时性脚手架，若发生应另按有关规定计算。

⑮ 定额中的塔式起重机台班均已包括在垂直运输机械费定额中。

⑯ 单层房屋盖系统构件必须在跨外安装时，按相应的构件安装定额的人工、机械台班乘以系数 1.18 计算，用塔式起重机、卷扬机时，不乘此系数。

⑰ 综合工日不包括机械驾驶人工工日。

⑱ 钢柱安装在混凝土柱上，其人工、机械乘以系数 1.43 计算。

⑲ 钢构件的安装螺栓均为普通螺栓，若使用其他螺栓时，应按有关规定进行调整。

⑳ 预制混凝土构件、钢构件，若需跨外安装时，其人工、机械乘以系数 1.18 计算。

○21 钢网架拼装定额不包括拼装后所用材料，使用本定额时，可按实际施工方案进行补充。

○22 钢网架定额是按焊接考虑的，安装是按分体吊装考虑的，若施工方法与定额不同时，可另行补充。

● 二、基础定额工程量计算规则

1. 构件运输

① 预制混凝土构件运输的损耗率，按表 3-18 规定计算后并入构件工程量内。其中预制混凝土屋架、桁架、托架及长度在 9m 以上的梁、板、柱不计算损耗率。

表 3-18　预制钢筋混凝土构件制作、运输、安装损耗率

名　　称	制作废品率/%	运输堆放损耗/%	安装(打桩)损耗/%
各类预制构件	0.2	0.8	0.5
预制钢筋混凝土桩	0.1	0.4	1.5

注：1. 成品损耗：指构件起模归堆时发生的损耗。
　　2. 运输、安装、打桩损耗：指构件在运输和吊装、打桩过程中发生的损耗。

② 预制混凝土构件运输按构件图示尺寸，以实体体积计算。

③ 预制混凝土构件运输的最大运输距离取 50km 以内；钢构件和木门窗的最大运输距离取 20km 以内；超过时另行补充。

④ 加气混凝土板(块)、硅酸盐块运输每立方米折合钢筋混凝土构件体积 0.4m³ 按一类构件运输计算。

⑤ 钢构件按构件设计图示尺寸以 t 计算，所需螺栓、电焊条等重量不另计算。

⑥ 木门窗按外框面积以 m² 计算。

2. 构件安装

(1) 预制混凝土构件安装。

① 焊接形成的预制钢筋混凝土框架结构，其柱安装按框架柱计算，梁安装按框架梁计算；节点浇注成形的框架，按连体框架梁、柱计算。

② 预制钢筋混凝土工字形柱、矩形柱、空腹柱、双肢柱、空心柱、管道支架等的安装，均按柱安装的计算。

③ 组合屋架安装，以混凝土部分实体体积计算，钢杆件部分不另计算。

④ 预制钢筋混凝土多层柱安装、首层柱安装按柱安装计算，二层及二层以上按柱安装计算。

（2）金属构件安装。

① 钢筋构件安装按图示构件钢材重量以 t 计算。

② 依附于钢柱上的牛腿及悬臂梁等，并入柱身主材重量计算。

③ 金属结构中所用钢板，设计为多边形者，按矩形计算，矩形的边长以设计尺寸中互相垂直的最大尺寸为准。

例　题

【例 3-11】　某工程需要安装 50 块预制钢筋混凝土槽形板，槽形板示意图如图 3-14 所示。预制厂距施工现场 8km，试计算其运输、安装工程量。

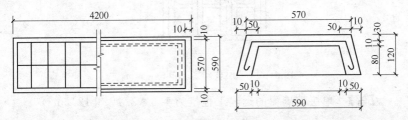

图 3-14　槽形板（单位：mm）

【解】

（1）预制钢筋混凝土槽形板体积（大棱台体积减小棱台体积）

$$
\begin{aligned}
单体体积 =\ & (0.12/3) \times [0.59 \times 4.2 + 0.57 \times 4.18 \\
& + \sqrt{0.59 \times 4.2 + 0.57 \times 4.18}] \\
& - (0.08/3) \times [0.49 \times 4.1 + 0.47 \times 4.08 \\
& + \sqrt{0.49 \times 4.1 + 0.47 \times 4.08}] \\
=\ & 0.2826 - 0.1576 \\
=\ & 0.125\ (m^3)
\end{aligned}
$$

121

50 块体积为 6.25m³。

（2）场外运输工程量

$$6.25 \times (1+0.8\% + 0.5\%) = 6.33 \ (\text{m}^3)$$

（3）安装槽形板（灌缝同）工程量

$$6.25 \times (1 + 0.5\%) = 6.28 \ (\text{m}^3)$$

【例 3-12】 某单层玻璃窗的尺寸如图 3-15 所示，试计算其运输工程量。

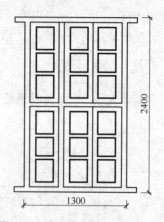

图 3-15 单层玻璃窗（单位：mm）

【解】 单层玻璃窗的运输工程量为 $1.3 \times 2.4 = 3.12$（m²）

第 7 节 门窗及木结构工程

要 点

本节主要介绍门窗及木结构工程的基础定额工程量计算规则及其在实际工作中的应用。

解 释

一、基础定额说明

（1）定额是按机械和手工操作综合编制的，所以不论实际采取何种操作方法，均按定额执行。

（2）定额中木材木种分类如下。

一类：红松、水桐木、樟子松。

二类：白松（方杉、冷杉）、杉木、杨木、柳木、椴木。

三类：青松、黄花松、秋子木、马尾松、东北榆木、柏木、苦楝木、梓木、黄菠萝、椿木、楠木、柚木、樟木。

四类：栎木（柞木）、檀木、色木、槐木、荔木、麻栗木（麻栎、青刚）、桦木、荷木、水曲柳、华北榆木。

（3）门窗及木结构工程中的木材木种均以一、二类木种为准，如采用三、四类木种时，分别乘以下列系数：木门窗制作，按相应项目人工和机械乘以系数 1.3；木门窗安装，按相应项目的人工和机械乘以系数 1.16；其他项目按相应项目人工和机械乘以系数 1.35。

（4）定额中木材以自然干燥条件下含水率为准编制的，需人工干燥时，其费用可列入木材价格内由各地区另行确定。

（5）定额中板材、方材规格，见表 3-19。

表 3-19　板材、方材规格表

项目	按宽厚尺寸比例分类	按板材厚度、方材宽、厚乘积			
板材	宽≥3×厚	名称	薄板	中板	厚板	特厚板
		厚度/mm	<18	19～35	36～65	≥66
方材	宽<3×厚	名称	小方	中方	大方	特大方
		宽×厚/cm^2	<54	55～100	101～225	≥225

（6）定额中所注明的木材断面或厚度均以毛料为准。如设计图纸注明的断面或厚度为净料时，应增加刨光损耗；板、方材一面刨光增加 3mm；两面刨光增加 5mm；圆木每 1m^3 材积增加 0.05m^3。

（7）定额中木门窗框、扇断面取定如下：

无纱镶板门框：60mm×100mm；有纱镶板门框：60mm×120mm；无纱窗框：60mm×90mm；有纱窗框：60mm×110mm；无纱镶板门扇：45mm×100mm；有纱镶板门扇：45mm×100mm＋

35mm×100mm；无纱窗扇：45mm×60mm；有纱窗扇：45mm×60mm＋35mm×60mm；胶合板门窗：38mm×60mm。

定额取定的断面与设计规定不同时，应按比例换算。框断面以边框断面为准（框裁口如为钉条者加贴条的断面）；扇料以主梃断面为准。换算公式为

$$\frac{设计断面(加刨光损耗)}{定额断面}×定额材积 \qquad (3-3)$$

（8）定额所附普通木门窗小五金表，仅作备料参考。

（9）弹簧门、厂库大门、钢木大门及其他特种门，定额所附五金铁件表均按标准图用量计算列出，仅作备料参考。

（10）保温门的填充料与定额不同时，可以换算，其他工料不变。

（11）厂库房大门及特种门的钢骨架制作，以钢材重量表示，已包括在定额项目中，不再另列项目计算。定额中不包括固定铁件的混凝土垫块及门樘或梁柱内的预埋铁件。

（12）木门窗不论现场或附属加工厂制作，均执行《全国统一建筑工程基础定额》（GJD—101—95），现场外制作点至安装地点的运输另行计算。

（13）定额中普通木门窗、天窗、按框制作、框安装、扇制作、扇安装分列项目：厂库房大门、钢木大门及其他特种门按扇制作、扇安装分列项目。

（14）定额中普通木窗、钢窗、铝合金窗、塑料窗、彩板组角钢窗等适用于平开式、推拉式、中转式以及上、中、下悬式。双层玻璃窗小五金按普通木窗不带纱窗乘以系数2计算。

（15）铝合金门窗制作兼安装项目，是按施工企业附属加工厂制作编制的。加工厂至现场堆放点的运输，另行计算。木骨架枋材40mm×45mm，设计与定额不符时可以换算。

（16）铝合金地弹门制作（框料）型材是按101.6mm×44.5mm，厚1.5mm方管编制的；单扇平开门、双扇平开窗是按38系列编制的；推拉窗按90系列编制的。如型材断面尺寸及厚度

与定额规定不同时，可按《全国统一建筑工程基础定额》（GJD—101—95）中附表调整铝合金型材用量，附表中"（ ）"内数量为定额取定量。地弹门、双扇全玻地弹门包括不锈钢上下帮地弹簧、玻璃门、拉手、玻璃胶及安装所需的辅助材料。

（17）铝合金卷闸门（包括卷筒、导轨）、彩板组角钢门窗、塑料门窗、钢门窗安装以成品安装编制的，由供应地至现场的运杂费，应计入预算价格中。

（18）玻璃厚度、颜色、密封油膏、软填料，如设计与定额不同时可以调整。

（19）铝合金门窗、彩板组角钢门窗、塑料门窗和钢门窗成品安装，如每100m² 门窗实际用量超过定额含量1%以上时，可以换算，但人工、机械用量不变。门窗成品包括五金配件在内。采用附框安装时，扣除门窗安装子目中的膨胀螺栓、密封膏用量及其他材料费。

（20）钢门、钢材含量与定额不同时，钢材用量可以换算，其他不变。

① 钢门窗安装按成品件考虑（包括五金配件和铁脚在内）。

② 钢天窗安装角铁横挡及连接件，设计与定额用量不同时，可以调整，损耗按6%。

③ 实腹式或空腹式钢门窗均执行《全国统一建筑工程基础定额》（GJD—101—95）。

④ 组合窗、钢天窗为拼装缝需满刮油灰时，每100m² 洞口面积增加人工5.54工日，油灰58.5kg。

⑤ 钢门窗安玻璃，如采用塑料、橡胶条，按门窗安装工程量每100m² 计算压条736m。

（21）铝合金门窗制作、安装（7—259～283项）综合机械台班是以机械折旧费68.26元、大修理费5元、经常修理费12.83元、电力183.94kWh组成。

38系列，外框0.408kg/m，中框0.676kg/m，压线0.176kg/m。

76.2×44.5×1.5方管0.975kg/m，压线15kg/m。

二、基础定额工程量计算规则

（1）各类门、窗制作、安装工程量均按门、窗洞口面积计算。

① 门、窗盖口条、贴脸、披水条，按图示尺寸以延长米计算，执行木装修项目。

② 普通窗上部带有半圆窗的工程量应分别按半圆窗和普通窗计算。其分界线以普通窗和半圆窗之间的横框上裁口线为分界线。

③ 门窗扇包镀锌铁皮，按门、窗洞口面积以 m^2 计算；门窗框包镀锌铁皮，钉橡皮条、钉毛毡按图示门窗洞口尺寸以延长米计算。

（2）铝合金门窗制作、安装，铝合金、不锈钢门窗、彩板组角钢门窗、塑料门窗、钢门窗安装，均按设计门窗洞口面积计算。

（3）卷闸门安装按洞口高度增加 600mm 乘以门实际宽度，以 m^2 计算。电动装置安装以套计算，小门安装以个计算。

（4）不锈钢片包门框，按框外表面面积以 m^2 计算；彩板组角钢门窗附框安装，以延长米计算。

（5）木屋架的制作安装工程量，按以下规定计算。

① 木屋架制作安装均按设计断面竣工木料以 m^3 计算，其后备长度及配制损耗均不另计算。

② 方木屋架一面刨光时增加 3mm，两面刨光时增加 5mm，圆木屋架按屋架刨光时木材体积每立方米增加 $0.05m^3$ 计算。附属于屋架的夹板、垫木等已并入相应的屋架制作项目中，不另计算；与屋架连接的挑檐木、支撑等，其工程量并入屋架竣工木料体积内计算。

③ 屋架的制作安装应区别不同跨度，其跨度应以屋架上下弦杆的中心线交点之间的长度为准。带气楼的屋架并入所依附屋架的体积内计算。

④ 屋架的马尾、折角和正交部分半屋架，应并入相连接屋架的体积内计算。

⑤ 钢木屋架区分圆、方木，按竣工木料以 m^3 计算。

⑥ 圆木屋架连接的挑檐木、支撑等如为方木时，其方木部分

应乘以系数 1.7，折合成圆木并入屋架竣工木料内，单独的方木挑檐，按矩形檩木计算。

⑦ 檩木按竣工木料以 m³ 计算。简支檩条长度按设计规定计算，如设计无规定者，按屋架或山墙中距增加 200mm 计算，如两端出山，檩条长度算至博风板；连续檩条的长度按设计长度计算，其接头长度按全部连续檩木总体积的 5% 计算。檩条托木已计入相应的檩木制作项目中，不另计算。

🖋 例　题

【例 3-13】　某工程的木门如图 3-16 所示，总共 10 樘，木材为红松，一类薄板，试计算木门的工程量。

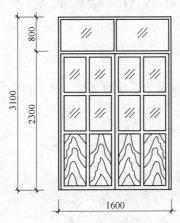

图 3-16　木门（单位：mm）

【解】　木门工程量＝10 樘
木门安装工程量＝1.6×3.1×10＝49.6（m²）

【例 3-14】　某建筑屋面采用木结构，如图 3-17 所示，屋面坡度角度为 26°34′，木板材厚 30mm。试计算封檐板、博风板的工程量。

【解】　已知屋面坡度角度为 26°34′，对应的斜长系数为 1.118。

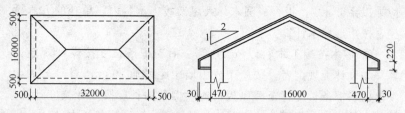

图 3-17 某建筑屋面（单位：mm）

封檐板工程量＝(32＋0.47×2)×2＝65.88（m）

博风板工程量＝[16＋(0.47＋0.03)×2]×1.118×2＋0.47×4

≈39.89（m）

第8节 楼地面工程

要　点

本节主要介绍楼地面工程的基础定额工程量计算规则及其在实际工作中的应用。

解　释

一、基础定额说明

（1）楼地面工程中水泥砂浆、水泥石子浆、混凝土等的配合比，如设计规定与定额不同时，可以换算。

（2）整体面层、块料面层中的楼地面项目，均不包括踢脚板工料；楼梯不包括踢脚板、侧面及板底抹灰，另按相应定额项目计算。

（3）踢脚板高度是按 150mm 编制的。超过时材料用量可以调整，人工、机械用量不变。

（4）菱苦土地面、现浇水磨石定额项目已包括酸洗打蜡工料，其余项目均不包括酸洗打蜡。

（5）扶手、栏杆、栏板适用于楼梯、走廊、回廊及其他装饰性

128

栏杆、栏板。扶手不包括弯头制作安装，另按弯头单项定额计算。

（6）台阶不包括牵边、侧面装饰。

（7）定额中的"零星装饰"项目，适用于小便池、蹲位、池槽等。定额中未列的项目，可按墙、柱面中的相应项目计算。

（8）木地板中的硬、衫、松木板，是按毛料厚度 25mm 编制的，设计厚度与定额厚度不同时，可以换算。

（9）地面伸缩缝按《全国统一建筑工程基础定额》（GJD—101—95）第九章相应项目及规定计算。

（10）碎石、砾石灌沥青垫层按《全国统一建筑工程基础定额》（GJD—101—95）第十章相应项目计算。

（11）钢筋混凝土垫层按混凝土垫层项目执行，其钢筋部分按《全国统一建筑工程基础定额》（GJD—101—95）第五章相应项目及规定计算。

（12）各种明沟平均净空断面（深×宽），均按 190mm×260mm 计算的，断面不同时允许换算。

二、基础定额工程量计算规则

（1）地面垫层按室内主墙间净空面积乘以设计厚度以 m^3 计算。应扣除凸出地面的构筑物、设备基础、室内铁道、地沟等所占体积，不扣除柱、垛、间壁墙、附墙烟囱及面积在 $0.3m^2$ 以内孔洞所占体积。

（2）整体面层、找平层均按主墙间净空面积以 m^2 计算。应扣除凸出地面构筑物、设备基础、室内管道、地沟等所占面积，不扣除柱、垛、间壁墙、附墙烟囱及面积在 $0.3m^2$ 以内的孔洞所占面积，但门洞、空圈、暖气包槽、壁龛的开口部分亦不增加。

（3）块料面层，按图示尺寸实铺面积以 m^2 计算，门洞、空圈、暖气包槽和壁龛的开口部分的工程量并入相应的面层内计算。

（4）楼梯面层（包括踏步、平台以及小于 500mm 宽的楼梯井）按水平投影面积计算。

（5）台阶面层（包括踏步及最上一层踏步沿 300mm）按水平投影面积计算。

（6）其他。

① 踢脚板按延长米计算，洞口、空圈长度不予扣除，洞口、空圈、垛、附墙烟囱等侧壁长度亦不增加。

② 散水、防滑坡道按图示尺寸以 m² 计算。

③ 栏杆、扶手包括弯头长度按延长米计算。

④ 防滑条按楼梯踏步两端距离减 300mm 以延长米计算。

⑤ 明沟按图示尺寸以延长米计算。

例　题

【例 3-15】 某酒店大堂花岗岩地面尺寸如图 3-18 所示，试计算其工程量。

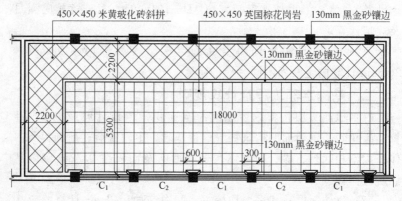

图 3-18　花岗岩地面（单位：mm）

【解】

（1）450mm×450mm 英国棕花岗岩面积

$(18-0.13)\times(5.3-0.13)-0.6\times0.13\times6\approx91.92$（m²）

（2）450mm×450mm 米黄玻化砖斜拼

$(18+2.2-0.13\times2)\times2.2+5.3\times2.2=55.53$（m²）

（3）130mm 黑金沙镶边面积

$(18+2.2)\times(5.3+2.2)-91.92-55.53-0.3\times0.13\times6=3.82$（m²）

【例 3-16】 某房间平面图如图 3-19 所示。试计算此房间铺贴大理石时的工程量。

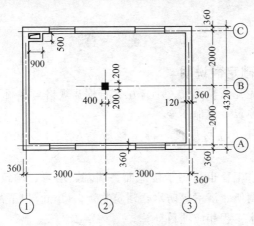

图 3-19　房间平面图（单位：mm）

【解】

①～③长的净尺寸：$3.0+3.0-0.12×2=5.76$（m²）

Ⓐ～Ⓒ宽的净尺寸：$2.0+2.0-0.12×2=3.76$（m²）

烟道面积：$0.9×0.5=0.45$（m²）

柱面积：$0.4×0.4=0.16$（m²）

（1）铺贴大理石地面面层的工程量

$5.76×3.76-0.45-0.16=21.05$（m²）

（2）现浇水磨石整体面层的工程量

$5.76×3.76-0.45=21.21$（m²）

第9节　屋面及防水工程

要　　点

屋面及防水工程基础定额项目主要包括瓦屋面、金属压型板屋面、卷材屋面、涂膜屋面、屋面排水及防水工程。本节主要介绍屋面及防水工程的基础定额工程量计算规则及其在实际工作中的应用。

 解　释

一、基础定额说明

（1）水泥瓦、黏土瓦、小青瓦、石棉瓦规格与定额不同时，瓦材数量可以换算，其他不变。

（2）高分子卷材厚度，再生橡胶卷材按 1.5mm；其他均按 1.2mm 取定。

（3）防水工程也适用于楼地面、墙基、墙身、构筑物、水池、水塔及室内厕所、浴室等防水，建筑物±0.00mm 以下的防水、防潮工程按防水工程相应项目计算。

（4）三元乙丙丁基橡胶卷材屋面防水，按相应三元丙橡胶卷材屋面防水项目计算。

（5）氯丁冷胶"二布三涂"项目，其"三涂"是指涂料构成防水层数并非指涂刷遍数；每一层"涂层"刷两遍至数遍不等。

（6）定额中沥青、玛琋脂均指石油沥青、石油沥青玛琋脂。

（7）变形缝填缝。建筑油膏聚氯乙烯胶泥断面取定 3cm×2cm；油浸木丝板取定为 2.5cm×15cm；紫铜板止水带系 2mm 厚，展开宽 45cm；氯丁橡胶宽 30cm，涂刷式氯丁胶贴玻璃止水片宽 35cm。其余均为 15cm×3cm。如设计断面不同时，用料可以换算。

（8）盖缝。木板盖缝断面为 20cm×2.5cm，如设计断面不同时，用料可以换算，人工不变。

（9）屋面砂浆找平层，面层按楼地面相应定额项目计算。

二、基础定额工程量计算规则

1. 瓦屋面、金属压型板屋面

瓦屋面、金属压型板（包括挑檐部分）均按图 3-20 中尺寸的水平投影面积乘以屋面坡度系数（表 3-20）以 m² 计算。不扣除房上烟囱、风帽底座、风道、屋面小气窗、斜沟等所占的面积，屋面小气窗的出檐部分亦不增加。

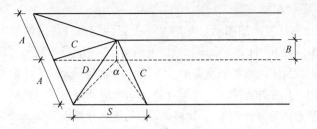

图 3-20 瓦屋面、金属压型板工程量计算示意

表 3-20 屋面坡度系数

坡度 $B(A=1)$	坡度($B/2A$)	坡度角度(α)	延迟系数($A=1$)	隅延迟系数($A=1$)
1	1/2	45°	1.4142	1.7321
0.75	—	36°52′	1.2500	1.6008
0.70	—	35°	1.2207	1.5779
0.666	1/3	33°40′	1.2015	1.5620
0.65	—	33°01′	1.1926	1.5564
0.60	—	30°58′	1.1662	1.5362
0.577	—	30°	1.1547	1.5270
0.55	—	28°49′	1.1413	1.5170
0.50	1/4	26°34′	1.1180	1.5000
0.45	—	24°14′	1.0966	1.4839
0.40	1/5	21°48′	1.0770	1.4697
0.35	—	19°17′	1.0594	1.4569
0.30	—	16°42′	1.0440	1.4457
0.25	—	14°02′	1.0308	1.4362
0.20	1/10	11°19′	1.0198	1.4283
0.15	—	8°32′	1.0112	1.4221
0.125	—	7°8′	1.0078	1.4191
0.100	1/20	5°42′	1.0050	1.4177
0.083	—	4°45′	1.0035	1.4166
0.066	1/30	3°49′	1.0022	1.4157

注：1. 两坡排水屋面面积为屋面水平投影面积乘以延迟系数 C。

2. 四坡排水屋面斜脊长度 $=A \times D$（当 $S=A$ 时）。

3. 沿山墙泛水长度 $=A \times C$。

2. 卷材屋面

（1）卷材屋面按图示尺寸的水平投影面积乘以规定的坡度系数（表 3-20），以 m² 计算。但不扣除房上烟囱、风帽底座、风道、屋面小气窗和斜沟所占的面积，屋面的女儿墙、伸缩缝和天窗等处的弯起部分，按图示尺寸并入屋面工程量计算。如图纸无规定时，伸缩缝、女儿墙的弯起部分可按 250mm 计算，天窗弯起部分可按 500mm 计算。

（2）卷材屋面的附加层、接缝、收头、找平层的嵌缝、冷底子油已计入定额内，不另计算。

3. 涂膜屋面

涂膜屋面的工程量计算同卷材屋面。涂膜屋面的油膏嵌缝、玻璃布盖缝、屋面分格缝，以延长米计算。

4. 屋面排水

（1）铁皮排水按图示尺寸以展开面积计算，如图纸没有注明尺寸时，可按表 3-21 计算。咬口和搭接等已计入定额项目中，不另计算。

表 3-21　铁皮排水单体零件折算表

名称		单位	水落管 /m	檐沟 /m	水斗 /个	漏斗 /个	下水口 /个		
铁皮排水	水落管、檐沟、水斗、漏斗、下水口	m²	0.32	0.30	0.40	0.16	0.45		
	天沟、斜沟、天窗台泛水、天窗侧面泛水、烟囱泛水、通气管泛水、滴水檐头泛水、滴水	m²	天沟 /m	斜沟、天窗窗台泛水/m	天窗侧面泛水/m	烟囱泛水 /m	通气管泛水 /m	滴水檐头泛水 /m	滴水 /m
			1.30	0.50	0.70	0.80	0.22	0.24	0.11

（2）铸铁、玻璃钢水落管区别不同直径按图示尺寸以延长米计算，雨水口、水斗、弯头、短管以个计算。

5. 防水工程

（1）建筑物地面防水、防潮层，按主墙间净空面积计算，扣除凸出地面的构筑物、设备基础等所占的面积，不扣除柱、垛、间壁墙、烟囱及 0.3m² 以内孔洞所占面积。与墙面连接处高度在 500mm 以内者按展开面积计算，并入平面工程量内，超过 500mm

时，按立面防水层计算。

（2）建筑物墙基防水、防潮层，外墙长度按中心线，内墙按净长乘以宽度以 m² 计算。

（3）构筑物及建筑物地下室防水层，按实铺面积计算，但不扣除 0.3m² 以内的孔洞面积。平面与立面交接处的防水层，其上卷高度超过 500mm 时，按立面防水层计算。

（4）防水卷材的附加层、接缝、收头、冷底子油等人工材料均已计入定额内，不另计算。

（5）变形缝按延长米计算。

例 题

【例 3-17】 某仓库屋面为铁皮排水天沟，如图 3-21 所示，排水天沟长 18m，试计算该排水天沟所需铁皮工程量。

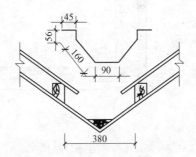

图 3-21 某仓库排水天沟示意（单位：mm）

【解】 工程量 $= 18 \times (0.045 \times 2 + 0.056 \times 2 + 0.16 \times 2 + 0.09)$
≈ 11.02（m²）

【例 3-18】 某地下室示意图如图 3-22 所示，1：3 水泥砂浆找平 20mm 厚，三元乙丙橡胶卷材防水（冷贴满铺），外墙防水高度做到 ±0.000mm，试计算卷材防水工程量。

【解】

（1）卷材防水（平面）工程量 $= (45.00 + 0.50) \times (21.00 + 0.50) - 6.50 \times (15.00 - 0.50)$
$= 884.00$（m²）

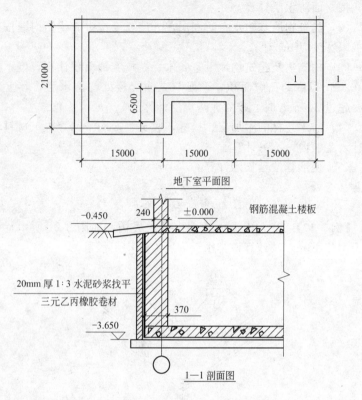

图 3-22 某地下室示意图（单位：mm）

（2）卷材防水（立面）工程量＝(45.00＋0.50＋21.00＋0.50
＋6.50)×2×(3.65＋0.12)
＝554.19 (m²)

第 10 节 防腐、保温、隔热工程

防腐、保温、隔热工程基础定额项目主要包括防腐工程与保温

隔热工程。本节主要介绍防腐、保温、隔热工程的基础定额工程量计算规则及其在实际工作中的应用。

解　释

一、基础定额说明

1. 耐酸防腐

（1）整体面层、隔离层适用于平面、立面的防腐耐酸工程，包括沟、坑、槽。

（2）块料面层以平面砌为准，砌立面者按平面砌相应项目，人工乘以系数 1.38 计算，踢脚板人工乘以系数 1.56 计算，其他不变。

（3）各种砂浆、胶泥、混凝土材料的种类，配合比及各种整体面层的厚度，如设计与定额不同时，可以换算，但各种块料面层的结合层砂浆或胶泥厚度不变。

（4）防腐、保温、隔热工程中的各种面层，除软聚氯乙烯塑料地面外，均不包括踢脚板。

（5）花岗岩板以六面剁斧的板材为准。如底面为毛面者，水玻璃砂浆增加 0.38m³；耐酸沥青砂浆增加 0.44m³。

2. 保温隔热

（1）定额适用于中温、低温及恒温的工业厂（库）房隔热工程，以及一般保温工程。

（2）定额只包括保温隔热材料的铺贴，不包括隔气防潮、保护层或衬墙等。

（3）隔热层铺贴，除松散稻壳、玻璃棉、矿渣棉为散装外，其他保温材料均以石油沥青（30 号）作胶结材料。

（4）稻壳已包括装前的筛选、除尘工序，稻壳中如需增加药物防虫时，材料另计算，人工不变。

（5）玻璃棉、矿渣棉包装材料和人工均已包括在定额内。

（6）墙体铺贴块体材料，包括基层涂沥青一遍。

二、基础定额工程量计算规则

1. 防腐工程预算

（1）防腐工程项目应区分不同防腐材料种类及其厚度，按设计实铺面积以 m² 计算。应扣除凸出地面的构筑物、设备基础等所占的面积，砖垛等突出墙面部分按展开面积计算并计入墙面防腐工程量之内。

（2）踢脚板按实铺长度乘以高度以 m² 计算，应扣除门洞所占面积并相应增加侧壁展开面积。

（3）平面砌筑双层耐酸块料时，按单层面积乘以系数 2 计算。

（4）防腐卷材接缝、附加层、收头等人工材料，已计入在定额中，不再另计算。

2. 保温隔热工程预算

（1）保温隔热层应区别不同保温隔热材料，除另有规定者外，均按设计实铺厚度以 m³ 计算。

（2）保温隔热层的厚度按隔热材料（不包括胶结材料）净厚度计算。

（3）地面隔热层按围护结构墙体间净面积乘以设计厚度以 m³ 计算，不扣除柱、垛所占的体积。

（4）墙体隔热层，外墙按隔热层中心线、内墙按隔热层净长乘以图示尺寸的高度及厚度以 m³ 计算。应扣除冷藏门洞口和管道穿墙洞口所占的体积。

（5）柱包隔热层，按图示柱的隔热层中心线的展开长度乘以图示尺寸高度及厚度以 m³ 计算。

（6）其他保温隔热。

① 池槽隔热层按图示池槽保温隔热层的长、宽及其厚度以 m³ 计算。其中池壁按墙面计算，池底按地面计算。

② 门洞口侧壁周围的隔热部分，按图示隔热层尺寸以 m³ 计算，并入墙面的保温隔热工程量内。

③ 柱帽保温隔热层按图示保温隔热层体积并入顶棚保温隔热层工程量内。

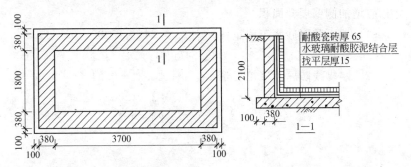

例　　题

【例 3-19】 块料耐酸瓷砖示意图如图 3-23 所示，试计算块料耐酸瓷砖的工程量（设瓷砖、结合层、找平层厚度均为 90mm）。

图 3-23　块料耐酸瓷砖示意（单位：mm）

【解】

（1）池底板耐酸瓷砖工程量
$$S_1 = 3.7 \times 1.8 = 6.66 (m^2)$$

（2）池壁耐酸瓷砖工程量
$$S_2 = (3.7 + 1.8 - 2 \times 0.09) \times 2 \times (2.1 - 0.09) \approx 21.39 (m^2)$$

【例 3-20】 某仓库示意图如图 3-24 所示，仓库防腐地面、踢脚线抹铁屑砂浆，厚度为 20mm，试计算防腐砂浆的工程量。

【解】 防腐工程项目，应区分不同防腐材料种类及其厚度，按

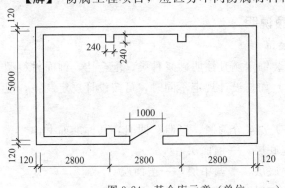
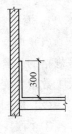

图 3-24　某仓库示意（单位：mm）

139

设计实铺面积以 m^2 计算。应扣除凸出地面的构筑物、设备基础等所占的面积，砖垛等突出墙面部分按展开面积计算后并入墙面防腐工程量之内。

踢脚板按实铺长度乘以高度以 m^2 计算，应扣除门洞所占面积并相应增加侧壁展开面积。

(1) 地面防腐砂浆工程量＝(8.40－0.24)×(5.00－0.24)
$$≈38.84(m^3)$$

(2) 踢脚线防腐砂浆工程量＝[(8.4－0.24＋0.24×4＋5.00－
$$0.24)×2－1.00＋$$
$$0.12×2]×0.3$$
$$=8.1(m^3)$$

第 11 节　装饰工程

要　点

装饰工程基础定额项目主要包括墙、柱面装饰工程，天棚装饰工程，油漆、涂料、裱糊工程。本节主要介绍装饰工程的基础定额工程量计算规则及其在实际工作中的应用。

解　释

一、基础定额说明

1. 墙、柱面装饰

(1) 墙、柱面装饰定额凡注明砂浆种类、配合比、饰面材料型号规格的（含型材）如与设计规定不同时，可按设计规定调整，但人工数量不变。

(2) 墙面抹石灰砂浆分两遍、三遍、四遍，其标准如下。

① 两遍：一遍底层，一遍面层。

② 三遍：一遍底层，一遍中层，一遍面层。

③ 四遍：一遍底层，一遍中层，二遍面层。

（3）抹灰等级与抹灰遍数、工序、外观质量的对应关系见表 3-22。

表 3-22 抹灰等级与抹灰遍数、工序、外观质量的对应关系

名称	普通抹灰	中级抹灰	高级抹灰
遍数	两遍	三遍	四遍
主要工序	分层找平、修整、表面压光	阳角找方、设置标筋、分层找平、修整、表面压光	阳角找方、设置标筋、分层找平、修整、表面压光
外观质量	表面光滑、洁净、接槎平整	表面光滑、洁净、接槎平整、压线、清晰、顺直	表面光滑、洁净、颜色均匀、无抹纹压线、平直方正、清晰美观

（4）抹灰厚度，如设计与定额取定不同时，除定额项目有注明可以换算外，其他一律不作调整，抹灰厚度，按不同的砂浆分别列在定额项目中，同类砂浆列总厚度，不同砂浆分别列出厚度，如定额项目中（18+6）mm 即表示两种不同砂浆的各自厚度。

（5）圆弧形、锯齿形、不规则墙面抹灰、镶贴块料、饰面，按相应项目人工乘以系数 1.15 计算。

（6）外墙贴块料釉面砖、劈离砖和金属面砖项目灰缝宽分密缝、10mm 以内和 20mm 以内列项，其人工、材料已综合考虑。如灰缝超过 20mm 以上者，其块料及灰缝材料用量允许调整，其他不变。

（7）定额木材种类除注明者外，均以一、二类木种为准，如采用三、四类木种，其人工及木工机械乘以系数 1.3 计算。

（8）面层、隔墙（间壁）、隔断定额内，除注明者外均未包括压条、收边、装饰线（板），如有设计要求时，应按装饰工程的相应定额计算。

（9）面层、木基层均未包括防火涂料，如设计要求时，另按相应定额计算。

（10）幕墙、隔墙（间壁）、隔断所用的轻钢、铝合金龙骨，如设计要求与定额规定不同时允许按设计调整，但人工不变。

（11）块料镶贴和装饰抹灰的"零星项目"适用于挑檐、天沟、腰线、窗台线、门窗套、压顶、栏板、扶手、遮阳板、雨篷周边等。一般抹灰的"零星项目"适用于各种壁柜、碗柜、过人洞、暖气壁龛、池槽、花台以及 $1m^2$ 以内的抹灰。抹灰的"装饰线条"适用于门窗套、挑檐腰线、压顶、遮阳板、楼梯边梁、宣传栏边框等凸出墙面或灰面展开宽度小于 300mm 以内的竖、横线条抹灰。超过 300mm 的线条抹灰按"零星项目"执行。

（12）压条、装饰条以成品安装为准。如在现场制作木压条者，每 10m 增加 0.25 工日。木材按净断面加刨光损耗计算。如在木基层天棚面上钉压条、装饰条者，其人工乘以系数 1.34 计算；在轻钢龙骨天棚板面钉压装饰条者，其人工乘以系数 1.68 计算；木装饰条做图案者，人工乘以系数 1.8 计算。

（13）木龙骨基层是按双向计算的，设计为单向时，材料、人工用量乘以系数 0.55 计算；木龙骨基层用于隔断、隔墙时每 $100m^2$ 木砖改按木材 $0.07m^3$ 计算。

（14）玻璃幕墙、隔墙如设计有平、推拉窗者，扣除平、推拉窗面积另按门窗工程相应定额执行。

（15）木龙骨如采用膨胀螺栓固定者，均按定额执行。

（16）墙柱面积灰，装饰项目均包括 3.6m 以下简易脚手架的搭设及拆除。

2. 天棚面装饰

（1）定额中凡注明了砂浆种类和配合比、饰面材料型号规格的，如与设计不同时，可按设计规定调整。

（2）装饰工程中的龙骨是按常用材料及规格组合编制的，如与设计规定不同时，可以换算，人工不变。

（3）定额中木龙骨规格，大龙骨为 50mm×70mm，中、小龙骨为 50mm×50mm，吊木筋为 50mm×50mm，设计规格不同时，允许换算，人工及其他材料不变。

（4）天棚面层在同一标高者为一级天棚；天棚面层不在同一标高者，且高差在 200mm 以上者为二级或三级天棚。

（5）天棚骨架、天棚面层分别列项，按相应项目配套使用。对于二级或三级以上造型的天棚，其面层人工乘以系数 1.3 计算。

（6）吊筋安装，如在混凝土板上钻眼、挂筋者，按相应项目每 100m² 增加人工 3.4 工日；如在砖墙上打洞搁放骨架者，按相应天棚项目 100m² 增加人工 1.4 工日。上人型天棚骨架吊筋为射钉者，每 100m² 减少人工 0.25 工日，吊筋 3.8kg；增加钢板 27.6kg，射钉 585 个。

（7）装饰天棚顶项目已包括 3.6m 以下简易脚手架搭设及拆除。

3. 油漆、喷涂、裱糊

（1）定额中刷涂、刷油采用手工操作，喷塑、喷涂、喷油采用机械操作，操作方法不同时不另调整。

（2）油漆浅、中、深各种颜色已综合在定额内，颜色不同，不另调整。

（3）定额在同一平面上的分色及门窗内外分色已综合考虑，如需做美术图案者另计算。

（4）定额规定的喷、涂、刷遍数，如与设计要求不同时，可按每增加一遍定额项目进行调整。

（5）喷塑（一塑三油）：底油、装饰漆、面油，其规格划分如下。

① 大压花：喷点压平，点面积在 1.2cm² 以上。

② 中压花：喷点压平，点面积在 1～1.2cm²。

③ 喷中点、幼点：喷点面积在 1cm² 以下。

二、基础定额工程量计算规则

1. 墙、柱面装饰工程工程量计算规则

（1）内墙抹灰

1）内墙抹灰面积，应扣除门窗洞口和空圈所占的面积，不扣除踢脚板、挂镜线，0.3m² 以内的孔洞和墙与构件交接处的面积，洞口侧壁和顶面亦不增加。墙垛和附墙烟囱侧壁面积与内墙抹灰工

程量合并计算。

2）内墙面抹灰的长度，以主墙间的图示净长尺寸计算。其高度确定方法如下。

① 无墙裙的，其高度按室内地面或楼面至顶棚底面之间的距离计算。

② 有墙裙的，其高度按墙裙顶至顶棚底面之间距离计算。

③ 钉板条顶棚的内墙面抹灰，其高度按室内地面或楼面至顶棚底面另加100mm计算。

3）内墙裙抹灰面积按内墙净长乘以高度计算。应扣除门窗洞口和空圈所占的面积，门窗洞口和空圈的侧壁面积不另增加，墙垛、附墙烟囱侧壁面积并入墙裙抹灰面积内计算。

（2）外墙抹灰

1）外墙抹灰面积，按外墙面的垂直投影面积以 m² 计算。应扣除门窗洞口，外墙裙和大于0.3m² 孔洞所占面积，洞口侧壁面积不另增加。附墙垛、梁、柱侧面抹灰面积并入外墙面抹灰工程量内计算。栏板、栏杆、窗台线、门窗套、扶手、压顶、挑檐、遮阳板、突出墙外的腰线等，另按相应规定计算。

2）外墙裙抹灰面积按其长度乘以高度计算，扣除门窗洞口和大于0.3m² 孔洞所占的面积，门窗洞口及孔洞的侧壁不增加。

3）窗台线、门窗套、挑檐、腰线、遮阳板等展开宽度在300mm 以内者，按装饰线以延长米计算。如展开宽度超过300mm 以上时，按图示尺寸以展开面积计算，套零星抹灰定额项目。

4）栏板、栏杆（包括立柱、扶手或压顶等）抹灰按立面垂直投影面积乘以系数2.2计算以 m² 计算。

5）阳台底面抹灰按水平投影面积以 m² 计算，并入相应顶棚抹灰面积内。阳台如带悬臂梁者，其工程量乘以系数1.30计算。

6）雨篷底面或顶面抹灰分别按水平投影面积以 m² 计算，并入相应顶棚抹灰面积内。雨篷顶面带反沿或反梁者，其工程量乘以系数1.20计算，底面带悬臂梁者，其工程量乘以系数1.20计算。

雨篷外边线按相应装饰或零星项目执行。

7）墙面勾缝按垂直投影面积计算，应扣除墙裙和墙面抹灰的面积，不扣除门窗洞口、门窗套、腰线等零星抹灰所占的面积，附墙柱和门窗洞口侧面的勾缝面积亦不增加。独立柱、房上烟囱勾缝，按图示尺寸以 m^2 计算。

（3）外墙装饰抹灰

1）外墙各种装饰抹灰均按图示尺寸以实抹面积计算。应扣除门窗洞口空圈的面积，其侧壁面积不另增加。

2）挑檐、天沟、腰线、栏杆、栏板、门窗套、窗台线、压顶等均按图示尺寸展开面积以 m^2 计算，并入相应的外墙面积内。

（4）块料面层

1）墙面贴块料面层均按图示尺寸以实贴面积计算。

2）墙裙以高度在 1500mm 以内为准，超过 1500mm 时按墙面计算，高度低于 300mm 时，按踢脚板计算。

（5）木隔墙、墙裙、护壁板

木隔墙、墙裙、护壁板均按图示尺寸长度乘以高度按实铺面积以 m^2 计算。

（6）玻璃隔墙

玻璃隔墙按上横档顶面至下横档底面之间的高度乘以宽度（两边立梃外边线之间）以 m^2 计算。

（7）浴厕木隔断

浴厕木隔断按下横档底面至上横档顶面高度乘以图示长度以 m^2 计算，门扇面积并入隔断面积内计算。

（8）铝合金、轻钢隔墙、幕墙

铝合金、轻钢隔墙、幕墙按四周框外围面积计算。

（9）独立柱

1）一般抹灰、装饰抹灰、镶贴块料按结构断面周长乘以柱的高度以 m^2 计算。

2）柱面装饰按柱外围饰面尺寸乘以柱的高以 m^2 计算。

（10）各种"零星项目"

"零星项目"均按图示尺寸以展开面积计算。

2. 天棚装饰工程工程量计算规则

（1）顶棚抹灰。

① 顶棚抹灰面积，按主墙间的净面积计算，不扣除间壁墙、垛、柱、附墙烟囱、检查口和管道所占的面积。带梁顶棚，梁两侧抹灰面积，并入顶棚抹灰工程量内计算。

② 密肋梁和井字梁顶棚抹灰面积，按展开面积计算。

③ 顶棚抹灰如带有装饰线时，区别按三道线以内或五道线以内按延长米计算，线角的道数以一个突出的棱角为一道线。

④ 檐口顶棚的抹灰面积，并入相同的顶棚抹灰工程量内计算。

⑤ 顶棚中的折线、灯槽线，圆弧形线、拱形线等艺术形式的抹灰，按展开面积计算。

（2）各种吊顶顶棚龙骨。按主墙间净空面积计算，不扣除间壁墙、检查口、附墙烟囱、柱、垛和管道所占面积。但顶棚中的折线、跌落等圆弧形，高低吊灯槽等的面积也不展开计算。

（3）顶棚面装饰工程量计算规定。

① 顶棚装饰面积，按主墙间实铺面积以 m^2 计算，不扣除间壁墙、检查口、附墙烟囱、附墙垛和管道所占面积，应扣除独立柱及与顶棚相连的窗帘盒所占的面积。

② 顶棚中的折线、跌落等圆弧形、拱形、高低灯槽及其他艺术形式的顶棚面层均按展开面积计算。

3. 涂料、裱糊工程工程量计算规则

（1）楼地面、顶棚面、墙、柱、梁面的喷（刷）涂料、抹灰面、涂料及裱糊工程，均按楼地面、顶棚面、墙、柱、梁面装饰工程相应的工程量计算规则规定计算。

（2）木材面、金属面涂料的工程量分别按表 3-23～表 3-31 的规定计算，并乘以表列系数以 m^2 计算。

① 木材面涂料（表 3-23～表 3-27）。

表 3-23 单层木门工程量系数表

项目名称	系 数	工程量计算方法
单层木门	1.00	
双层(一玻一纱)木门	1.36	
双层(单裁口)门	2.00	
单层全玻门	0.83	按单面洞口面积
木百叶门	1.25	
长库大门	1.10	

表 3-24 单层木窗工程量系数表

项目名称	系 数	工程量计算方法
单层玻璃窗	1.00	
双层(一玻一纱)窗	1.36	
双层(单裁口)窗	2.00	
三层(二玻一纱)窗	2.60	
单层组合窗	0.83	按单面洞口面积
双层组合窗	1.13	
木百叶窗	1.50	

表 3-25 木扶手（不带托板）工程量系数表

项目名称	系 数	工程量计算方法
木扶手(不带托板)	1.00	
木扶手(带托板)	2.60	
窗帘盒	2.04	
封檐板、顺水板	1.74	按延长米
挂衣板、黑板框	0.52	
生活园地框、挂镜线、窗帘棍	0.35	

表 3-26 木地板工程量系数表

项目名称	系数	工程量计算方法
木地板、木踢脚线	1.00	长×宽
木楼梯(不包括底面)	2.30	水平投影面积

表 3-27　其他木材面工程量系数表

项目名称	系数	工程量计算方法
木板、纤维板、胶合板顶棚、檐口	1.00	长×宽
清水板条顶棚、檐口	1.07	
木方格吊顶顶棚	1.20	
吸声板墙面、顶棚面	0.87	
鱼鳞板墙	2.48	
木护墙、墙裙	0.91	
窗台板、筒子板、盖板	0.82	
暖气罩	1.28	
屋面板(带檩条)	1.11	斜长×宽
木间壁、木隔断	1.90	单面外围面积
玻璃间壁露明墙筋	1.65	
木栅栏、木栏杆(带扶手)	1.82	
木屋架	1.79	跨度(长)×中高×1/2
衣柜、壁柜	0.91	投影面积(不展开)
零星木装修	0.87	展开面积

② 金属面涂料（表 3-28、表 3-29）。

表 3-28　单层钢门窗工程量系数表

项目名称	系数	工程量计算方法
单层钢门窗	1.00	洞口面积
双层(一玻一纱)钢门窗	1.48	
钢百叶钢门	2.74	
半截百叶钢门	2.22	
满钢门或包铁皮门	1.63	
钢折叠门	2.30	
射线防护门	2.96	框(扇)外围面积
厂库房平开、推拉门	1.70	
钢丝网大门	0.81	
间壁	1.85	长×宽
平板屋面	0.74	斜长×斜宽
瓦垄板屋面	0.89	
排水、伸缩缝盖板	0.78	展开面积
吸气罩	1.63	水平投影面积

表 3-29　其他金属面工程量系数表

项 目 名 称	系数	工程量计算方法
钢屋架、天窗架、挡风架、屋架梁、支撑、檩条	1.00	
墙架(空腹式)	0.50	
墙架(格板式)	0.82	
钢柱、吊车梁、花式梁柱、空花构件	0.63	
操作台、走台、制动梁、钢梁车挡	0.71	重量(t)
钢栅栏门、栏杆、窗栅	1.71	
钢爬梯	1.18	
轻型屋架	1.42	
踏步式钢扶梯	1.05	
零星铁件	1.32	

③ 抹灰面涂料（表 3-30、表 3-31）。

表 3-30　平板屋面涂刷磷化、锌黄底漆工程量系数表

项 目 名 称	系　数	工程量计算方法
平板屋面	1.00	斜长×宽
瓦垄板屋面	1.20	
排水、伸缩缝盖板	1.05	展开面积
吸气罩	2.20	水平投影面积
包镀锌薄钢板门	2.20	洞口面积

表 3-31　抹灰面工程量系数表

项 目 名 称	系　数	工程量计算方法
槽型底板、混凝土折板	1.30	长×宽
有梁底板	1.10	
密肋、井字梁底板	1.50	
混凝土平板式楼梯底	1.30	水平投影面积

例　题

【例 3-21】　如图 3-25 所示为某外墙面水刷石立面图，计算其抹灰工程量（柱垛侧面宽 120mm）。

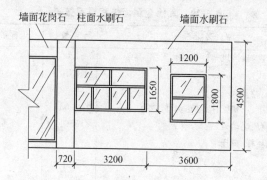

图 3-25 外墙面水刷石立面示意（单位：mm）

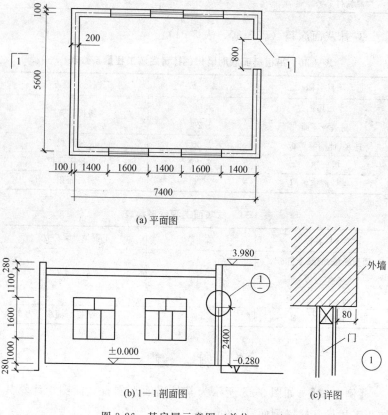

(a) 平面图

(b) 1—1 剖面图

(c) 详图

图 3-26 某房屋示意图（单位：mm）

【解】

工程量＝4.5×(3.2＋3.6)－3.2×1.65－1.2×1.8

$\qquad$ ＋(0.72＋0.12×2)×4.5

$\qquad$ ＝27.48(m²)

【例 3-22】 某房屋示意图如图 3-26 所示，外墙为混凝土墙面，设计为水刷白石子（10mm 厚水泥砂浆 1：3，8mm 厚水泥白石子浆 1：1.5），试计算所需工程量。

【解】

工程量＝(7.4＋0.1×2＋5.6＋0.1×2)×2×(3.98＋0.28)

$\qquad$ －1.6×1.6×4－0.80×2.40

$\qquad$ ≈102.01(m²)

第 12 节　金属结构制作工程

要　点

本节主要介绍金属结构制作工程的基础定额工程量计算规则及其在实际工作中的应用。

解　释

一、基础定额说明

(1) 定额适用于现场加工制作，亦适用于企业附属加工厂制作的构件。

(2) 定额的制作，均是按焊接编制的。

(3) 构件制作，包括分段制作和整体预装配的人工材料及机械台班用量，整体预装配用的螺栓及锚固杆件用的螺栓，已包括在定额内。

(4) 定额除注明者外，均包括现场内（工厂内）的材料运输、号料、加工、组装及成品堆放、装车出厂等全部工序。

(5) 定额未包括加工点至安装点的构件运输，应另按构件运输定额相应项目计算。

● 二、基础定额工程量计算规则

(1) 金属结构制作按图示钢材尺寸以 t 计算，不扣除孔眼、切边的重量，焊条、铆钉、螺栓等重量，已包括在定额内不另计算。在计算不规则或多边形钢板重量时均以其最大对角线乘以最大宽度的矩形面积计算。

(2) 实腹柱、吊车梁、H 形钢按图示尺寸计算，其中腹板及翼板宽度按每边增加 25mm 计算。

(3) 制动梁的制作工程量包括制动梁、制动桁梁、制动板重量；墙架的制作工程量包括墙架柱、墙架梁及连接柱杆重量；钢柱制作工程量包括依附于柱上的牛腿及悬臂梁重量。

(4) 轨道制作工程量，只计算轨道本身重量，不包括轨道垫板，压板、斜垫、夹板及连接角钢等重量。

(5) 铁栏杆制作，仅适用于工业厂房中平台、操作台的钢栏杆。民用建筑中铁栏杆等按《全国统一建筑工程基础定额（土建分册）》(GJD—101—95) 中的其他章节有关项目计算。

(6) 钢漏斗制作工程量，矩形按图示分片，圆形按图示展开尺寸，并依钢板宽度分段计算，每段均以其上口长度（圆形以分段展开上口长度）与钢板宽度，按矩形计算，依附漏斗的型钢并入漏斗重量内计算。

例　题

【例 3-23】　某钢直梯如图 3-27 所示，φ28 光面钢筋线密度为 4.834kg/m。试计算其工程量。

【解】

钢直梯工程量＝[(1.60＋0.12×2＋0.5×3.1416÷2)
　　　　　　　　×2＋(0.60−0.028)×5＋(0.2−0.014)
　　　　　　　　×4]×4.834≈42.80(kg)
　　　　　　　＝0.0428(t)

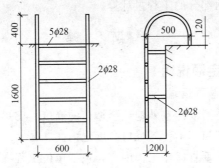

图 3-27 钢直梯示意图（单位：mm）

【例 3-24】 钢制漏斗示意图如图 3-28 所示，已知钢板厚 2mm，求其制作工程量。

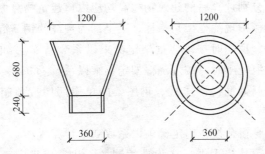

图 3-28 钢制漏斗示意图（单位：mm）

【解】

上口板面积 = $1.2 \times 3.1416 \times 0.68 \approx 2.56$ （m²）

下口板长及面积 = $0.36 \times 3.1416 \times 0.24 \approx 0.27$ （m²）

工程量 = $(2.56 + 0.27) \times 15.70 \approx 44.43$ （kg）

第 13 节 建筑工程垂直运输定额

要 点

垂直运输工程包括建筑物的垂直运输及构筑物的垂直运输。本节需要了解这两部分的工程量计算。

解　释

一、基础定额说明

1. 建筑物垂直运输

（1）檐高是指设计室外地坪至檐口的高度，突出主体建筑屋顶的电梯间、水箱间等不计入檐口高度之内。

（2）建筑物垂直运输工作内容，包括单位工程在合理工期内完成全部工程项目所需的垂直运输机械台班，不包括机械的场外往返运输，一次安拆及路基铺垫和轨道铺拆等的费用。

（3）同一建筑物多种用途（或多种结构），按不同用途或结构分别计算。分别计算后的建筑物檐高均应以该建筑物总檐高为准。

（4）定额中现浇框架是指柱、梁全部为现浇的钢筋混凝土框架结构，如部分现浇时按现浇框架定额乘以系数 0.96，如楼板也为现浇的钢筋混凝土时，按现浇框架定额乘以系数 1.04。

（5）预制钢筋混凝土柱、钢屋架的单层厂房按预制排架定额计算。

（6）单身宿舍按住宅定额乘以系数 0.9 计算。

（7）定额是按 Ⅰ 类厂房为准编制的，Ⅱ 类厂房定额乘以系数 1.4。厂房分类见表 3-32。

表 3-32　厂房分类

Ⅰ类	Ⅱ类
机加工、机修、五金缝纫、一般纺织（粗纺、制条、洗毛等）及无特殊要求的车间	厂房内设备基础及工艺要求较复杂、建筑设备或建筑标准较高的车间。如铸造、锻压、电镀、酸碱、电子、仪表、手表、电视、医药、食品等车间

（8）服务用房是指城镇、街道、居民区具有较小规模综合服务功能的设施。其建筑面积不超过 $1000m^2$，层数不超过三层的建筑，如副食、百货、饮食店等。

（9）檐高 3.6m 以内的单层建筑，不计算垂直运输机械台班。

（10）定额中项目划分是以建筑物的檐高及层数两个指标同时界定的，凡檐高达到上限而层数未达到时，以檐高为准；如层数达到上限而檐高未达到时，以层数为准。

（11）《全国统一建筑工程基础定额（土建分册）》（GJD—101—95）是按全国统一《建筑安装工程工期定额》中规定的Ⅱ类地区标准编制的，Ⅰ、Ⅲ类地区按相应定额乘以表3-33中的系数。

表3-33　系数表

项　目	Ⅰ类地区	Ⅲ类地区
建筑物	0.95	1.10
构筑物	1	1.11

2. 构筑物垂直运输

构筑物的高度，从设计室外地坪至构筑物的顶面高度为准。

二、基础定额工程量计算规则

（1）建筑物垂直运输机械台班用量，区分不同建筑物的结构类型及高度按建筑面积以 m² 计算。建筑面积按建筑面积计算规则规定计算。

（2）构筑物垂直运输机械台班以座计算。超过规定高度时，再按每增高 1m 定额项目计算，其高度不足 1m 时，也按 1m 计算。

相关知识

建筑物垂直运输的划分

（1）对于 20m（6 层）以下的卷扬机或塔式起重机，定额的项目按建筑物用途、结构类型划分。房屋按用途分为住宅、教学及办公用房、医院、宾馆、图书馆、影剧院、商场、科研用房、服务用房以及单层和多层厂房；结构类型包括混合结构、现浇框架、预制排架等。

（2）对于 20m（6 层）以上塔式起重机施工，定额按房屋的用途、结构类型和檐高（层数）划分子项。其中结构类型包括：内浇外砌、剪力墙、全装配和其他结构等。

第14节 建筑物超高增加人工、机械定额

要 点

本节主要介绍建筑物超高增加人工、机械定额的基础定额说明与基础定额工程量计算规则。

解 释

一、基础定额说明

（1）定额适用于建筑物檐高 20m（层数 6 层）以上的工程。

（2）檐高是指设计室外地坪至檐口的高度。突出主体建筑屋顶的电梯间，水箱间等不计入檐高之内。

（3）同一建筑物高度不同时，不同高度的建筑面积，分别按相应项目计算。

（4）加压水泵选用电动多级离心清水泵，规格见表 3-34。

表 3-34 电动多级离心清水泵规格

建筑物檐高	水泵规格
20mm 以上 40mm 以内	φ50mm 以内
40mm 以上 80mm 以内	φ100mm 以内
80mm 以上 120mm 以内	φ150mm 以内

二、基础定额工程量计算规则

（1）建筑物超高人工、机械降效率包括工人上下班降低工效、上楼工作前休息及自然休息增加的时间；垂直运输影响的时间；由于人工降效引起的机械降效。

（2）建筑物超高加压水泵台班包括由于水压不足所发生的加压用水泵台班。

注：

1. 人工降效和机械降效：是指当建筑物超过 6 层或檐高超过 20m 时，由于操作工人的工效降低、垂直运输距离加长影响的时间，以及因操作工人降效而影响机械台班的降效等。

2. 加压用水泵：是指因高度增加考虑到自来水的水压不足，而需增压所用的加压水泵台班。

相关知识

一、超高费的计算

（1）适用于超过六层或檐高超过 20m 的建筑物。

（2）超高费包括人工超高费、吊装机械超高费以及其他机械超高费。

① 人工超高费等于基础以上全部工程项目的人工费乘以人工降效率，但是不包括垂直运输、各类构件的水平运输以及各项脚手架。人工超高费并入工程的人工费内。

② 吊装机械超高费等于吊装项目的全部机械费乘以吊装机械降效率。吊装机械超高费并入工程的机械费内。

③ 其他机械超高费等于其他机械（不包括吊装机械）的全部机械费乘以其他机械降效率。其他机械超高费并入工程的机械费内。

（3）建筑物超高人工、机械降效率见表 3-35。

表 3-35　建筑物超高人工、机械降效率

项　目	檐高（层数）				
	30m （7～10） 以内	40m （11～13） 以内	50m （14～16） 以内	60m （17～19） 以内	70m （20～22） 以内
人工降效率/%	3.33	6.00	9.00	13.33	17.86
吊装机械降效率/%	7.67	15.00	22.20	34.00	46.43
其他机械降效率/%	3.33	6.00	9.00	13.33	17.86

项 目	檐高（层数）				
	80m (23~25) 以内	90m (26~28) 以内	100m (29~31) 以内	110m (32~34) 以内	120m (35~37) 以内
人工降效率/%	22.50	27.22	35.20	40.91	45.83
吊装机械降效率/%	59.29	72.33	85.60	99.00	112.50
其他机械降效率/%	22.50	27.22	35.20	40.91	45.83

二、加压用水泵台班

（1）适用于超过六层或檐高超过 20m 的建筑物。

（2）加压用水泵台班费包括加压用水泵使用台班费和加压用水泵停滞台班费。

水泵使用台班费＝建筑面积×水泵使用台班定额×水泵台班单价

（3-4）

水泵停滞台班费＝建筑面积×水泵停滞台班定额×水泵台班单价

（3-5）

（3）建筑物超高加压水泵台班定额见表 3-36。

表 3-36　建筑物超高加压水泵台班定额

项 目	单位	檐高（层数）				
		30m(7~10)以内	40m(11~13)以内	50m(14~16)以内	60m(17~19)以内	70m(20~22)以内
加压水泵使用	台班	1.14	1.74	2.14	2.48	2.77
加压水泵停滞	台班	1.14	1.74	2.14	2.48	2.77

项 目	单位	檐高（层数）				
		80m(23~25)以内	90m(26~28)以内	100m(29~31)以内	110m(32~34)以内	120m(35~37)以内
加压水泵使用	台班	3.02	3.26	3.57	3.80	4.01
加压水泵停滞	台班	3.02	3.26	3.57	3.80	4.01

第4章 建筑工程清单项目工程量计算

第1节 土（石）方工程

📋 **要　点**

土石方工程清单项目主要包括土方工程、石方工程及土石方运输与回填工程。本节主要介绍土石方工程的清单工程量计算规则及其在实际工作中的应用。

📖 **解　释**

一、土方工程

工程量清单项目设置及工程量计算规则，应按表 4-1 的规定执行。

表 4-1　土方工程（编码：010101）

项目编码	项目名称	项目特征	计量单位	工程量计算规则	工作内容
010101001	平整场地	1. 土壤类别 2. 弃土运距 3. 取土运距	m²	按设计图示尺寸以建筑物首层面积计算	1. 土方挖填 2. 场地找平 3. 运输
010101002	挖一般土方			按设计图示尺寸以体积计算	1. 排地表水 2. 土方开挖 3. 围护（挡土板）及拆除 4. 基底钎探 5. 运输
010101003	挖沟槽土方	1. 土壤类别 2. 挖土深度 3. 弃土运距		按设计图示尺寸以基础垫层底面积乘以挖土深度计算	
010101004	挖基坑土方		m³		
010101005	冻土开挖	1. 冻土厚度 2. 弃土运距		按设计图示尺寸开挖面积乘厚度以体积计算	1. 爆破 2. 开挖 3. 清理 4. 运输
010101006	挖淤泥、流沙	1. 挖掘深度 2. 弃淤泥、流沙距离		按设计图示位置、界限以体积计算	1. 开挖 2. 运输

项目编码	项目名称	项目特征	计量单位	工程量计算规则	工作内容
010101007	管沟土方	1. 土壤类别 2. 管外径 3. 挖沟深度 4. 回填要求	1. m 2. m³	1. 以米计量,按设计图示以管道中心线长度计算 2. 以立方米计量,按设计图示管底垫层面积乘以挖土深度计算;无管底垫层按管外径的水平投影面积乘以挖土深度计算。不扣除各类井的长度,井的土方并入	1. 排地表水 2. 土方开挖 3. 围护(挡土板)、支撑 4. 运输 5. 回填

注:1. 挖土方平均厚度应按自然地面测量标高至设计地坪标高间的平均厚度确定。基础土方开挖深度应按基础垫层底表面标高至交付施工场地标高确定,无交付施工场地标高时,应按自然地面标高确定。

2. 建筑物场地厚度≤±300mm的挖、填、运、找平,应按本表中平整场地项目编码列项。厚度>±300mm的竖向布置挖土或山坡切土应按本表中挖一般土方项目编码列项。

3. 沟槽、基坑、一般土方的划分为:底宽≤7m且底长>3倍底宽为沟槽;底长≤3倍底宽且底面积≤150m²为基坑;超出上述范围则为一般土方。

4. 挖土方如需截桩头时,应按桩基工程相关项目列项。

5. 桩间挖土不扣除桩的体积,并在项目特征中加以描述。

6. 弃、取土运距可以不描述,但应注明由投标人根据施工现场实际情况自行考虑,决定报价。

7. 挖方出现流沙、淤泥时,如设计未明确,在编制工程量清单时,其工程数量可为暂估量,结算时应根据实际情况由发包人与承包人双方现场签证确认工程量。

8. 管沟土方项目适用于管道(给排水、工业、电力、通信)、光(电)缆沟[包括:人(手)孔、接口坑]及连接井(检查井)等。

二、石方工程

工程量清单项目设置及工程量计算规则,应按表4-2的规定执行。

表 4-2　石方工程（010102）

项目编码	项目名称	项目特征	计量单位	工程量计算规则	工作内容
010102001	挖一般石方	1. 岩石类别 2. 开凿深度 3. 弃渣运距	m³	按设计图示尺寸以体积计算	1. 排地表水 2. 凿石 3. 运输
010102002	挖沟槽石方			按设计图示尺寸沟槽底面积乘以挖石深度以体积计算	
010102003	挖基坑石方			按设计图示尺寸基坑底面积乘以挖石深度以体积计算	
010102004	挖管沟石方	1. 岩石类别 2. 管外径 3. 挖沟深度	1. m 2. m³	1. 以米计量，按设计图示管道中心线长度计算 2. 以立方米计量，按设计图示截面积乘以长度计算	1. 排地表水 2. 凿石 3. 回填 4. 运输

注：1. 挖石应按自然地面测量标高至设计地坪标高的平均厚度确定。基础石方开挖深度应按基础垫层底表面标高至交付施工现场地标高确定，无交付施工场地标高时，应按自然地面标高确定。

2. 厚度＞±300mm 的竖向布置挖石或山坡凿石应按本表中挖一般石方项目编码列项。

3. 沟槽、基坑、一般石方的划分为：底宽≤7m 且底长＞3 倍底宽为沟槽；底长≤3 倍底宽且底面积≤150m² 为基坑；超出上述范围则为一般石方。

4. 弃渣运距可以不描述，但应注明由投标人根据施工现场实际情况自行考虑，决定报价。

5. 管沟石方项目适用于管道（给排水、工业、电力、通信）、光（电）缆沟〔包括：人（手）孔、接口坑〕及连接井（检查井）等。

三、土石方运输与回填

工程量清单项目设置及工程量计算规则，应按表 4-3 的规定执行。

表 4-3　回填（编码：010103）

项目编码	项目名称	项目特征	计量单位	工程量计算规则	工作内容
010103001	回填方	1. 密实度要求 2. 填方材料品种 3. 填方粒径要求 4. 填方来源、运距	m³	按设计图示尺寸以体积计算 1. 场地回填：回填面积乘平均回填厚度 2. 室内回填：主墙间面积乘回填厚度，不扣除间隔墙 3. 基础回填：挖方清单项目工程量减去自然地坪以下埋设的基础体（包括基础垫层及其他构筑物）	1. 运输 2. 回填 3. 压实

项目编码	项目名称	项目特征	计量单位	工程量计算规则	工作内容
010103002	余方弃置	1. 废弃料品种 2. 运距	m³	按挖方清单项目工程量减利用回填方体积（正数）计算	余方点装料运输至弃置点

注：1. 填方密实度要求，在无特殊要求情况下，项目特征可描述为满足设计和规范的要求。

2. 填方材料品种可以不描述，但应注明由投标人根据设计要求验方后方可填入，并符合相关工程的质量规范要求。

3. 填方粒径要求，在无特殊要求情况下，项目特征可以不描述。

4. 如需买土回填应在项目特征填方来源中描述，并注明买土方数量。

例　题

【例 4-1】　某工程基础开挖过程中出现淤泥流沙现象，其尺寸如下：长 4.0m，宽 2.6m，深 2.0m。淤泥、流沙外运 60m，试编制工程量清单计价表及综合单价计算表。

【解】

(1) 清单工程量计算

$$V = 4.0 \times 2.6 \times 2.0 = 20.8 (\text{m}^3)$$

(2) 消耗量定额工程量

$$V = 4.0 \times 2.6 \times 2.0 = 20.8 (\text{m}^3)$$

(3) 挖淤泥流沙

人工费：$20.8 \times 242 \div 10 = 503.36$(元)

(4) 流沙外运

人工费：$20.8 \times 8.10 \div 10 \approx 16.85$(元)

(5) 直接费：$503.36 + 16.85 = 520.21$(元)

管理费：$520.21 \times 34\% \approx 176.87$(元)

利润：$520.21 \times 8\% \approx 41.62$(元)

合价：$520.21 + 176.87 + 41.62 = 738.70$(元)

综合单价：$738.7 \div 20.8 \approx 35.51$(元)

分部分项工程量清单计价表见表 4-4。

表4-4　分部分项工程量清单计价表

序号	项目编号	项目名称	项目特征描述	计算单位	工程数量	综合单价	合价	其中直接费
						金额/元		
1	010101006001	挖淤泥、流沙	1. 挖掘深度 2. 弃淤泥、流沙距离	m³	20.8	35.51	738.70	520.21

分部分项工程量清单综合单价计算见表4-5。

表4-5　分部分项工程量清单综合单价计算表

项目编号	010101006001		项目名称	挖淤泥、流沙	计量单位	m³	工程量		20.8
清单综合单价组成明细									
定额编号	定额项目名称	定额单位	数量	单价/元			合价/元		
				人工费	材料费	机械费	人工费	材料费	机械费	管理费和利润
—	挖淤泥流沙	10m³	2.08	242	—	—	503.36	—	—	211.41
—	流沙外运	10m³	2.08	8.10		—	16.85		—	7.08
人工单价		小计					520.21	—		218.49
40 元/工日		未计价材料费					—			
清单项目综合单价/元							35.51			

第2节　桩与地基基础工程

🗒 **要　点**

　　桩与地基基础工程清单项目主要包括打桩、灌柱桩、地基处理、基坑与边坡支护。本节主要介绍桩与地基基础工程的清单工程量计算规则及其在实际工作中的应用。

解　释

● 一、打桩

工程量清单项目设置及工程量计算规则，应按表 4-6 的规定执行。

表 4-6　打桩（编码：010301）

项目编码	项目名称	项目特征	计量单位	工程量计算规则	工作内容
010301001	预制钢筋混凝土方桩	1. 地层情况 2. 送桩深度、桩长 3. 桩截面 4. 桩倾斜度 5. 沉桩方法 6. 接桩方式 7. 混凝土强度等级	1. m 2. m³ 3. 根	1. 以米计量，按设计图示尺寸以桩长（包括桩尖）计算 2. 以立方米计量，按设计图示截面积乘以桩长（包括桩尖）以实体积计算 3. 以根计量，按设计图示数量计算	1. 工作平台搭拆 2. 桩机竖拆、移位 3. 沉桩 4. 接桩 5. 送桩
010301002	预制钢筋混凝土管桩	1. 地层情况 2. 送桩深度、桩长 3. 桩外径、壁厚 4. 桩倾斜度 5. 沉桩方法 6. 桩尖类型 7. 混凝土强度等级 8. 填充材料种类 9. 防护材料种类			1. 工作平台搭拆 2. 桩机竖拆、移位 3. 沉桩 4. 接桩 5. 送桩 6. 桩尖制作安装 7. 填充材料、刷防护材料
010301003	钢管桩	1. 地层情况 2. 送桩深度、桩长 3. 材质 4. 管径、壁厚 5. 桩倾斜度 6. 沉桩方法 7. 填充材料种类 8. 防护材料种类	1. t 2. 根	1. 以吨计量，按设计图示尺寸以质量计算 2. 以根计量，按设计图示数量计算	1. 工作平台搭拆 2. 桩机竖拆、移位 3. 沉桩 4. 接桩 5. 送桩 6. 切割钢管、精割盖帽 7. 管内取土 8. 填充材料、刷防护材料

项目编码	项目名称	项目特征	计量单位	工程量计算规则	工作内容
010301004	截（凿）桩头	1. 桩类型 2. 桩头截面、高度 3. 混凝土强度等级 4. 有无钢筋	1. m³ 2. 根	1. 以立方米计量，按设计桩截面乘以桩头长度以体积计算 2. 以根计量，按设计图示数量计算	1. 截桩头 2. 凿平 3. 废料外运

注：1. 项目特征中的桩截面、混凝土强度等级、桩类型等可直接用标准图代号或设计桩型进行描述。

2. 预制钢筋混凝土方桩、预制钢筋混凝土管桩项目以成品桩编制，应包括成品桩购置费，如果用现场预制，应包括现场预制桩的所有费用。

3. 打试验桩和打斜桩应按相应项目单独列项，并应在项目特征中注明试验桩或斜桩（斜率）。

二、灌柱桩

工程量清单项目设置及工程量计算规则，应按表 4-7 的规定执行。

表 4-7 灌注桩（编码：010302）

项目编码	项目名称	项目特征	计量单位	工程量计算规则	工作内容
010302001	泥浆护壁成孔灌注桩	1. 地层情况 2. 空桩长度、桩长 3. 桩径 4. 成孔方法 5. 护筒类型、长度 6. 混凝土种类、强度等级	1. m 2. m³ 3. 根	1. 以米计量，按设计图示尺寸以桩长（包括桩尖）计算 2. 以立方米计量，按不同截面在桩上范围内以体积计算 3. 以根计量，按设计图示数量计算	1. 护筒埋设 2. 成孔、固壁 3. 混凝土制作、运输、灌注、养护 4. 土方、废泥浆外运 5. 打桩场地硬化及泥浆池、泥浆沟

项目编码	项目名称	项目特征	计量单位	工程量计算规则	工作内容
010302002	沉管灌注桩	1. 地层情况 2. 空桩长度、桩长 3. 复打长度 4. 桩径 5. 沉管方法 6. 桩尖类型 7. 混凝土种类、强度等级	1. m 2. m³ 3. 根	1. 以米计量，按设计图示尺寸以桩长（包括桩尖）计算 2. 以立方米计量，按不同截面在桩上范围内以体积计算 3. 以根计量，按设计图示数量计算	1. 打（沉）拔钢管 2. 桩尖制作、安装 3. 混凝土制作、运输、灌注、养护
010302003	干作业成孔灌注桩	1. 地层情况 2. 空桩长度、桩长 3. 桩径 4. 扩孔直径、高度 5. 成孔方法 6. 混凝土种类、强度等级			1. 成孔、扩孔 2. 混凝土制作、运输、灌注、振捣、养护
010302004	挖孔桩土（石）方	1. 地层情况 2. 挖孔深度 3. 弃土（石）运距	m³	按设计图示尺寸（含护壁）截面积乘以挖孔深度以立方米计算	1. 排地表水 2. 挖土、凿石 3. 基底钎探 4. 运输
010302005	人工挖孔灌注桩	1. 桩芯长度 2. 桩芯直径、扩底直径、扩底高度 3. 护壁厚度、高度 4. 护壁混凝土种类、强度等级 5. 桩芯混凝土种类、强度等级	1. m³ 2. 根	1. 以立方米计量，按桩芯混凝土体积计算 2. 以根计量，按设计图示数量计算	1. 护壁制作 2. 混凝土制作、运输、灌注、振捣、养护
010302006	钻孔压浆桩	1. 地层情况 2. 空钻长度、桩长 3. 钻孔直径 4. 水泥强度等级	1. m 2. 根	1. 以米计量，按设计图示尺寸以桩长计算 2. 以根计量，按设计图示数量计算	钻孔、下注浆管、投放骨料、浆液制作、运输、压浆

项目编码	项目名称	项目特征	计量单位	工程量计算规则	工作内容
010302007	灌注桩后压浆	1. 注浆导管材料、规格 2. 注浆导管长度 3. 单孔注浆量 4. 水泥强度等级	孔	按设计图示以注浆孔数计算	1. 注浆导管制作、安装 2. 浆液制作、运输、压浆

注：1. 项目特征中的桩长应包括桩尖，空桩长度＝孔深-桩长，孔深为自然地面至设计桩底的深度。

2. 项目特征中的桩截面（桩径）、混凝土强度等级、桩类型等可直接用标准图代号或设计桩型进行描述。

3. 泥浆护壁成孔灌注桩是指在泥浆护壁条件下成孔，采用水下灌注混凝土的桩。其成孔方法包括冲击钻成孔、冲抓锥成孔、回旋钻成孔、潜水钻成孔、泥浆护壁的旋挖成孔等。

4. 沉管灌注桩的沉管方法包括锤击沉管法、振动沉管法、振动冲击沉管法、内夯沉管法等。

5. 干作业成孔灌注桩是指不用泥浆护壁和套管护壁的情况下，用钻机成孔后，下钢筋笼，灌注混凝土的桩，适用于地下水位以上的土层使用。其成孔方法包括螺旋钻成孔、螺旋钻成孔扩底、干作业的旋挖成孔等。

6. 混凝土种类：指清水混凝土、彩色混凝土、水下混凝土等，如在同一地区既使用预拌（商品）混凝土，又允许现场搅拌混凝土时，也应注明（下同）。

三、地基处理

工程量清单项目设置及工程量计算规则，应按表 4-8 的规定执行。

表 4-8 地基处理（编码：010201）

项目编码	项目名称	项目特征	计量单位	工程量计算规则	工作内容
010201001	换填垫层	1. 材料种类及配比 2. 压实系数 3. 掺加剂品种	m^3	按设计图示尺寸以体积计算	1. 分层铺填 2. 碾压、振密或夯实 3. 材料运输

项目编码	项目名称	项目特征	计量单位	工程量计算规则	工作内容
010201002	铺设土工合成材料	1. 部位 2. 品种 3. 规格	m²	按设计图示尺寸以面积计算	1. 挖填锚固沟 2. 铺设 3. 固定 4. 运输
010201003	预压地基	1. 排水竖井种类、断面尺寸、排列方式、间距、深度 2. 预压方法 3. 预压荷载、时间 4. 砂垫层厚度		按设计图示处理范围以面积计算	1. 设置排水竖井、盲沟、滤水管 2. 铺设砂垫层、密封膜 3. 堆载、卸载或抽气设备安拆、抽真空 4. 材料运输
010201004	强夯地基	1. 夯击能量 2. 夯击遍数 3. 夯击点布置形式、间距 4. 地耐力要求 5. 夯填材料种类			1. 铺设夯填材料 2. 强夯 3. 夯填材料运输
010201005	振冲密实（不填料）	1. 地层情况 2. 振密深度 3. 孔距			1. 振冲加密 2. 泥浆运输
010201006	振冲桩（填料）	1. 地层情况 2. 空桩长度、桩长 3. 桩径 4. 填充材料种类	1. m 2. m³	1. 以米计量，按设计图示尺寸以桩长计算 2. 以立方米计量，按设计桩截面乘以桩长以体积计算	1. 振冲成孔、填料、振实 2. 材料运输 3. 泥浆运输
010201007	砂石桩	1. 地层情况 2. 空桩长度、桩长 3. 桩径 4. 成孔方法 5. 材料种类、级配	1. m 2. m³	1. 以米计量，按设计图示尺寸以桩长（包括桩尖）计算 2. 以立方米计量，按设计桩截面乘以桩长（包括桩尖）以体积计算	1. 成孔 2. 填充、振实 3. 材料运输

项目编码	项目名称	项目特征	计量单位	工程量计算规则	工作内容
010201008	水泥粉煤灰碎石桩	1. 地层情况 2. 空桩长度、桩长 3. 桩径 4. 成孔方法 5. 混合料强度等级	m	按设计图示尺寸以桩长（包括桩尖）计算	1. 成孔 2. 混合料制作、灌注、养护 3. 材料运输
010201009	深层搅拌桩	1. 地层情况 2. 空桩长度、桩长 3. 桩截面尺寸 4. 水泥强度等级、掺量		按设计图示尺寸以桩长计算	1. 预搅下钻、水泥浆制作、喷浆搅拌提升成桩 2. 材料运输
010201010	粉喷桩	1. 地层情况 2. 空桩长度、桩长 3. 桩径 4. 粉体种类、掺量 5. 水泥强度等级、石灰粉要求			1. 预搅下钻、喷粉搅拌提升成桩 2. 材料运输
010201011	夯实水泥土桩	1. 地层情况 2. 空桩长度、桩长 3. 桩径 4. 成孔方法 5. 水泥强度等级 6. 混合料配比		按设计图示尺寸以桩长（包括桩尖）计算	1. 成孔、夯底 2. 水泥土拌合、填料、夯实 3. 材料运输
010201012	高压喷射注浆桩	1. 地层情况 2. 空桩长度、桩长 3. 桩截面 4. 注浆类型、方法 5. 水泥强度等级		按设计图示尺寸以桩长计算	1. 成孔 2. 水泥浆制作、高压喷射注浆 3. 材料运输
010201013	石灰桩	1. 地层情况 2. 空桩长度、桩长 3. 桩径 4. 成孔方法 5. 掺和料种类、配合比		按设计图示尺寸以桩长（包括桩尖）计算	1. 成孔 2. 混合料制作、运输、夯填

169

项目编码	项目名称	项目特征	计量单位	工程量计算规则	工作内容
010201014	灰土(土)挤密桩	1. 地层情况 2. 空桩长度、桩长 3. 桩径 4. 成孔方法 5. 灰土级配			1. 成孔 2. 灰土拌和、运输、填充、夯实
010201015	柱锤冲扩桩	1. 地层情况 2. 空桩长度、桩长 3. 桩径 4. 成孔方法 5. 桩体材料种类、配合比	m	按设计图示尺寸以桩长计算	1. 安、拔套管 2. 冲孔、填料、夯实 3. 桩体材料制作、运输
010201016	注浆地基	1. 地层情况 2. 空钻深度、注浆深度 3. 注浆间距 4. 浆液种类及配比 5. 注浆方法 6. 水泥强度等级	1. m 2. m³	1. 以米计量,按设计图示尺寸以钻孔深度计算 2. 以立方米计量,按设计图示尺寸以加固体积计算	1. 成孔 2. 注浆导管制作、安装 3. 浆液制作、压浆 4. 材料运输
010201017	褥垫层	1. 厚度 2. 材料品种及比例	1. m² 2. m³	1. 以平方米计量,按设计图示尺寸以铺设面积计算 2. 以立方米计量,按设计图示尺寸以体积计算	材料拌合、运输、铺设、压实

注:1. 项目特征中的桩长应包括桩尖,空桩长度＝孔深－桩长,孔深为自然地面至设计桩底的深度。

2. 高压喷射注浆类型包括旋喷、摆喷、定喷,高压喷射注浆方法包括单管法、双重管法、三重管法。

3. 如采用泥浆护壁成孔,工作内容包括土方、废泥浆外运,如采用沉管灌注成孔,工作内容包括桩尖制作、安装。

四、基坑与边坡支护

工程量清单项目设置及工程量计算规则,应按表4-9的规定执行。

表 4-9 基坑与边坡支护（编码：010202）

项目编码	项目名称	项目特征	计量单位	工程量计算规则	工作内容
010202001	地下连续墙	1. 地层情况 2. 导墙类型、截面 3. 墙体厚度 4. 成槽深度 5. 混凝土类别、强度等级 6. 接头形式	m³	按设计图示墙中心线长乘以厚度乘以槽深以体积计算	1. 导墙挖填、制作、安装、拆除 2. 挖土成槽、固壁、清底置换 3. 混凝土制作、运输、灌注、养护 4. 接头处理 5. 土方、废泥浆外运 6. 打桩场地硬化及泥浆池、泥浆沟
010202002	咬合灌注桩	1. 地层情况 2. 桩长 3. 桩径 4. 混凝土类别、强度等级 5. 部位		1. 以米计量，按设计图示尺寸以桩长计算 2. 以根计量，按设计图示数量计算	1. 成孔、固壁 2. 混凝土制作、运输、灌注、养护 3. 套管压拔 4. 土方、废泥浆外运 5. 打桩场地硬化及泥浆池、泥浆沟
010202003	圆木桩	1. 地层情况 2. 桩长 3. 材质 4. 尾径 5. 桩倾斜度	1. m 2. 根	1. 以米计量，按设计图示尺寸以桩长计算 2. 以根计量，按设计图示数量计算	1. 工作平台搭拆 2. 桩机移位 3. 桩靴安装 4. 沉桩
010202004	预制钢筋混凝土板桩	1. 地层情况 2. 送桩深度、桩长 3. 桩截面 4. 沉桩方式 5. 连接方式 6. 混凝土强度等级		1. 以米计量，按设计图示尺寸以桩长（包括桩尖）计算 2. 以根计量，按设计图示数量计算	1. 工作平台搭拆 2. 桩机移位 3. 沉桩 4. 板桩连接

项目编码	项目名称	项目特征	计量单位	工程量计算规则	工作内容
010202005	型钢桩	1. 地层情况或部位 2. 送桩深度、桩长 3. 规格型号 4. 桩倾斜度 5. 防护材料种类 6. 是否拔出	1. t 2. 根	1. 以吨计量，按设计图示尺寸以质量计算 2. 以根计量，按设计图示数量计算	1. 工作平台搭拆 2. 桩机移位 3. 打（拔）桩 4. 接桩 5. 刷防护材料
010202006	钢板桩	1. 地层情况 2. 桩长 3. 板桩厚度	1. t 2. m²	1. 以吨计量，按设计图示尺寸以质量计算 2. 以平方米计量，按设计图示墙中心线长乘以桩长以面积计算	1. 工作平台搭拆 2. 桩机移位 3. 打拔钢板桩
010202007	锚杆（锚索）	1. 地层情况 2. 锚杆（索）类型、部位 3. 钻孔深度 4. 钻孔直径 5. 杆体材料品种、规格、数量 6. 预应力 7. 浆液种类、强度等级	1. m 2. 根	1. 以米计量，按设计图示尺寸以钻孔深度计算 2. 以根计量，按设计图示数量计算	1. 钻孔、浆液制作、运输、压浆 2. 锚杆（锚索）制作、安装 3. 张拉锚固 4. 锚杆（锚索）施工平台搭设、拆除
010202008	土钉	1. 地层情况 2. 钻孔深度 3. 钻孔直径 4. 置入方法 5. 杆体材料品种、规格、数量 6. 浆液种类、强度等级			1. 钻孔、浆液制作、运输、压浆 2. 土钉制作、安装 3. 土钉施工平台搭设、拆除

项目编码	项目名称	项目特征	计量单位	工程量计算规则	工作内容
010202009	喷射混凝土、水泥砂浆	1. 部位 2. 厚度 3. 材料种类 4. 混凝土（砂浆）类别、强度等级	m²	按设计图示尺寸以面积计算	1. 修整边坡 2. 混凝土（砂浆）制作、运输、喷射、养护 3. 钻排水孔、安装排水管 4. 喷射施工平台搭设、拆除
010202010	钢筋混凝土支撑	1. 部位 2. 混凝土种类 3. 混凝土强度等级	m³	按设计图示尺寸以体积计算	1. 模板（支架或支撑）制作、安装、拆除、堆放、运输及清理模内杂物、刷隔离剂等 2. 混凝土制作、运输、浇筑、振捣、养护
010202011	钢支撑	1. 部位 2. 钢材品种、规格 3. 探伤要求	t	按设计图示尺寸以质量计算。不扣除孔眼质量，焊条、铆钉、螺栓等不另增加质量	1. 支撑、铁件制作（摊销、租赁） 2. 支撑、铁件安装 3. 探伤 4. 刷漆 5. 拆除 6. 运输

注：1. 土钉置入方法包括钻孔置入、打入或射入等。

2. 混凝土种类：指清水混凝土、彩色混凝土等，如在同一地区既使用预拌（商品）混凝土，又允许现场搅拌混凝土时，也应注明（下同）。

五、其他相关问题

其他相关问题应按下列规定处理。

（1）土壤级别按表 4-10 确定。

表 4-10　土质级别表

内　　容		土壤级别	
		一级土	二级土
沙夹层	沙层连续厚度	＜1m	＞1m
	沙层中卵石含量	—	＜15％
物理性能	压缩系数	＞0.02	＜0.02
	孔隙比	＞0.7	＜0.7
力学性能	静力触探值	＜50	＞50
	动力触探系数	＜12	＞12
每米纯沉桩时间平均值		＜2min	＞2min
说　　明		桩经外力作用较易沉入的土,土壤中夹有较薄的沙层	桩经外力作用较难沉入的土,土壤中夹有不超过3m的连续厚度沙层

（2）混凝土灌注桩的钢筋笼、地下连续墙的钢筋网制作、安装,应按混凝土及钢筋混凝土工程中的相关内容列项。

例　　题

【例 4-2】　已知某工程用打桩机打入如图 4-1 所示的钢筋混凝土预制方桩,共 50 根,试编制工程量清单计价表及综合单价计算表。

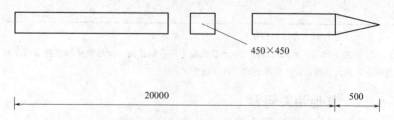

图 4-1　钢筋混凝土预制方桩（单位：mm）

【解】 依据某省建筑工程消耗量定额价目表计取有关费用。

(1) 清单工程量计算

$$V=0.45\times0.45\times(20+0.5)\times50\approx207.56(\text{m}^3)$$

(2) 消耗量定额工程量计算

打桩：$V=207.56\text{m}^3$

桩制作：$V=207.56\text{m}^3$

混凝土集中搅拌：

$$V=0.45\times0.45\times(20+0.5)\times50\times1.01\times1.015\approx212.78(\text{m}^3)$$

混凝土运输：$V=212.78\text{m}^3$

(3) 打混凝土方桩 30m 内

① 人工费：$70.18\times207.56/10=1456.66$（元）

② 材料费：$49.75\times207.56/10=1032.61$（元）

③ 机械费：$912.77\times207.56/10=18945.45$（元）

(4) C254 预制混凝土方桩、板桩

① 人工费：$175.56\times207.56/10=3643.92$（元）

② 材料费：$1467.33\times207.56/10=30455.90$（元）

③ 机械费：$59.75\times207.56/10=1240.17$（元）

(5) 场外集中搅拌混凝土

① 人工费：$13.2\times212.78/10=280.87$（元）

② 材料费：$8.5\times212.78/10=180.86$（元）

③ 机械费：$101.38\times212.78/10=2157.16$（元）

(6) 机动翻斗车运混凝土 1km 内

机械费：$27.46\times212.78/10=584.29$（元）

(7) 综合

直接费合计：59977.89 元

① 管理费：$59977.89\times35\%=20992.26$（元）

② 利润：$59977.89\times5\%=2998.89$（元）

③ 合价：$59977.89+20992.26+2998.89=83969.04$（元）

④ 综合单价：$83969.04\div207.56=404.55$（元）

结果见表 4-11 和表 4-12。

表 4-11　分部分项工程量清单计价表

序号	项目编号	项目名称	项目特征描述	计量单位	工程数量	综合单价	合价	其中直接费
1	010301001001	预制钢筋混凝土桩	内容包括打桩、桩制作、混凝土集中搅拌、混凝土运输	m³	207.56	404.55	83969.04	59977.89

表 4-12　分部分项工程量清单综合单价计算表

项目编号	010301001001	项目名称	预制钢筋混凝土桩	计量单位	m³	工程量	207.56

清单综合单价组成明细

定额编号	定额项目名称	定额单位	数量	单价/元 人工费	材料费	机械费	合价/元 人工费	材料费	机械费	管理费和利润
2-3-3	打混凝土方桩30m内	10m³	20.756	70.18	49.75	912.77	1456.66	1032.61	18945.45	8573.89
4-3-1	C254预制混凝土方桩、板桩	10m³	20.756	175.56	1467.33	59.75	3643.92	30455.90	1240.17	14136.00
4-4-1	场外集中搅拌混凝土	10m³	21.278	13.2	8.5	101.38	280.87	180.86	2157.16	1047.56
4-4-5	机动翻斗车运混凝土1km内	10m³	21.278	—	—	27.46	—	—	584.29	233.72
人工单价	小计						5381.45	31669.37	22927.07	23991.17
40元/工日	未计价材料费						—			
清单项目综合单价/元					404.55					

176

第3节 砌筑工程

要 点

砌筑工程清单项目主要包括砖砌体、砌块砌体、石砌体及垫层等。本节主要介绍砌筑工程的清单工程量计算规则及其在实际工作中的应用。

解 释

一、砖砌体

工程量清单项目设置及工程量计算规则，应按表 4-13 的规定执行。

表 4-13　砖砌体（编码：010401）

项目编码	项目名称	项目特征	计量单位	工程量计算规则	工作内容
010401001	砖基础	1. 砖品种、规格、强度等级 2. 基础类型 3. 砂浆强度等级 4. 防潮层材料种类	m³	按设计图示尺寸以体积计算 包括附墙垛基础宽出部分体积，扣除地梁（圈梁）、构造柱所占体积，不扣除基础大放脚T形接头处的重叠部分及嵌入基础内的钢筋、铁件、管道、基础砂浆防潮层和单个面积≤0.3m²的孔洞所占体积，靠墙暖气沟的挑檐不增加 基础长度：外墙按外墙中心线，内墙按内墙净长线计算	1. 砂浆制作、运输 2. 砌砖 3. 防潮层铺设 4. 材料运输

项目编码	项目名称	项目特征	计量单位	工程量计算规则	工作内容
010401002	砖砌挖孔桩护壁	1. 砖品种、规格、强度等级 2. 砂浆强度等级		按设计图示尺寸以立方米计算	1. 砂浆制作、运输 2. 砌砖 3. 材料运输
010401003	实心砖墙	1. 砖品种、规格、强度等级 2. 墙体类型 3. 砂浆强度等级、配合比	m³	按设计图示尺寸以体积计算 扣除门窗、洞口、嵌入墙内的钢筋混凝土柱、梁、圈梁、挑梁、过梁及凹进墙内的壁龛、管槽、暖气槽、消火栓箱所占体积,不扣除梁头、板头、檩头、垫木、木楞头、沿缘木、木砖、门窗走头、砖墙内加固钢筋、木筋、铁件、钢管及单个面积≤0.3m²的孔洞所占的体积。凸出墙面的腰线、挑檐、压顶、窗台线、虎头砖、门窗套的体积亦不增加。凸出墙面的砖垛并入墙体体积内计算 1. 墙长度:外墙按中心线、内墙按净长计算 2. 墙高度: (1)外墙:斜(坡)屋面无檐口天棚者	1. 砂浆制作、运输 2. 砌砖 3. 刮缝 4. 砖压顶砌筑 5. 材料运输

项目编码	项目名称	项目特征	计量单位	工程量计算规则	工作内容
010401003	实心砖墙	1. 砖品种、规格、强度等级 2. 墙体类型 3. 砂浆强度等级、配合比	m³	算至屋面板底;有屋架且室内外均有天棚者算至屋架下弦底另加 200mm;无天棚者算至屋架下弦底另加 300mm,出檐宽度超 600mm 时按实砌高度计算;与钢筋混凝土楼板隔层者算至板顶。平屋顶算至钢筋混凝土板底 (2)内墙:位于屋架下弦者,算至屋架下弦底;无屋架者算至天棚底另加 100mm;有钢筋混凝土楼板隔层者算至楼板顶;有框架梁时算至梁底 (3)女儿墙:从屋面板上表面算至女儿墙顶面(如有混凝土压顶时算至压顶下表面) (4)内、外山墙:按其平均高度计算 3. 框架间墙:不分内外墙按墙体净尺寸以体积计算 4. 围墙:高度算至压顶上表面(如有混凝土压顶时算至压顶下表面),围墙柱并入围墙体积内	1. 砂浆制作、运输 2. 砌砖 3. 刮缝 4. 砖压顶砌筑 5. 材料运输
010401004	多孔砖墙				
010401005	空心砖墙				

项目编码	项目名称	项目特征	计量单位	工程量计算规则	工作内容
010401006	空斗墙	1. 砖品种、规格、强度等级 2. 墙体类型 3. 砂浆强度等级、配合比	m³	按设计图示尺寸以空斗墙外形体积计算。墙角、内外墙交接处、门窗洞口立边、窗台砖、屋檐处的实砌部分体积并入空斗墙体积内	1. 砂浆制作、运输 2. 砌砖 3. 装填充料 4. 刮缝 5. 材料运输
010401007	空花墙			按设计图示尺寸以空花部分外形体积计算,不扣除空洞部分体积	
010401008	填充墙	1. 砖品种、规格、强度等级 2. 墙体类型 3. 填充材料种类及厚度 4. 砂浆强度等级、配合比		按设计图示尺寸以填充墙外形体积计算	
010401009	实心砖柱	1. 砖品种、规格、强度等级 2. 柱类型 3. 砂浆强度等级、配合比		按设计图示尺寸以体积计算。扣除混凝土及钢筋混凝土梁垫、梁头、板头所占体积	1. 砂浆制作、运输 2. 砌砖 3. 刮缝 4. 材料运输
010401010	多孔砖柱				
010401011	砖检查井	1. 井截面、深度 2. 砖品种、规格、强度等级 3. 垫层材料种类、厚度 4. 底板厚度 5. 井盖安装 6. 混凝土强度等级 7. 砂浆强度等级 8. 防潮层材料种类	座	按设计图示数量计算	1. 砂浆制作、运输 2. 铺设垫层 3. 底板混凝土制作、运输、浇筑、振捣、养护 4. 砌砖 5. 刮缝 6. 井池底、壁抹灰 7. 抹防潮层 8. 材料运输
010401012	零星砌砖	1. 零星砌砖名称、部位 2. 砖品种、规格、强度等级 3. 砂浆强度等级、配合比	1. m³ 2. m² 3. m 4. 个	1. 以立方米计量,按设计图示尺寸截面积乘以长度计算 2. 以平方米计量,按设计图示尺寸水平投影面积计算 3. 以米计量,按设计图示尺寸长度计算 4. 以个计量,按设计图示数量计算	1. 砂浆制作、运输 2. 砌砖 3. 刮缝 4. 材料运输

项目编码	项目名称	项目特征	计量单位	工程量计算规则	工作内容
010401013	砖散水、地坪	1. 砖品种、规格、强度等级 2. 垫层材料种类、厚度 3. 散水、地坪厚度 4. 面层种类、厚度 5. 砂浆强度等级	m²	按设计图示尺寸以面积计算	1. 土方挖、运、填 2. 地基找平、夯实 3. 铺设垫层 4. 砌砖散水、地坪 5. 抹砂浆面层
010401014	砖地沟、明沟	1. 砖品种、规格、强度等级 2. 沟截面尺寸 3. 垫层材料种类、厚度 4. 混凝土强度等级 5. 砂浆强度等级	m	以米计量，按设计图示以中心线长度计算	1. 土方挖、运、填 2. 铺设垫层 3. 底板混凝土制作、运输、浇筑、振捣、养护 4. 砌砖 5. 刮缝、抹灰 6. 材料运输

注：1. "砖基础"项目适用于各种类型砖基础：柱基础、墙基础、管道基础等。

2. 基础与墙（柱）身使用同一种材料时，以设计室内地面为界（有地下室者，以地下室室内设计地面为界），以下为基础，以上为墙（柱）身。基础与墙身使用不同材料时，位于设计室内地面高度≤±300mm时，以不同材料为分界线，高度＞±300mm时，以设计室内地面为分界线。

3. 砖围墙以设计室外地坪为界，以下为基础，以上为墙身。

4. 框架外表面的镶贴砖部分，按零星项目编码列项。

5. 附墙烟囱、通风道、垃圾道应按设计图示尺寸以体积（扣除孔洞所占体积）计算并入所依附的墙体体积内。当设计规定孔洞内需抹灰时，应按零星抹灰项目编码列项。

6. 空斗墙的窗间墙、窗台下、楼板下、梁头下等的实砌部分，按零星砌砖项目编码列项。

7. "空花墙"项目适用于各种类型的空花墙，使用混凝土花格砌筑的空花墙，实砌墙体与混凝土花格应分别计算，混凝土花格按混凝土及钢筋混凝土中预制构件相关项目编码列项。

8. 台阶、台阶挡墙、梯带、锅台、炉灶、蹲台、池槽、池槽腿、砖胎模、花台、花池、楼梯栏板、阳台栏板、地垄墙、≤0.3m²的孔洞填塞等，应按零星砌砖项目编码列项。砖砌锅台与炉灶可按外形尺寸以个计算，砖砌台阶可按水平投影面积以平方米计算，小便槽、地垄墙可按长度计算、其他工程以立方米计算。

9. 如施工图设计标注做法见标准图集时，应在项目特征描述中注明标注图集的编码、页号及节点大样。

181

二、砌块砌体

工程量清单项目设置及工程量计算规则，应按表 4-14 的规定执行。

表 4-14　砌块砌体（编码：010402）

项目编码	项目名称	项目特征	计量单位	工程量计算规则	工作内容
010402001	砌块墙	1. 砌块品种、规格、强度等级 2. 墙体类型 3. 砂浆强度等级	m³	按设计图示尺寸以体积计算。扣除门窗洞口、过人洞、空圈、嵌入墙内的钢筋混凝土柱、梁、圈梁、挑梁、过梁及凹进墙内的壁龛、管槽、暖气槽、消火栓箱所占体积，不扣除梁头、板头、檩头、垫木、木楞头、沿缘木、木砖、门窗走头、砖墙内加固钢筋、木筋、铁件、钢管及单个面积≤0.3m² 孔洞所占体积，凸出墙面的腰线、挑檐、压顶、窗台线、虎头砖、门窗套的体积不增加，凸出墙面的砖垛并入墙体体积内 1. 墙长度：外墙按中心线，内墙按净长计算 2. 墙高度： （1）外墙：斜（坡）屋面无檐口天棚者算至屋面板底；有屋架且室内外均有天棚者算至屋架下弦底另加 200mm；无天棚者算至屋架下弦底另加 300mm，出檐宽度超过 600mm 时按实砌高度计算；与钢筋混凝土楼板隔层者算至板顶；平屋面算至钢筋混凝土板底 （2）内墙：位于屋架下弦者，算至屋架下弦底；无屋架者算至天棚底另加 100mm；有钢筋混凝土楼板隔层者算至楼板顶；有框架梁时算至梁底 （3）女儿墙：从屋面板上表面算至女儿墙顶面（如有混凝土压顶时算至压顶下表面） （4）内、外山墙：按其平均高度计算 3. 框架间墙：不分内外墙按墙体净尺寸以体积计算 4. 围墙：高度算至压顶上表面（如有混凝土压顶时算至压顶下表面），围墙柱并入围墙体积内	1. 砂浆制作、运输 2. 砌砖、砌块 3. 勾缝 4. 材料运输

项目编码	项目名称	项目特征	计量单位	工程量计算规则	工作内容
010402002	砌块柱	1. 砌块品种、规格、强度等级 2. 墙体类型 3. 砂浆强度等级	m³	按设计图示尺寸以体积计算。扣除混凝土及钢筋混凝土梁垫、梁头、板头所占体积	1. 砂浆制作、运输 2. 砌砖、砌块 3. 勾缝 4. 材料运输

三、石砌体

工程量清单项目设置及工程量计算规则，应按表 4-15 的规定执行。

表 4-15　石砌体（编码：010403）

项目编码	项目名称	项目特征	计量单位	工程量计算规则	工作内容
010403001	石基础	1. 石料种类、规格 2. 基础类型 3. 砂浆强度等级	m³	按设计图示尺寸以体积计算。包括附墙垛基础宽出部分体积，不扣除基础砂浆防潮层及单个面积≤0.3m²的孔洞所占体积，靠墙暖气沟的挑檐不增加体积。基础长度：外墙按中心线，内墙按净长计算	1. 砂浆制作、运输 2. 吊装 3. 砌石 4. 防潮层铺设 5. 材料运输
010403002	石勒脚	1. 石料种类、规格 2. 石表面加工要求 3. 勾缝要求 4. 砂浆强度等级、配合比		按设计图示尺寸以体积计算。扣除单个面积>0.3m²的孔洞所占的体积	1. 砂浆制作、运输 2. 吊装 3. 砌石 4. 石表面加工 5. 勾缝 6. 材料运输

项目编码	项目名称	项目特征	计量单位	工程量计算规则	工作内容
010403003	石墙	1. 石料种类、规格 2. 石表面加工要求 3. 勾缝要求 4. 砂浆强度等级、配合比	m³	按设计图示尺寸以体积计算。扣除门窗洞口、过人洞、空圈、嵌入墙内的钢筋混凝土柱、梁、圈梁、挑梁、过梁及凹进墙内的壁龛、管槽、暖气槽、消火栓箱所占体积，不扣除梁头、板头、檩头、垫木、木楞头、沿缘木、木砖、门窗走头、砖墙内加固钢筋、木筋、铁件、钢管及单个面积≤0.3m²的孔洞所占体积，凸出墙面的腰线、挑檐、压顶、窗台线、虎头砖、门窗套不增加体积，凸出墙面的砖垛并入墙体体积内。 1. 墙长度：外墙按中心线、内墙按净长计算。 2. 墙高度： （1）外墙：斜(坡)屋面无檐口天棚者算至屋面板底；有屋架且室内外均有天棚者算至屋架下弦底另加200mm；无天棚者算至屋架下弦底另加300mm，出檐宽度超过600mm时按实砌高度计算；平屋顶算至钢筋混凝土板底。 （2）内墙：位于屋架下弦者，算至屋架下弦底；无屋架者算至天棚底另加100mm；有钢筋混凝土楼板隔层者算至楼板顶；有框架梁时算至梁底。 （3）女儿墙：从屋面板上表面算至女儿墙顶面（如有混凝土压顶时算至压顶下表面）。 （4）内、外山墙：按其平均高度计算。 3. 围墙：高度算至压顶上表面（如有混凝土压顶时算至压顶下表面），围墙柱并入围墙体积内	1. 砂浆制作、运输 2. 吊装 3. 砌石 4. 石表面加工 5. 勾缝 6. 材料运输

项目编码	项目名称	项目特征	计量单位	工程量计算规则	工作内容
010403004	石挡土墙	1. 石料种类、规格 2. 石表面加工要求 3. 勾缝要求 4. 砂浆强度等级、配合比	m³	按设计图示尺寸以体积计算	1. 砂浆制作、运输 2. 吊装 3. 砌石 4. 变形缝、泄水孔、压顶抹灰 5. 滤水层 6. 勾缝 7. 材料运输
010403005	石柱	1. 石料种类、规格 2. 石表面加工要求 3. 勾缝要求 4. 砂浆强度等级、配合比			
010403006	石栏杆	1. 石料种类、规格 2. 石表面加工要求 3. 勾缝要求 4. 砂浆强度等级、配合比	m	按设计图示以长度计算	1. 砂浆制作、运输 2. 吊装 3. 砌石 4. 石表面加工 5. 勾缝 6. 材料运输
010403007	石护坡	1. 垫层材料种类、厚度 2. 石料种类、规格 3. 护坡厚度、高度 4. 石表面加工要求 5. 勾缝要求 6. 砂浆强度等级、配合比	m³	按设计图示尺寸以体积计算	1. 铺设垫层 2. 石料加工 3. 砂浆制作、运输 4. 砌石 5. 石表面加工 6. 勾缝 7. 材料运输
010403008	石台阶	1. 垫层材料种类、厚度 2. 石料种类、规格 3. 护坡厚度、高度 4. 石表面加工要求 5. 勾缝要求 6. 砂浆强度等级、配合比			

185

项目编码	项目名称	项目特征	计量单位	工程量计算规则	工作内容
010403009	石坡道		m²	按设计图示尺寸以水平投影面积计算	
010403010	石地沟、明沟	1. 沟截面尺寸 2. 土壤类别、运距 3. 垫层材料种类、厚度 4. 石料种类、规格 5. 石表面加工要求 6. 勾缝要求 7. 砂浆强度等级、配合比	m	按设计图示以中心线长度计算	1. 土石挖运 2. 砂浆制作、运输 3. 铺设垫层 4. 砌石 5. 石表面加工 6. 勾缝 7. 回填 8. 材料运输

四、垫层

工程量清单项目设置及工程量计算规则，应按表 4-16 的规定执行。

表 4-16　垫层（编码：010404）

项目编码	项目名称	项目特征	计量单位	工程量计算规则	工作内容
010404001	垫层	垫层材料种类、配合比、厚度	m³	按设计图示尺寸以立方米计算	1. 垫层材料的拌制 2. 垫层铺设 3. 材料运输

五、其他相关问题

其他相关问题应按下列规定处理。

（1）基础垫层包括在基础项目内。

（2）标准砖尺寸应为 240mm×115mm×53mm。标准砖墙厚度应按表 3-14 计算。

（3）砖基础与砖墙（身）划分应以设计室内地坪为界（有地下室的按地下室室内设计地坪为界），以下以基础，以上为墙（柱）身。基础与墙身使用不同材料，位于设计室内地坪±300mm以内时以不同材料为界超过±300mm，应以设计室内地坪为界。砖围墙应以设计室外地坪为界，以下为基础，以上为墙身。

（4）框架外表面的镶贴砖部分，应单独按表4-13中相关零星项目编码列项。

（5）附墙烟囱、通风道、垃圾道，应按设计图示尺寸以体积（扣除孔洞所占体积）计算，并入所依附墙体体积内。当设计规定孔洞内需抹灰时，应按墙、柱面工程中相关项目编码列项。

（6）空斗墙的窗间墙、窗台下、楼板下等的实砌部分，应按表4-13中零星砌砖项目编码列项。

（7）台阶、台阶挡墙、梯带、锅台、炉灶、蹲台、池槽、池槽腿、花台、花池、楼梯栏板、阳台栏板、地垄墙、屋隔热板下的砖墩、0.3m² 以内孔洞填塞等，应按零星砌砖项目编码列项。砖砌锅台与炉灶可按外形尺寸以个计算，砖砌台阶可按水平投影面积以 m² 计算，小便槽、地垄墙可按长度计算，其他工程量按 m³ 计算。

（8）砖烟囱应以设计室外地坪为界，以下为基础，以上为筒身。

（9）砖烟囱体积可按式（3-2）计算。

（10）砖烟道与炉体的划分应以第一道闸门为界。

（11）水塔基础与塔身划分应以砖砌体的扩大部分顶面为界，以上为塔身，以下为基础。

（12）石基础、石勒脚、石墙身的划分：基础与勒脚应以设计室外地坪为界；勒脚与墙身应以设计室地坪为界。石围墙内外地坪标高不同时，应以较低地坪标高为界，以下为基础；内外标高之差为挡土时，挡土墙以上为墙身。

（13）石梯带工程量应计算在石台阶工程量内。

（14）石梯膀应按表 4-15 石挡土墙项目编码列项。

（15）砌体内加筋的制作、安装，应按本章第 4 节混凝土及钢筋混凝土工程中的相关内容列项。

 例　题

【例 4-3】　毛石护坡，已知如图 4-2 所示毛石护坡 200m，M2.5 水泥砂浆砌筑，水泥砂浆勾凸缝，毛石表面按整砌毛石处理，试编制工程量清单计价表及综合单价计算表。

【解】　依据某省建筑工程消耗量定额价目表计取有关费用。

（1）清单工程量计算

$V = 0.32 \times 5.4 \times 200 = 345.6 (\text{m}^3)$

（2）消耗量定额工程量计算

砌筑：$V = 345.6\text{m}^3$

毛石表面勾缝：$S = 200 \times 5.4 = 1080$（m²）

毛石表面处理：$S = 200 \times 5.4 = 1080$（m²）

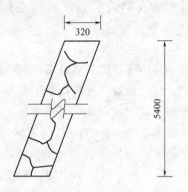

图 4-2　毛石护坡（单位：mm）

（3）毛石护坡

① 人工费：$311.52 \times 345.6/10 = 10766.13$（元）

② 材料费：$934.45 \times 345.6/10 = 32294.59$（元）

③ 机械费：$26.97 \times 345.6/10 = 932.08$（元）

（4）石表面勾缝

① 人工费：$20.24 \times 1080/10 = 2185.92$（元）

② 材料费：$5.73 \times 1080/10 = 618.84$（元）

③ 机械费：$0.25 \times 1080/10 = 27$（元）

（5）表面处理

① 人工费：109.12×1080/10＝11784.96（元）

② 材料费：48.90×1080/10＝5281.2（元）

③ 机械费：无

（6）综合

直接费合计：63890.72 元

管理费：63890.72×35％＝22361.5（元）

利润：63890.72×5％≈3194.54（元）

合价：63890.72＋22361.75＋3194.54＝89447.01（元）

综合单价：89447.01÷3.456≈25881.66（元）

结果见表 4-17 和表 4-18。

表 4-17　分部分项工程量清单计价表

序号	项目编号	项目名称	项目特征描述	计量单位	工程数量	金额/元		
						综合单价	合价	其中 直接费
1	010403007001	毛石护坡	毛石护坡，MU20 毛石，M2.5 水泥砂浆砌筑	m³	345.6	25881.66	89447.01	63890.72

表 4-18　分部分项工程量清单综合单价计算表

项目编号	010403007001		项目名称		毛石护坡		计量单位	m³	工程量	345.6
清单综合单价组成明细										
定额编号	定额项目名称	定额单位	数量	单价/元			合价/元			
				人工费	材料费	机械费	人工费	材料费	机械费	管理费和利润
3-2-4	毛石护坡	10m³	34.56	311.52	934.45	26.97	10766.13	32294.59	932.08	17597.12
9-2-65	石表面勾缝	10m³	108	20.24	5.73	0.25	2185.92	618.84	27	1132.70
3-2-10	表面处理	10m³	108	109.12	48.90	—	11784.96	5281.2	—	6826.46
人工单价		小计					24737.01	38194.63	959.08	25556.28
40 元/工日		未计价材料费					—			
清单项目综合单价/元							25881.66			

189

第4节 混凝土及钢筋混凝土工程

要　点

混凝土及钢筋混凝土工程清单项目主要包括现浇混凝土基础、现浇混凝土柱、现浇混凝土梁、现浇混凝土墙、现浇混凝土板及现浇混凝土楼梯等。本节主要介绍混凝土及钢筋混凝土工程的清单工程量计算规则及其在实际工作中的应用。

解　释

一、现浇混凝土基础

工程量清单项目设置及工程量计算规则，应按表 4-19 的规定执行。

表 4-19　现浇混凝土基础（编码：010501）

项目编码	项目名称	项目特征	计量单位	工程量计算规则	工作内容
010501001	垫层		m³	按设计图示尺寸以体积计算。不扣除伸入承台基础的桩头所占体积	1. 模板及支撑制作、安装、拆除、堆放、运输及清理模内杂物、刷隔离剂等 2. 混凝土制作、运输、浇筑、振捣、养护
010501002	带形基础	1. 混凝土类别 2. 混凝土强度等级			
010501003	独立基础				
010501004	满堂基础				
010501005	桩承台基础				
010501006	设备基础	1. 混凝土类别 2. 混凝土强度等级 3. 灌浆材料及其强度等级			

注：1. 有肋带形基础、无肋带形基础应按本表中相关项目列项，并注明肋高。

2. 如为毛石混凝土基础，项目特征应描述毛石所占比例。

二、现浇混凝土柱

工程量清单项目设置及工程量计算规则，应按表 4-20 的规定执行。

表 4-20　现浇混凝土柱（编码：010502）

项目编码	项目名称	项目特征	计量单位	工程量计算规则	工作内容
010502001	矩形柱	1. 混凝土种类 2. 混凝土强度等级	m³	按设计图示尺寸以体积计算柱高 1. 有梁板的柱高，应自柱基上表面（或楼板上表面）至上一层楼板上表面之间的高度计算 2. 无梁板的柱高，应自柱基上表面（或楼板上表面）至柱帽下表面之间的高度计算 3. 框架柱的柱高，应自柱基上表面至柱顶高度计算 4. 构造柱按全高计算，嵌接墙体部分（马牙槎）并入柱身体积 5. 依附柱上的牛腿和升板的柱帽，并入柱身体积计算	1. 模板及支架（撑）制作、安装、拆除、堆放、运输及清理模内杂物、刷隔离剂等 2. 混凝土制作、运输、浇筑、振捣、养护
010502002	构造柱				
010502003	异形柱	1. 柱形状 2. 混凝土种类 3. 混凝土强度等级			

注：混凝土种类指清水混凝土、彩色混凝土等，如在同一地区既使用预拌（商品）混凝土，又允许现场搅拌混凝土时，也应注明（下同）。

三、现浇混凝土梁

工程量清单项目设置及工程量计算规则，应按表 4-21 的规定执行。

表 4-21　现浇混凝土梁（编码：010503）

项目编码	项目名称	项目特征	计量单位	工程量计算规则	工作内容
010503001	基础梁	1. 混凝土种类 2. 混凝土强度等级	m³	按设计图示尺寸以体积计算。伸入墙内的梁头、梁垫并入梁体积内 梁长： 1. 梁与柱连接时，梁长算至柱侧面 2. 主梁与次梁连接时，次梁长算至主梁侧面	1. 模板及支架（撑）制作、安装、拆除、堆放、运输及清理模内杂物、刷隔离剂等 2. 混凝土制作、运输、浇筑、振捣、养护
010503002	矩形梁				
010503003	异形梁				
010503004	圈梁				
010503005	过梁				
010503006	弧形、拱形梁				

● 四、现浇混凝土墙

工程量清单项目设置及工程量计算规则，应按表 4-22 的规定执行。

表 4-22　现浇混凝土墙（编码：010504）

项目编码	项目名称	项目特征	计量单位	工程量计算规则	工作内容
010504001	直形墙	1. 混凝土种类 2. 混凝土强度等级	m³	按设计图示尺寸以体积计算 扣除门窗洞口及单个面积＞0.3 m² 的孔洞所占体积，墙垛及突出墙面部分并入墙体体积计算内	1. 模板及支架（撑）制作、安装、拆除、堆放、运输及清理模内杂物、刷隔离剂等 2. 混凝土制作、运输、浇筑、振捣、养护
010504002	弧形墙				
010504003	短肢剪力墙				
010504004	挡土墙				

注：短肢剪力墙是指截面厚度不大于 300mm、各肢截面高度与厚度之比的最大值大于 4 但不大于 8 的剪力墙；各肢截面高度与厚度之比的最大值大于 4 的剪力墙按柱项目编码列项。

五、现浇混凝土板

工程量清单项目设置及工程量计算规则，应按表 4-23 的规定执行。

表 4-23　现浇混凝土板（编码：010505）

项目编码	项目名称	项目特征	计量单位	工程量计算规则	工作内容
010505001	有梁板	1. 混凝土种类 2. 混凝土强度等级	m³	按设计图示尺寸以体积计算，不扣除单个面积≤0.3 m² 的柱、垛以及孔洞所占体积 压形钢板混凝土楼板扣除构件内压形钢板所占体积 有梁板（包括主、次梁与板）按梁、板体积之和计算，无梁板按板和柱帽体积之和计算，各类板伸入墙内的板头并入板体积内，薄壳板的肋、基梁并入薄壳体积内计算	1. 模板及支架（撑）制作、安装、拆除、堆放、运输及清理模内杂物、刷隔离剂等 2. 混凝土制作、运输、浇筑、振捣、养护
010505002	无梁板				
010505003	平板				
010505004	拱板				
010505005	薄壳板				
010505006	栏板				
010505007	天沟（檐沟）、挑檐板			按设计图示尺寸以体积计算	
010505008	雨篷、悬挑板、阳台板			按设计图示尺寸以墙外部分体积计算。包括伸出墙外的牛腿和雨篷反挑檐的体积	
010505009	空心板			按设计图示尺寸以体积计算。空心板（GBF 高强薄壁蜂巢芯板等）应扣除空心部分体积	
010505010	其他板			按设计图示尺寸以体积计算	

注：现浇挑檐、天沟板、雨篷、阳台与板（包括屋面板、楼板）连接时，以外墙外边线为分界线；与圈梁（包括其他梁）连接时，以梁外边线为分界线。外边线以外为挑檐、天沟、雨篷或阳台。

六、现浇混凝土楼梯

工程量清单项目设置及工程量计算规则，应按表 4-24 的规定执行。

表 4-24　现浇混凝土楼梯（编码：010506）

项目编码	项目名称	项目特征	计量单位	工程量计算规则	工作内容
010506001	直形楼梯	1. 混凝土种类 2. 混凝土强度等级	1. m² 2. m³	1. 以平方米计量，按设计图示尺寸以水平投影面积计算。不扣除宽度≤500mm的楼梯井，伸入墙内部分不计算 2. 以立方米计量，按设计图示尺寸以体积计算	1. 模板及支架（撑）制作、安装、拆除、堆放、运输及清理模内杂物、刷隔离剂等 2. 混凝土制作、运输、浇筑、振捣、养护
010506002	弧形楼梯				

注：整体楼梯（包括直形楼梯、弧形楼梯）水平投影面积包括休息平台、平台梁、斜梁和楼梯的连接梁。当整体楼梯与现浇楼板无梯梁连接时，以楼梯的最后一个踏步边缘加 300mm 为界。

七、现浇混凝土其他构件

工程量清单项目设置及工程量计算规则，应按表 4-25 的规定执行。

表 4-25　现浇混凝土其他构件（编码：010507）

项目编码	项目名称	项目特征	计量单位	工程量计算规则	工作内容
010507001	散水、坡道	1. 垫层材料种类、厚度 2. 面层厚度 3. 混凝土种类 4. 混凝土强度等级 5. 变形缝填塞材料种类	m²	按设计图示尺寸以水平投影面积计算。不扣除单个≤0.3 m²的孔洞所占面积	1. 地基夯实 2. 铺设垫层 3. 模板及支撑制作、安装、拆除、堆放、运输及清理模内杂物、刷隔离剂等 4. 混凝土制作、运输、浇筑、振捣、养护 5. 变形缝填塞
010507002	室外地坪	1. 地坪厚度 2. 混凝土强度等级			

项目编码	项目名称	项目特征	计量单位	工程量计算规则	工作内容
010507003	电缆沟、地沟	1. 土壤类别 2. 沟截面净空尺寸 3. 垫层材料种类、厚度 4. 混凝土种类 5. 混凝土强度等级 6. 防护材料种类	m	按设计图示以中心线长计算	1. 挖填、运土石方 2. 铺设垫层 3. 模板及支撑制作、安装、拆除、堆放、运输及清理模内杂物、刷隔离剂等 4. 混凝土制作、运输、浇筑、振捣、养护 5. 刷防护材料
010507004	台阶	1. 踏步高、宽 2. 混凝土种类 3. 混凝土强度等级	1. m² 2. m³	1. 以平方米计量,按设计图示尺寸水平投影面积计算 2. 以立方米计量,按设计图示尺寸以体积计算	1. 模板及支撑制作、安装、拆除、堆放、运输及清理模内杂物、刷隔离剂等 2. 混凝土制作、运输、浇筑、振捣、养护
010507005	扶手、压顶	1. 断面尺寸 2. 混凝土种类 3. 混凝土强度等级	1. m 2. m³	1. 以米计量,按设计图示的中心线延长米计算 2. 以立方米计量,按设计图示尺寸以体积计算	1. 模板及支架(撑)制作、安装、拆除、堆放、运输及清理模内杂物、刷隔离剂等 2. 混凝土制作、运输、浇筑、振捣、养护
010507006	化粪池、检查井	1. 部位 2. 混凝土强度等级 3. 防水、抗渗要求	1. m³ 2. 座	1. 按设计图示尺寸以体积计算 2. 以座计量,按设计图示数量计算	
010507007	其他构件	1. 构件的类型 2. 构件规格 3. 部位 4. 混凝土种类 5. 混凝土强度等级	m³		

注:1. 现浇混凝土小型池槽、垫块、门框等,应按本表其他构件项目编码列项。

2. 架空式混凝土台阶,按现浇楼梯计算。

195

八、后浇带

工程量清单项目设置及工程量计算规则，应按表 4-26 的规定执行。

表 4-26　后浇带（编码：010508）

项目编码	项目名称	项目特征	计量单位	工程量计算规则	工作内容
010508001	后浇带	1. 混凝土类别 2. 混凝土强度等级	m³	按设计图示尺寸以体积计算	1. 模板及支架（撑）制作、安装、拆除、堆放、运输及清理模内杂物、刷隔离剂等 2. 混凝土制作、运输、浇筑、振捣、养护及混凝土交接面、钢筋等的清理

九、预制混凝土柱

工程量清单项目设置及工程量计算规则，应按表 4-27 的规定执行。

表 4-27　预制混凝土柱（编码：010509）

项目编码	项目名称	项目特征	计量单位	工程量计算规则	工作内容
010509001	矩形柱	1. 图代号 2. 单件体积 3. 安装高度 4. 混凝土强度等级 5. 砂浆（细石混凝土）强度等级、配合比	1. m³ 2. 根	1. 以立方米计量，按设计图示尺寸以体积计算 2. 以根计量，按设计图示尺寸以数量计算	1. 模板制作、安装、拆除、堆放、运输及清理模内杂物、刷隔离剂等 2. 混凝土制作、运输、浇筑、振捣、养护 3. 构件运输、安装 4. 砂浆制作、运输 5. 接头灌缝、养护
010509002	异形柱				

注：以根计量，必须描述单件体积。

十、预制混凝土梁

工程量清单项目设置及工程量计算规则，应按表 4-28 的规定执行。

表 4-28　预制混凝土梁（编码：010510）

项目编码	项目名称	项目特征	计量单位	工程量计算规则	工作内容
010510001	矩形梁	1. 图代号 2. 单件体积 3. 安装高度 4. 混凝土强度等级 5. 砂浆（细石混凝土）强度等级、配合比	1. m³ 2. 根	1. 以立方米计量，按设计图示尺寸以体积计算 2. 以根计量，按设计图示尺寸以数量计算	1. 模板制作、安装、拆除、堆放、运输及清理模内杂物、刷隔离剂等 2. 混凝土制作、运输、浇筑、振捣、养护 3. 构件运输、安装 4. 砂浆制作、运输 5. 接头灌缝、养护
010510002	异形梁				
010510003	过梁				
010510004	拱形梁				
010510005	鱼腹式吊车梁				
010510006	其他梁				

注：以根计量，必须描述单件体积。

十一、预制混凝土屋架

工程量清单项目设置及工程量计算规则，应按表 4-29 的规定执行。

表 4-29　预制混凝土屋架（编码：010511）

项目编码	项目名称	项目特征	计量单位	工程量计算规则	工作内容
010511001	折线型	1. 图代号 2. 单件体积 3. 安装高度 4. 混凝土强度等级 5. 砂浆（细石混凝土）强度等级、配合比	1. m³ 2. 榀	1. 以立方米计量，按设计图示尺寸以体积计算 2. 以榀计量，按设计图示尺寸以数量计算	1. 模板制作、安装、拆除、堆放、运输及清理模内杂物、刷隔离剂等 2. 混凝土制作、运输、浇筑、振捣、养护 3. 构件运输、安装 4. 砂浆制作、运输 5. 接头灌缝、养护
010511002	组合				
010511003	薄腹				
010511004	门式刚架				
010511005	天窗架				

注：1. 以榀计量，必须描述单件体积。

2. 三角形屋架按本表中折线型屋架项目编码列项。

十二、预制混凝土板

工程量清单项目设置及工程量计算规则，应按表 4-30 的规定执行。

表 4-30　预制混凝土板（编码：010512）

项目编码	项目名称	项目特征	计量单位	工程量计算规	工作内容
010512001	平板	1. 图代号 2. 单件体积 3. 安装高度 4. 混凝土强度等级 5. 砂浆（细石混凝土）强度等级、配合比	1. m³ 2. 块	1. 以立方米计量，按设计图示尺寸以体积计算。不扣除单个面积≤300mm×300mm的孔洞所占体积，扣除空心板空洞体积 2. 以块计量，按设计图示尺寸以数量计算	1. 模板制作、安装、拆除、堆放、运输及清理模内杂物、刷隔离剂等 2. 混凝土制作、运输、浇筑、振捣、养护 3. 构件运输、安装 4. 砂浆制作、运输 5. 接头灌缝、养护
010512002	空心板				
010512003	槽形板				
010512004	网架板				
010512005	折线板				
010512006	带肋板				
010512007	大型板				
010512008	沟盖板、井盖板、井圈	1. 单件体积 2. 安装高度 3. 混凝土强度等级 4. 砂浆强度等级、配合比	1. m³ 2. 块（套）	1. 以立方米计量，按设计图示尺寸以体积计算 2. 以块计量，按设计图示尺寸以数量计算	

注：1. 以块、套计量，必须描述单件体积。

2. 不带肋的预制遮阳板、雨篷板、挑檐板、栏板等，应按本表平板项目编码列项。

3. 预制 F 形板、双 T 形板、单肋板和带反挑檐的雨篷板、挑檐板、遮阳板等，应按本表带肋板项目编码列项。

4. 预制大型墙板、大型楼板、大型屋面板等，应按本表中大型板项目编码列项。

十三、预制混凝土楼梯

工程量清单项目设置及工程量计算规则，应按表 4-31 的规定执行。

表 4-31　预制混凝土楼梯（编码：010513）

项目编码	项目名称	项目特征	计量单位	工程量计算规则	工作内容
010513001	楼梯	1. 楼梯类型 2. 单件体积 3. 混凝土强度等级 4. 砂浆（细石混凝土）强度等级	1. m³ 2. 段	1. 以立方米计量，按设计图示尺寸以体积计算。扣除空心踏步板空洞体积 2. 以段计量，按设计图示数量计算	1. 模板制作、安装、拆除、堆放、运输及清理模内杂物、刷隔离剂等 2. 混凝土制作、运输、浇筑、振捣、养护 3. 构件、运输、安装 4. 砂浆制作、运输 5. 接头灌缝、养护

十四、其他预制构件

工程量清单项目设置及工程量计算规则，应按表 4-32 的规定执行。

表 4-32　其他预制构件（编码：010514）

项目编码	项目名称	项目特征	计量单位	工程量计算规则	工作内容
010514001	垃圾道、通风道、烟道	1. 单件体积 2. 混凝土强度等级 3. 砂浆强度等级	1. m³ 2. m² 3. 根（块、套）	1. 以立方米计量，按设计图示尺寸以体积计算。不扣除单个面积 ≤300mm×300mm 的孔洞所占体积，扣除烟道、垃圾道、通风道的孔洞所占体积 2. 以平方米计量，按设计图示尺寸以面积计算。不扣除单个面积 ≤300mm×300mm 的孔洞所占面积 3. 以根计量，按设计图示尺寸以数量计算	1. 模板制作、安装、拆除、堆放、运输及清理模内杂物、刷隔离剂等 2. 混凝土制作、运输、浇筑、振捣、养护 3. 构件运输、安装 4. 砂浆制作、运输 5. 接头灌缝、养护
010514002	其他构件	1. 单件体积 2. 构件的类型 3. 混凝土强度等级 4. 砂浆强度等级			

注：1. 以块、根计量，必须描述单件体积。

2. 预制钢筋混凝土小型池槽、压顶、扶手、垫块、隔热板、花格等，按本表中其他构件项目编码列项。

十五、钢筋工程

工程量清单项目设置及工程量计算规则，应按表 4-33 的规定执行。

表 4-33　钢筋工程（编码：010515）

项目编码	项目名称	项目特征	计量单位	工程量计算规则	工作内容
010515001	现浇构件钢筋	钢筋种类、规格	t	按设计图示钢筋（网）长度（面积）乘单位理论质量计算	1. 钢筋制作、运输 2. 钢筋安装 3. 焊接（绑扎）
010515002	预制构件钢筋				1. 钢筋网制作、运输 2. 钢筋网安装 3. 焊接（绑扎）
010515003	钢筋网片				
010515004	钢筋笼				1. 钢筋笼制作、运输 2. 钢筋笼安装 3. 焊接（绑扎）
010515005	先张法预应力钢筋				
	后张法预应力钢筋	1. 钢筋种类、规格 2. 锚具种类		按设计图示钢筋长度乘单位理论质量计	1. 钢筋制作、运输 2. 钢筋张拉
010515006	后张法预应力钢筋	1. 钢筋种类、规格 2. 钢丝种类、规格 3. 钢绞线种类、规格 4. 锚具种类 5. 砂浆强度等级	t	按设计图示钢筋（丝束、绞线）长度乘单位理论质量计算 1. 低合金钢筋两端均采用螺杆锚具时,钢筋长度按孔道长度减0.35m计算,螺杆另行计算 2. 低合金钢筋一端采用镦头插片、另一端采用螺杆锚具时,钢筋长度按孔道长度计算,螺杆另行计算 3. 低合金钢筋一端采用镦头插片、另一端采用帮条锚具时,钢筋增加0.15m计算;两端均采用帮条锚具时,钢筋长度按孔道长度增加0.3m计算 4. 低合金钢筋采用后张混凝土自锚时,钢筋长度按孔道长度增加0.35m计算	1. 钢筋、钢丝、钢绞线制作、运输 2. 钢筋、钢丝、钢绞线安装 3. 预埋管孔道铺设 4. 锚具安装 5. 砂浆制作、运输 6. 孔道压浆、养护

项目编码	项目名称	项目特征	计量单位	工程量计算规则	工作内容
010515006	后张法预应力钢筋			5. 低合金钢筋（钢铰线）采用 JM、XM、QM 型锚具，孔道长度≤20m 时，钢筋长度增加 1m 计算，孔道长度>20m 时，钢筋长度增加 1.8m 计算	1. 钢筋、钢丝、钢绞线制作、运输
010515007	预应力钢丝	1. 钢筋种类、规格 2. 钢丝种类、规格 3. 钢绞线种类、规格 4. 锚具种类 5. 砂浆强度等级		6. 碳素钢丝采用锥形锚具，孔道长度≤20m 时，钢丝束长度按孔道长度增加 1m 计算，孔道长度>20m 时，钢丝束长度按孔道长度增加 1.8m 计算 7. 碳素钢丝采用镦头锚具时，钢丝束长度按孔道长度增加 0.35m 计算	2. 钢筋、钢丝、钢绞线安装 3. 预埋管孔道铺设 4. 锚具安装 5. 砂浆制作、运输 6. 孔道压浆、养护
010515008	预应力钢绞线				
010515009	支撑钢筋（铁马）	1. 钢筋种类 2. 规格		按钢筋长度乘单位理论质量计算	钢筋制作、焊接、安装
010515010	声测管	1. 材质 2. 规格型号		按设计图示尺寸以质量计算	1. 检测管截断、封头 2. 套管制作、焊接 3. 定位、固定

注：1. 现浇构件中伸出构件的锚固钢筋应并入钢筋工程量内。除设计标明的搭接外，其他施工搭接不计算工程量，在综合单价中综合考虑。

2. 现浇构件中固定位置的支撑钢筋、双层钢筋用的"铁马"在编制工程量清单时，如果设计未明确，其工程数量可为暂估量，结算时按现场签证数量计算。

十六、螺栓、铁件

工程量清单项目设置及工程量计算规则，应按表 4-34 的规定执行。

表 4-34　螺栓、铁件（编码：010516）

项目编码	项目名称	项目特征	计量单位	工程量计算规则	工作内容
010516001	螺栓	1. 螺栓种类 2. 规格	t	按设计图示尺寸以质量计算	1. 螺栓、铁件制作、运输 2. 螺栓、铁件安装
010516002	预埋铁件	1. 钢材种类 2. 规格 3. 铁件尺寸			
010516003	机械连接	1. 连接方式 2. 螺纹套筒种类 3. 规格	个	按数量计算	1. 钢筋套丝 2. 套筒连接

注：编制工程量清单时，如果设计未明确，其工程数量可为暂估量，实际工程量按现场签证数量计算。

十七、其他相关问题

其他相关问题应按下列规定处理。

（1）混凝土垫层包括在基础项目内。

（2）有肋带形基础、无肋带形基础应分别编码（第五级编码）列项，并注明肋高。

（3）箱式满堂基础，可按表 4-19～表 4-23 中满堂基础、柱、梁、墙、板分别编码列项；也可利用表 4-19 的第五级编码分别列项。

（4）框架式设备基础，可按表 4-19～表 4-23 中设备基础、柱、梁、墙、板分别编码列项；也可利用表 4-19 的第五级编码分别列项。

（5）构造柱应按表 4-20 中矩形柱项目编码列项。

（6）现浇挑檐、天沟板、雨篷、阳台与板（包括屋面板、楼板）连接时，以外墙外边线为分界线；与圈梁（包括其他梁）连接时，以梁外边线为分界线。外边线以外为挑檐、天沟、雨篷或阳台。

（7）整体楼梯（包括直形楼梯、弧形楼梯）水平投影面积包括休息平台、平台梁、斜梁和楼梯的连接梁。当整体楼梯与现浇楼板无梯梁连接时，以楼梯的最后一个踏步边缘加 300mm 为界。

（8）现浇混凝土小型池槽、压顶、扶手、垫块、台阶、门框等，应按表 4-25 中其他构件项目编码列项。其中扶手、压顶（包括伸入墙内的长度）应按延长米计算，台阶应按水平投影面积计算。

（9）三角形屋架应按表 4-29 中折线型屋架项目编码列项。

（10）不带肋的预制遮阳板、雨篷板、挑檐板、栏板等，应按表 4-30 中平板项目编码列项。

（11）预制 F 形板、双 T 形板、单肋板和带反挑檐的雨篷板、挑檐板、遮阳板等，应按表 4-30 中带肋板项目编码列项。

（12）预制大型墙板、大型楼板、大型屋面板等，应按表 4-30 中大型板项目编码列项。

（13）预制钢筋混凝土楼梯，可按斜梁、踏步分别编码（第五级编码）列项。

（14）预制钢筋混凝土小型池槽、压顶、扶手、垫块、隔热板、花格等，应按表 4-32 中其他构件项目编码列项。

（15）贮水（油）池的池底、池壁、池盖可分别编码（第五级编码）列项。有壁基梁的，应以壁基梁底为界，以上为池壁、以下为池底；无壁基梁的，锥形坡底应算至其上口，池壁下部的八字靴脚应并入池底体积内。无梁池盖的柱高应从池底上表面算至池盖下表面，柱帽和柱座应并在柱体积内。肋形池盖应包括主、次梁体积；球形池盖应以池壁顶面为界，边侧梁应并入球形池盖体积内。

（16）贮仓立壁和贮仓漏斗可分别编码（第五级编码）列项，应以相互交点水平线为界，壁上圈梁应并入漏斗体积内。

（17）水塔基础、塔身、水箱可分别编码（第五级编码）列项。筒式塔身应以筒座上表面或基础底板上表面为界；柱式（框架式）塔身应以柱脚与基础底板或梁顶为界，与基础板连接的梁应并入基础体积内。塔身与水箱应以箱底相连接的圈梁下表面为界，以上为水箱，以下为塔身。依附于塔身的过梁、雨篷、挑檐等，应并入塔身体积内；柱式塔身应不分柱、梁合并计算。依附于水箱壁的柱、梁，应并入水箱壁体积内。

（18）现浇构件中固定位置的支撑钢筋、双层钢筋用的"铁马"、伸出构件的锚固钢筋、预制构件的吊钩等，应并入钢筋工程量内。

例　题

【例 4-4】　钢筋混凝土异形梁如图 4-3 所示，混凝土强度等级 C25（石子<31.5mm），现场搅拌混凝土，钢筋及模板计算从略。试编制工程量清单计价表及综合单价计算表。

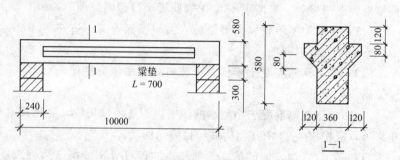

图 4-3　钢筋混凝土异形梁（单位：mm）

【解】

（1）清单工程量计算

异形梁工程量＝10×0.36×0.58＋(10−0.24×2)×0.12×

(0.08＋0.08＋0.08)＋0.24×0.3×0.7×2

≈2.46(m³)

（2）消耗量定额工程量计算

现浇混凝土异形梁 C25：2.46m³

现场搅拌混凝土：2.50m³

（3）现浇混凝土异形梁 C25

① 人工费：302.28×2.46/10≈74.36（元）

② 材料费：1582.57×2.46/10≈389.31（元）

③ 机械费：7.01×2.46/10≈1.72（元）

（4）现场搅拌混凝土

① 人工费：$50.38 \times 2.50/10 \approx 12.60$（元）

② 材料费：$13.91 \times 2.50/10 \approx 3.48$（元）

③ 机械费：$34.99 \times 2.50/10 \approx 8.75$（元）

（5）综合

直接费合计：490.22 元

管理费：$490.22 \times 35\% \approx 171.58$（元）

利润：$490.22 \times 5\% \approx 24.51$（元）

合价：$490.22 + 171.58 + 24.51 = 686.31$（元）

综合单价：$686.31 \div 2.46 \approx 278.99$（元）

结果见表 4-35 和表 4-36。

表 4-35　分部分项工程量清单计价表

序号	项目编码	项目名称	项目特征描述	计量单位	工程数量	金额/元		
						综合单价	合价	其中直接费
1	010503003001	异形梁	现浇混凝土异形梁:现浇混凝土异形梁 C25	m³	2.46	278.99	686.31	490.22

表 4-36　分部分项工程量清单综合单价计算表

项目编号	010503003001	项目名称	异形梁	计量单位	m³	工程量	2.46

清单综合单价组成明细										
定额编号	定额项目名称	定额单位	数量	单价/元			合价/元			
				人工费	材料费	机械费	人工费	材料费	机械费	管理费和利润
4-2-25	现浇混凝土异形梁 C25	10m³	0.246	302.28	1582.57	7.01	74.36	389.31	1.72	186.16
4-4-15	现场搅拌混凝土	10m³	0.25	50.38	13.91	34.99	12.60	3.48	8.75	9.93
人工单价		小　计					86.96	392.79	10.47	196.09
40 元/工日		未计价材料费					—			
清单项目综合单价/元							278.99			

第5节 木结构工程

要 点

木结构工程的工程清单项目主要包括木屋架、木构件及屋面本基层。本节主要介绍木结构工程的清单工程量计算规则及其在实际工作中的应用。

解 释

一、木屋架

工程量清单项目设置及工程量计算规则,应按表4-37的规定执行。

表 4-37 木屋架(编码:010701)

项目编码	项目名称	项目特征	计量单位	工程量计算规则	工作内容
010701001	木屋架	1. 跨度 2. 材料品种、规格 3. 刨光要求 4. 拉杆及夹板种类 5. 防护材料种类	1. 榀 2. m³	1. 以榀计量,按设计图示数量计算 2. 以立方米计量,按设计图示的规格尺寸以体积计算	1. 制作 2. 运输 3. 安装 4. 刷防护材料
010701002	钢木屋架	1. 跨度 2. 木材品种、规格 3. 刨光要求 4. 钢材品种、规格 5. 防护材料种类	榀	以榀计量,按设计图示数量计算	

二、木构件

工程量清单项目设置及工程量计算规则，应按表4-38的规定执行。

表4-38　木构件（编码：010702）

项目编码	项目名称	项目特征	计量单位	工程量计算规则	工作内容
010702001	木柱	1. 构件规格尺寸 2. 木材种类 3. 刨光要求 4. 防护材料种类	m³	按设计图示尺寸以体积计算	1. 制作 2. 运输 3. 安装 4. 刷防护材料
010702002	木梁				
010702003	木檩		1. m³ 2. m	1. 以立方米计量，按设计图示尺寸以体积计算 2. 以米计量，按设计图示尺寸以长度计算	
010702004	木楼梯	1. 楼梯形式 2. 木材种类 3. 刨光要求 4. 防护材料种类	m²	按设计图示尺寸以水平投影面积计算。不扣除宽度≤300mm的楼梯井，伸入墙内部分不计算	
010702005	其他木构件	1. 构件名称 2. 构件规格尺寸 3. 木材种类 4. 刨光要求 5. 防护材料种类	1. m³ 2. m	1. 以立方米计量，按设计图示尺寸以体积计算 2. 以米计量，按设计图示尺寸以长度计算	

注：以米计量，项目特征必须描述构件规格尺寸。

三、屋面木基层

工程量清单项目设置及工程量计算规则，应按表4-39的规定执行。

表 4-39 屋面木基层（编码：010703）

项目编码	项目名称	项目特征	计量单位	工程量计算规则	工作内容
010703001	屋面木基层	1. 椽子断面尺寸及椽距 2. 望板材料种类、厚度 3. 防护材料种类	m²	按设计图示尺寸以斜面积计算 不扣除房上烟囱、风帽底座、风道、小气窗、斜沟等所占面积。小气窗的出檐部分不增加面积	1. 椽子制作、安装 2. 望板制作、安装 3. 顺水条和挂瓦条制作、安装 4. 刷防护材料

● 四、其他相关问题

其他相关问题应按下列规定处理。

① 屋架的跨度应以上、下弦中心线两交点之间的距离计算。

② 带气楼的屋架和马尾、折角以及正交部分的半屋架，应按相关屋架项目编码列项。

③ 木楼梯的栏杆（栏板）、扶手，应按装饰装修工程量清单项目及计算规则扶手、栏杆、栏板装饰中的相关项目编码列项。

例　题

【例 4-5】　某钢木屋架如图 4-4 所示，试编制工程量清单计价表及综合单价计算表。

【解】

（1）清单工程量计算：1 榀

（2）消耗量定额工程量

上弦：$(2.0+2.0)\times0.1\times0.15\times2=0.12$（m³）

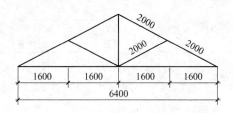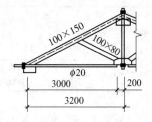

图 4-4 钢木屋架（单位：mm）

斜撑：$(2.0+2.0)×0.1×0.08=0.032$（m³）

合计：$0.12+0.032=0.152$（m³）

（3）钢木屋架制作、安装

① 钢木屋架制作

人工费：$291.7×0.152≈44.34$（元）

材料费：$2656.7×0.152≈403.82$（元）

机械费：$96.22×0.152≈14.63$（元）

② 钢木屋架安装

人工费：$72.73×0.152≈11.05$（元）

机械费：$222.53×0.152≈33.82$（元）

（4）钢木屋架

人工费：$55.39×1=55.39$（元）

材料费：$403.82×1=403.82$（元）

机械费：$48.45×1=48.45$（元）

（5）综合

直接费：507.66 元

管理费：$507.66×35\%≈177.68$（元）

利润：$507.66×5\%≈25.38$（元）

合价：$507.66+177.68+25.38=710.72$（元）

综合单价：$710.72÷1=710.72$（元）

分部分项工程量清单计价表见表 4-40。

表 4-40 分部分项工程量清单计价表

序号	项目编号	项目名称	项目特征描述	计量单位	工程数量	综合单价	合价	其中 直接费
						金额/元		
1	010701002001	钢木屋架	跨度:6400mm 材料品种:φ20	榀	1	710.72	710.72	507.66

分部分项工程量清单综合单价计算表见表 4-41。

表 4-41 分部分项工程量清单综合单价计算表

项目编号	010701002001		项目名称	钢木屋架	计量单位	榀	工程量	1

清单综合单价组成明细

定额编号	定额项目名称	定额单位	数量	单价/元			合价/元			
				人工费	材料费	机械费	人工费	材料费	机械费	管理费和利润
一	钢木屋架	榀	1	55.39	403.82	48.45	55.39	403.82	48.45	203.06
人工单价			小 计				55.39	403.82	48.45	203.06
40 元/工日			未计价材料费				—			
清单项目综合单价/元							710.72			

第 6 节 金属结构工程

要 点

金属结构工程清单项目主要包括钢网架、钢屋架、钢托架、钢桁架及钢柱。本节主要介绍金属结构工程的清单工程量计算规则及其在实际工作中的应用。

解 释

一、钢网架

工程量清单项目设置及工程量计算规则,应按表 4-42 的规定执行。

表 4-42 钢网架（编码：010601）

项目编码	项目名称	项目特征	计量单位	工程量计算规则	工程内容
010601001	钢网架	1. 钢材品种、规格 2. 网架节点形式、连接方式 3. 网架跨度、安装高度 4. 探伤要求 5. 防火要求	t	按设计图示尺寸以质量计算。不扣除孔眼的质量，焊条、铆钉、螺栓等不另增加质量	1. 拼装 2. 安装 3. 探伤 4. 补刷油漆

二、钢屋架、钢托架、钢桁架、钢架桥

工程量清单项目设置及工程量计算规则，应按表 4-43 的规定执行。

表 4-43 钢屋架、钢托架、钢桁架、钢架桥（编码：010602）

项目编码	项目名称	项目特征	计量单位	工程量计算规则	工作内容
010602001	钢屋架	1. 钢材品种、规格 2. 单榀质量 3. 屋架跨度、安装高度 4. 螺栓种类 5. 探伤要求 6. 防火要求	1. 榀 2. t	1. 以榀计量，按设计图示数量计算 2. 以吨计量，按设计图示尺寸以质量计算。不扣除孔眼的质量，焊条、铆钉、螺栓等不另增加质量	1. 拼装 2. 安装 3. 探伤 4. 补刷油漆
010602002	钢托架	1. 钢材品种、规格 2. 单榀质量 3. 安装高度 4. 螺栓种类 5. 探伤要求 6. 防火要求	t	按设计图示尺寸以质量计算。不扣除孔眼的质量，焊条、铆钉、螺栓等不另增加质量	
010602003	钢桁架				
010602004	钢架桥	1. 桥架类型 2. 钢材品种、规格 3. 单榀质量 4. 安装高度 5. 螺栓种类 6. 探伤要求			

注：以榀计量，按标准图设计的应注明标准图代号，按非标准图设计的项目特征必须描述单榀屋架的质量。

211

三、钢柱

工程量清单项目设置及工程量计算规则，应按表 4-44 的规定执行。

表 4-44　钢柱（编码：010603）

项目编码	项目名称	项目特征	计量单位	工程量计算规则	工作内容
010603001	实腹钢柱	1. 柱类型 2. 钢材品种、规格 3. 单根柱质量 4. 螺栓种类 5. 探伤要求 6. 防火要求	t	按设计图示尺寸以质量计算。不扣除孔眼的质量，焊条、铆钉、螺栓等不另增加质量，依附在钢柱上的牛腿及悬臂梁等并入钢柱工程量内按设计图示尺寸以质量计算。不扣除孔眼的质量，焊条、铆钉、螺栓等不另增加质量，钢管柱上的节点板、加强环、内衬管、牛腿等并入钢管柱工程量内	1. 拼装 2. 安装 3. 探伤 4. 补刷油漆
010603002	空腹钢柱				
010603003	钢管柱	1. 钢材品种、规格 2. 单根柱质量 3. 螺栓种类 4. 探伤要求 5. 防火要求			

注：1. 实腹钢柱类型指十字、T、L、H 形等。

2. 空腹钢柱类型指箱形、格构等。

3. 型钢混凝土柱浇筑钢筋混凝土，其混凝土和钢筋应按混凝土及钢筋混凝土工程中相关项目编码列项。

四、钢梁

工程量清单项目设置及工程量计算规则，应按表 4-45 的规定执行。

表 4-45　钢梁（编码：010604）

项目编码	项目名称	项目特征	计量单位	工程量计算规则	工作内容
010604001	钢梁	1. 梁类型 2. 钢材品种、规格 3. 单根质量 4. 螺栓种类 5. 安装高度 6. 探伤要求 7. 防火要求	t	按设计图示尺寸以质量计算。不扣除孔眼的质量，焊条、铆钉、螺栓等不另增加质量，制动梁、制动板、制动桁架、车挡并入钢吊车梁工程量内	1. 拼装 2. 安装 3. 探伤 4. 补刷油漆
010604002	钢吊车梁	1. 钢材品种、规格 2. 单根质量 3. 螺栓种类 4. 安装高度 5. 探伤要求 6. 防火要求			

注：1. 梁类型指 H、L、T 形、箱形、格构式等。

2. 型钢混凝土梁浇筑钢筋混凝土，其混凝土和钢筋应按混凝土及钢筋混凝土工程中相关项目编码列项。

五、钢板楼板、墙板

工程量清单项目设置及工程量计算规则，应按表 4-46 的规定执行。

表 4-46　钢板楼板、墙板（编码：010605）

项目编码	项目名称	项目特征	计量单位	工程量计算规则	工作内容
010605001	钢板楼板	1. 钢材品种、规格 2. 钢板厚度 3. 螺栓种类 4. 防火要求	m²	按设计图示尺寸以铺设水平投影面积计算。不扣除单个面积≤0.3m²柱、垛及孔洞所占面积	1. 拼装 2. 安装 3. 探伤 4. 补刷油漆
010605002	钢板墙板	1. 钢材品种、规格 2. 钢板厚度、复合板厚度 3. 螺栓种类 4. 复合板夹芯材料种类、层数、型号、规格 5. 防火要求		按设计图示尺寸以铺挂展开面积计算。不扣除单个面积≤0.3m²的梁、孔洞所占面积，包角、包边、窗台泛水等不另加面积	

注：压型钢楼板按本表中钢板楼板项目编码列项。

213

六、钢构件

工程量清单项目设置及工程量计算规则，应按表 4-47 的规定执行。

表 4-47　钢构件（编码：010606）

项目编码	项目名称	项目特征	计量单位	工程量计算规则	工作内容
010606001	钢支撑、钢拉条	1. 钢材品种、规格 2. 构件类型 3. 安装高度 4. 螺栓种类 5. 探伤要求 6. 防火要求			
010606002	钢檩条	1. 钢材品种、规格 2. 构件类型 3. 单根质量 4. 安装高度 5. 螺栓种类 6. 探伤要求 7. 防火要求			
010606003	钢天窗架	1. 钢材品种、规格 2. 单榀质量 3. 安装高度 4. 螺栓种类 5. 探伤要求 6. 防火要求	t	按设计图示尺寸以质量计算。不扣除孔眼的质量，焊条、铆钉、螺栓等不另增加质量	1. 拼装 2. 安装 3. 探伤 4. 补刷油漆
010606004	钢挡风架	1. 钢材品种、规格 2. 单榀质量 3. 螺栓种类 4. 探伤要求 5. 防火要求			
010606005	钢墙架				
010606006	钢平台	1. 钢材品种、规格 2. 螺栓种类 3. 防火要求			
010606007	钢走道				
010606008	钢梯	1. 钢材品种、规格 2. 钢梯形式 3. 螺栓种类 4. 防火要求			
010606009	钢护栏	1. 钢材品种、规格 2. 防火要求			

项目编码	项目名称	项目特征	计量单位	工程量计算规则	工作内容
010606010	钢漏斗	1. 钢材品种、规格 2. 漏斗、天沟形式 3. 安装高度 4. 探伤要求	t	按设计图示尺寸以质量计算,不扣除孔眼的质量,焊条、铆钉、螺栓等不另增加质量,依附漏斗或天沟的型钢并入漏斗或天沟工程量内	1. 拼装 2. 安装 3. 探伤 4. 补刷油漆
010606011	钢板天沟				
010606012	钢支架	1. 钢材品种、规格 2. 安装高度 3. 防火要求		按设计图示尺寸以质量计算,不扣除孔眼的质量,焊条、铆钉、螺栓等不另增加质量	
010606013	零星钢构件	1. 构件名称 2. 钢材品种、规格			

注:1. 钢墙架项目包括墙架柱、墙架梁和连接杆件。

2. 钢支撑、钢拉条类型指单式、复式;钢檩条类型指型钢式、格构式;钢漏斗形式指方形、圆形;天沟形式指矩形沟或半圆形沟。

3. 加工铁件等小型构件,按本表中零星钢构件项目编码列项。

七、金属制品

工程量清单项目设置及工程量计算规则,应按表 4-48 的规定执行。

表 4-48　金属制品(编码:010607)

项目编码	项目名称	项目特征	计量单位	工程量计算规则	工作内容
010607001	成品空调金属百叶护栏	1. 材料品种、规格 2. 边框材质	m²	按设计图示尺寸以框外围展开面积计算	1. 安装 2. 校正 3. 预埋铁件及安螺栓
010607002	成品栅栏	1. 材料品种、规格 2. 边框及立柱型钢品种、规格			1. 安装 2. 校正 3. 预埋铁件 4. 安螺栓及金属立柱

项目编码	项目名称	项目特征	计量单位	工程量计算规则	工作内容
010607003	成品雨篷	1. 材料品种、规格 2. 雨篷宽度 3. 晾衣竿品种、规格	1. m 2. m²	1. 以米计量，按设计图示接触边以米计算 2. 以平方米计量，按设计图示尺寸以展开面积计算	1. 安装 2. 校正 3. 预埋铁件及安螺栓
010607004	金属网栏	1. 材料品种、规格 2. 边框及立柱型钢品种、规格	m²	按设计图示尺寸以框外围展开面积计算	1. 安装 2. 校正 3. 安螺栓及金属立柱
010607005	砌块墙钢丝网加固	1. 材料品种、规格 2. 加固方式		按设计图示尺寸以面积计算	1. 铺贴 2. 铆固
010607006	后浇带金属网				

注：抹灰钢丝网加固按本表中砌块墙钢丝网加固项目编码列项。

八、其他相关问题

其他相关问题应按下列规定处理。

（1）型钢混凝土柱、梁浇筑混凝土和压型钢板楼板上浇筑钢筋混凝土，混凝土和钢筋应按本章第 4 节混凝土及钢筋混凝土中相关内容列项。

（2）钢墙架项目包括墙架柱、墙架梁和连接杆件。

（3）加工铁件等小型构件，应按表 4-47 中零星钢构件项目编码列项。

例　题

【例 4-6】　某工程钢支撑如图 4-5 所示，钢屋架刷一遍防锈漆，一遍防火漆，试编制工程量清单计价表及综合单价计算表。

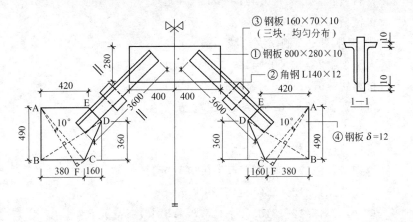

图 4-5 ××工程钢支撑示意图（单位：mm）

【解】

（1）工程量计算

角钢（∟140×12）：3.6×2×2×25.552≈367.95（kg）

钢板（δ10）：0.8×0.28×78.5≈17.58（kg）

钢板（δ10）：0.16×0.07×3×2×78.5≈5.28（kg）

钢板（δ12）：（0.16+0.38）×0.49×2×94.2≈49.85（kg）

工程量合计：440.66kg≈0.441（t）

（2）钢支撑

① 钢屋架支撑制作安装

人工费：165.19×0.441≈72.85（元）

材料费：4716.47×0.441≈2079.96（元）

机械费：181.84×0.441≈80.19（元）

② 钢支撑刷一遍防锈漆

人工费：26.34×0.441≈11.62（元）

材料费：69.11×0.441≈30.48（元）

机械费：2.86×0.441≈1.26（元）

③ 钢屋架支撑刷二遍防火漆

人工费：49.23×0.441≈21.71（元）

材料费：$133.64 \times 0.441 \approx 58.94$ （元）

机械费：$5.59 \times 0.441 \approx 2.47$ （元）

④ 钢屋架支撑刷防火漆减一遍

人工费：$25.48 \times 0.441 \approx 11.24$ （元）

材料费：$67.71 \times 0.441 \approx 29.86$ （元）

机械费：$2.85 \times 0.441 \approx 1.26$ （元）

（3）综合

直接费合计：2317.12 元

管理费：$2317.12 \times 35\% \approx 810.99$ （元）

利润：$2317.12 \times 5\% \approx 115.86$ （元）

总计：$2317.12 + 810.99 + 115.86 = 3243.97$ （元）

综合单价：$3243.97 \div 0.441 \approx 7355.94$ （元）

分部分项工程量清单计价表见表 4-49。

表 4-49　分部分项工程量清单计价表

序号	项目编号	项目名称	项目特征描述	计算单位	工程数量	金额/元		
						综合单价	合价	其中直接费
1	010606001001	钢支撑	钢材品种,规格为:角钢∟140×12;钢板厚10mm:0.80m×0.28m;钢板厚10mm:0.16m×0.07m;钢板厚12mm:（0.16 + 0.38）m×0.49m;钢支撑刷一遍防锈漆、防火漆	t	0.441	7355.94	3243.97	2317.12

分部分项工程量清单综合单价计算表见表 4-50。

表 4-50　分部分项工程量清单综合单价计算表

项目编号	010606001001		项目名称	钢支撑	计量单位	t	工程量	0.441

清单综合单价组成明细									

定额编号	定额项目名称	定额单位	数量	单价/元			合价/元			
				人工费	材料费	机械费	人工费	材料费	机械费	管理费和利润
—	钢屋架支撑制作安装	t	0.441	165.19	4716.47	181.84	72.85	2079.96	80.19	893.2
—	钢支撑刷一遍防锈漆	t	0.441	26.34	69.11	2.86	11.62	30.48	1.26	17.34
—	钢屋架支撑刷两遍防火漆	t	0.441	49.23	133.64	5.59	21.71	58.94	2.47	33.25
—	钢屋架支撑刷防火漆,减一遍	t	0.441	−25.48	−67.71	−2.85	−11.24	−29.86	−1.26	−16.94
人工单价		小　计					94.94	2139.52	82.66	926.85
40 元/工日		未计价材料费					—			
清单项目综合单价/元							7355.94			

第7节　屋面及防水工程

📋 **要　点**

　　屋面及防水工程清单项目主要包括瓦、型材及其他屋面以及屋面防水及其他,墙/面防水、防潮和楼(地)面防水、防潮。本节主要介绍屋面及防水工程的清单工程量计算规则及其在实际工作中的应用。

📖 **解　释**

● 一、瓦、型材及其他屋面

　　工程量清单项目设置及工程量计算规则,应按表 4-51 的规定执行。

表 4-51　瓦、型材及其他屋面（编码：010901）

项目编码	项目名称	项目特征	计量单位	工程量计算规则	工作内容
010901001	瓦屋面	1. 瓦品种、规格 2. 黏结层砂浆的配合比	m²	按设计图示尺寸以斜面积计算 不扣除房上烟囱、风帽底座、风道、小气窗、斜沟等所占面积。小气窗的出檐部分不增加面积	1. 砂浆制作、运输、摊铺养护 2. 安瓦、作瓦脊
010901002	型材屋面	1. 型材品种、规格 2. 金属檩条材料品种、规格 3. 接缝、嵌缝材料种类			1. 檩条制作、运输、安装 2. 屋面型材安装 3. 接缝、嵌缝
010901003	阳光板屋面	1. 阳光板品种、规格 2. 骨架材料品种、规格 3. 接缝、嵌缝材料种类 4. 油漆品种、刷漆遍数		按设计图示尺寸以斜面积计算 不扣除屋面面积≤0.3 m² 孔洞所占面积	1. 骨架制作、运输、安装、刷防护材料、油漆 2. 阳光板安装 3. 接缝、嵌缝
010901004	玻璃钢屋面	1. 玻璃钢品种、规格 2. 骨架材料品种、规格 3. 玻璃钢固定方式 4. 接缝、嵌缝材料种类 5. 油漆品种、刷漆遍数			1. 骨架制作、运输、安装、刷防护材料、油漆 2. 玻璃钢制作、安装 3. 接缝、嵌缝
010901005	膜结构屋面	1. 膜布品种、规格 2. 支柱（网架）钢材品种、规格 3. 钢丝绳品种、规格 4. 锚固基座做法 5. 油漆品种、刷漆遍数		按设计图示尺寸以需要覆盖的水平投影面积计算	1. 膜布热压胶接 2. 支柱（网架）制作、安装 3. 膜布安装 4. 穿钢丝绳、锚头锚固 5. 锚固基座、挖土回填 6. 刷防护材料，油漆

　注：瓦屋面若是在木基层上铺瓦，项目特征不必描述黏结层砂浆的配合比，瓦屋面铺防水层，按屋面防水及其他项目中相关项目编码列项。

二、屋面防水及其他

工程量清单项目设置及工程量计算规则，应按表 4-52 的规定执行。

表 4-52　屋面防水及其他（编码：010902）

项目编码	项目名称	项目特征	计量单位	工程量计算规则	工作内容
010902001	屋面卷材防水	1. 卷材品种、规格、厚度 2. 防水层数 3. 防水层做法	m²	按设计图示尺寸以面积计算 　1. 斜屋顶（不包括平屋顶找坡）按斜面积计算，平屋顶按水平投影面积计算 　2. 不扣除房上烟囱、风帽底座、风道、屋面小气窗和斜沟所占面积 　3. 屋面的女儿墙、伸缩缝和天窗等处的弯起部分，并入屋面工程量内	1. 基层处理 2. 刷底油 3. 铺油毡卷材、接缝
010902002	屋面涂膜防水	1. 防水膜品种 2. 涂膜厚度、遍数 3. 增强材料种类			1. 基层处理 2. 刷基层处理剂 3. 铺布、喷涂防水层
010902003	屋面刚性层	1. 刚性层厚度 2. 混凝土种类 3. 混凝土强度等级 4. 嵌缝材料种类 5. 钢筋规格、型号		按设计图示尺寸以面积计算。不扣除房上烟囱、风帽底座、风道等所占面积	1. 基层处理 2. 混凝土制作、运输、铺筑、养护 3. 钢筋制作安装
010902004	屋面排水管	1. 排水管品种、规格 2. 雨水斗、山墙出水口品种、规格 3. 接缝、嵌缝材料种类 4. 油漆品种、刷漆遍数	m	按设计图示尺寸以长度计算。如设计未标注尺寸，以檐口至设计室外散水上表面垂直距离计算	1. 排水管及配件安装、固定 2. 雨水斗、山墙出水、雨水箅子安装 3. 接缝、嵌缝 4. 刷漆

项目编码	项目名称	项目特征	计量单位	工程量计算规则	工作内容
010902005	屋面排(透)气管	1. 排(透)气管品种、规格 2. 接缝、嵌缝材料种类 3. 油漆品种、刷漆遍数	m	按设计图示尺寸以长度计算	1. 排(透)气管及配件安装、固定 2. 铁件制作、安装 3. 接缝、嵌缝 4. 刷漆
010902006	屋面(廊、阳台)泄(吐)水管	1. 吐水管品种、规格 2. 接缝、嵌缝材料种类 3. 吐水管长度 4. 油漆品种、刷漆遍数	根(个)	按设计图示数量计算	1. 水管及配件安装、固定 2. 接缝、嵌缝 3. 刷漆
010902007	屋面天沟、檐沟	1. 材料品种、规格 2. 接缝、嵌缝材料种类	m²	按设计图示尺寸以展开面积计算	1. 天沟材料铺设 2. 天沟配件安装 3. 接缝、嵌缝 4. 刷防护材料
010902008	屋面变形缝	1. 嵌缝材料种类 2. 止水带材料种类 3. 盖缝材料 4. 防护材料种类	m	按设计图示以长度计算	1. 清缝 2. 填塞防水材料 3. 止水带安装 4. 盖缝制作、安装 5. 刷防护材料

注：1. 屋面刚性层无钢筋，其钢筋项目特征不必描述。

2. 屋面找平层按"平面砂浆找平层"项目编码列项。

3. 屋面防水搭接及附加层用量不另行计算，在综合单价中考虑。

4. 屋面保温找平层按"保温隔热屋面"项目编码列项。

三、墙面防水、防潮

工程量清单项目设置及工程量计算规则，应按表 4-53 的规定执行。

表 4-53　墙面防水、防潮（编码：010903）

项目编码	项目名称	项目特征	计量单位	工程量计算规则	工作内容
010903001	墙面卷材防水	1. 卷材品种、规格、厚度 2. 防水层数 3. 防水层做法			1. 基层处理 2. 刷黏结剂 3. 铺防水卷材 4. 接缝、嵌缝
010903002	墙面涂膜防水	1. 防水膜品种 2. 涂膜厚度、遍数 3. 增强材料种类	m²	按设计图示尺寸以面积计算	1. 基层处理 2. 刷基层处理剂 3. 铺布、喷涂防水层
010903003	墙面砂浆防水（防潮）	1. 防水层做法 2. 砂浆厚度、配合比 3. 钢丝网规格			1. 基层处理 2. 挂钢丝网片 3. 设置分格缝 4. 砂浆制作、运输、摊铺、养护
010903004	墙面变形缝	1. 嵌缝材料种类 2. 止水带材料种类 3. 盖缝材料 4. 防护材料种类	m	按设计图示以长度计算	1. 清缝 2. 填塞防水材料 3. 止水带安装 4. 盖缝制作、安装 5. 刷防护材料

注：1. 墙面防水搭接及附加层用量不另行计算，在综合单价中考虑。

2. 墙面变形缝，若做双面，工程量乘系数 2。

3. 墙面找平层按"立面砂浆找平层"项目编码列项。

四、楼（地）面防水、防潮

工程量清单项目设置及工程量计算规则，应按表 4-54 的规定执行。

表 4-54　楼（地）面防水、防潮（编码：010904）

项目编码	项目名称	项目特征	计量单位	工程量计算规则	工作内容
010904001	楼（地）面卷材防水	1. 卷材品种、规格、厚度 2. 防水层数 3. 防水层做法 4. 反边高度	m²	按设计图示尺寸以面积计算 1. 楼（地）面防水：按主墙间净空面积计算，扣除凸出地面的构筑物、设备基础等所占面积，不扣除间壁墙及单个面积≤0.3m²柱、垛、烟囱和孔洞所占面积 2. 楼（地）面防水反边高度≤300mm算作地面防水，反边高度＞300mm按墙面防水计算	1. 基层处理 2. 刷黏结剂 3. 铺防水卷材 4. 接缝、嵌缝
010904002	楼（地）面涂膜防水	1. 防水膜品种 2. 涂膜厚度、遍数 3. 增强材料种类 4. 反边高度			1. 基层处理 2. 刷基层处理剂 3. 铺布、喷涂防水层
010904003	楼（地）面砂浆防水（防潮）	1. 防水层做法 2. 砂浆厚度、配合比 3. 反边高度			1. 基层处理 2. 砂浆制作、运输、摊铺、养护
010904004	楼（地）面变形缝	1. 嵌缝材料种类 2. 止水带材料种类 3. 盖缝材料 4. 防护材料种类	m	按设计图示以长度计算	1. 清缝 2. 填塞防水材料 3. 止水带安装 4. 盖缝制作、安装 5. 刷防护材料

注：1. 楼（地）面防水找平层按"平面砂浆找平层"项目编码列项。

2. 楼（地）面防水搭接及附加层用量不另行计算，在综合单价中考虑。

五、其他相关问题

其他相关问题应按下列规定处理。

（1）小青瓦、水泥平瓦、琉璃瓦等，应按表 4-51 中瓦屋面项目编码列项。

（2）压型钢板、阳光板、玻璃钢等，应按表 4-51 中型材屋面编码列项。

例　题

【例 4-7】　某工程屋面排水平面图及部分详图如图 4-6 所示，试编制工程量清单计价表及综合单价计算表。

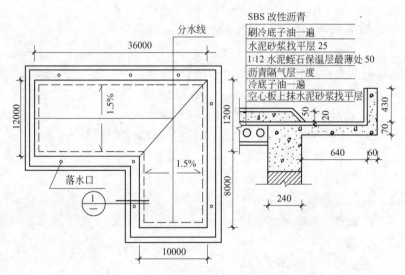

图 4-6　某工程屋面排水平面图及部分详图

【解】

1. 业主根据施工图计算

卷材防水层面：$36.24 \times 12.24 + 8 \times 10.24 = 525.50$（$m^2$）

保温层：$525.50 + (36.24 + 20.24) \times 2 \times 0.64 + 0.64 \times 0.64 \times 4 = 599.43$（$m^2$）

2. 施工单位根据施工图及施工方案计算

（1）屋面卷材防水

① 空心楼板抹水泥砂浆找平层厚 20mm：$S=525.50\text{m}^2$

人工费：$1.98\times525.50=1040.49$（元）

材料费：$4.33\times525.50=2275.42$（元）

机械费：$0.25\times525.50=131.38$（元）

② 水泥砂浆找平层 20mm 厚

$S=525.5+(36.24+20.24)\times2\times0.64+0.64\times0.64\times4$
　$=599.43$（m^2）

人工费：$1.98\times599.43\approx1186.87$（元）

材料费：$4.33\times599.43\approx2595.53$（元）

机械费：$0.25\times599.43\approx149.86$（元）

③ 水泥砂浆找平层，厚度增加 5mm

人工费：$0.5\times599.43=299.72$（元）

材料费：$1.08\times599.43=647.38$（元）

机械费：$0.07\times599.43=41.96$（元）

④ 卷材屋面 SBS 改性沥青，厚度 3mm

$S=599.43+(36.24+20.24+0.67\times4)\times2\times(0.43+0.05)$
　$=656.22$（m^2）

人工费：$2.29\times656.22=1502.74$（元）

材料费：$36.87\times656.22=24194.83$（元）

机械费：$0.51\times656.22=334.67$（元）

⑤ 综合

直接费合计：34400.85 元

管理费：$34400.85\times35\%=12040.30$（元）

利润：$34400.85\times5\%=1720.04$（元）

总计$=34400.85+12040.30+1720.04=48161.19$（元）

综合单价：$48161.19\div525.5=91.65$（元）

（2）保温隔热屋面

① 蛭石保温层（坡度 1.5%，最薄处为 50mm）

$V=525.5\times0.05+6.12\times0.015\times0.5\times12.34\times31.12+$

$5.12 \times 0.015 \times 0.5 \times 10.24 \times 14.12 = 49.45$（$m^3$）

人工费：$17.45 \times 49.45 = 862.90$（元）

材料费：$288.55 \times 49.45 = 14268.80$（元）

机械费：$3.99 \times 49.45 = 197.31$（元）

② 综合

直接费合计：15329.01 元

管理费：$15329.01 \times 35\% = 5365.15$（元）

利润：$15329.01 \times 5\% = 766.45$（元）

总计：$15329.01 + 5365.15 + 766.45 = 21460.61$（元）

综合单价 $21460.61 \div 599.43 = 35.80$（元）

结果见表 4-55～表 4-57。

表 4-55　分部分项工程量清单计价表

序号	项目编号	项目名称	项目特征描述	计算单位	工程数量	金额/元		
						综合单价	合价	其中
								直接费
1	010902001001	屋面卷材防水	卷材品种、规格：SBS 改性沥青防水卷材，3mm 厚 防水层采用胶黏剂进行卷材与基层及卷材与卷材搭接黏结，嵌缝材料为改性石油沥青密封材料	m^2	525.5	91.65	48161.19	34400.85
2	011001001001	保温隔热屋面	隔热部位：屋面；保温隔热材料品种：1：12 水泥蛭石保温	m^2	599.43	35.80	21460.61	15329.01

表 4-56　分部分项工程量清单综合单价计算表

项目编号	010902001001		项目名称	屋面卷材防水	计量单位	m²	工程量	525.5
清单综合单价组成明细								

定额编号	定额项目名称	定额单位	数量	单价/元			合价/元			
				人工费	材料费	机械费	人工费	材料费	机械费	管理费和利润
13-1	楼板抹水泥砂浆找平层20mm厚	m²	525.5	1.98	4.33	0.25	1040.49	2275.42	131.38	1378.92
13-1	水泥砂浆找平层20mm厚	m²	599.43	1.98	4.33	0.25	1186.87	2595.53	149.86	1572.90
13-3	水泥砂浆找平层增5mm	m²	599.43	0.5	1.08	0.07	299.72	647.38	41.96	395.62
11-98	卷材屋面SBS改性沥青,厚度3mm	m²	656.22	2.29	36.87	0.51	1502.74	24194.83	334.67	10412.90
人工单价		小　计					4029.82	29713.16	657.87	13760.34
40元/工日		未计价材料费					—			
清单项目综合单价/元							91.65			

表 4-57　分部分项工程量清单综合单价计算表

项目编号	011001001001		项目名称	保温隔热屋面	计量单位	m²	工程量	599.43
清单综合单价组成明细								

定额编号	定额项目名称	定额单位	数量	单价/元			合价/元			
				人工费	材料费	机械费	人工费	材料费	机械费	管理费和利润
12-5	1：12水泥蛭石屋面保温	m²	49.45	17.45	288.55	3.99	862.90	14268.80	197.31	6131.60
人工单价		小　计					862.90	14268.80	197.31	6131.60
40元/工日		未计价材料费					—			
清单项目综合单价/元							35.80			

第8节 保温、隔热、防腐工程

要 点

保温、隔热、防腐工程清单项目主要包括保温、隔热，防腐面层及其他防腐。本节主要介绍保温、隔热、防腐工程的清单工程量计算规则及其在实际工作中的应用。

解 释

一、保温隔热

工程量清单项目设置及工程量计算规则，应按表4-58的规定执行。

表 4-58　保温、隔热（编码：011001）

项目编码	项目名称	项目特征	计量单位	工程量计算规则	工作内容
011001001	保温隔热屋面	1. 保温隔热材料品种、规格、厚度 2. 隔气层材料品种、厚度 3. 黏结材料种类、做法 4. 防护材料种类、做法	m²	按设计图示尺寸以面积计算。扣除面积＞0.3 m²孔洞及占位面积	1. 基层清理 2. 刷黏结材料 3. 铺粘保温层 4. 铺、刷(喷)防护材料
011001002	保温隔热天棚	1. 保温隔热面层材料品种、规格、性能 2. 保温隔热材料品种、规格及厚度 3. 黏结材料种类及做法 4. 防护材料种类及做法		按设计图示尺寸以面积计算。扣除面积＞0.3 m²上柱、垛、孔洞所占面积，与天棚相连的梁按展开面积，计算并入天棚工程量内	

项目编码	项目名称	项目特征	计量单位	工程量计算规则	工作内容
011001003	保温隔热墙面	1. 保温隔热部位 2. 保温隔热方式 3. 踢脚线、勒脚线保温做法 4. 龙骨材料品种、规格 5. 保温隔热面层材料品种、规格、性能 6. 保温隔热材料品种、规格及厚度 7. 增强网及抗裂防水砂浆种类 8. 黏结材料种类及做法 9. 防护材料种类及做法		按设计图示尺寸以面积计算。扣除门窗洞口以及面积>0.3m² 梁、孔洞所占面积；门窗洞口侧壁需作保温时，并入保温墙体工程量内	1. 基层清理 2. 刷界面剂 3. 安装龙骨 4. 填贴保温材料 5. 保温板安装 6. 粘贴面层 7. 铺设增强格网、抹抗裂、防水砂浆面层 8. 嵌缝 9. 铺、刷(喷)防护材料
011001004	保温柱、梁	1. 保温隔热部位 2. 保温隔热方式 3. 踢脚线、勒脚线保温做法 4. 龙骨材料品种、规格 5. 保温隔热面层材料品种、规格、性能 6. 保温隔热材料品种、规格及厚度 7. 增强网及抗裂防水砂浆种类 8. 黏结材料种类及做法 9. 防护材料种类及做法	m²	按设计图示尺寸以面积计算 1. 柱按设计图示柱断面保温层中心线展开长度乘保温层高度以面积计算，扣除面积>0.3m² 梁所占面积 2. 梁按设计图示梁断面保温层中心线展开长度乘保温层长度以面积计算	1. 基层清理 2. 刷界面剂 3. 安装龙骨 4. 填贴保温材料 5. 保温板安装 6. 粘贴面层 7. 铺设增强格网、抹抗裂、防水砂浆面层 8. 嵌缝 9. 铺、刷(喷)防护材料
011001005	保温隔热楼地面	1. 保温隔热部位 2. 保温隔热材料品种、规格、厚度 3. 隔气层材料品种、厚度 4. 黏结材料种类、做法 5. 防护材料种类、做法		按设计图示尺寸以面积计算。扣除面积>0.3m² 柱、垛、孔洞所占面积。门洞、空圈、暖气包槽、壁龛的开口部分不增加面积	1. 基层清理 2. 刷黏结材料 3. 铺粘保温层 4. 铺、刷(喷)防护材料

项目编码	项目名称	项目特征	计量单位	工程量计算规则	工作内容
011001006	其他保温隔热	1. 保温隔热部位 2. 保温隔热方式 3. 隔气层材料品种、厚度 4. 保温隔热面层材料品种、规格、性能 5. 保温隔热材料品种、规格及厚度 6. 黏结材料种类及做法 7. 增强网及抗裂防水砂浆种类 8. 防护材料种类及做法	m²	按设计图示尺寸以展开面积计算。扣除面积>0.3m²孔洞及占位面积	1. 基层清理 2. 刷界面剂 3. 安装龙骨 4. 填贴保温材料 5. 保温板安装 6. 粘贴面层 7. 铺设增强格网、抹抗裂防水砂浆面层 8. 嵌缝 9. 铺、刷(喷)防护材料

注：1. 柱帽保温隔热应并入天棚保温隔热工程量内。

2. 池槽保温隔热应按其他保温隔热项目编码列项。

3. 保温隔热方式：内保温、外保温、夹心保温。

4. 保温柱、梁适用于不与墙天棚相连的独立柱、梁。

二、防腐面层

工程量清单项目设置及工程量计算规则，应按表 4-59 的规定执行。

表 4-59　防腐面层（编码：011002）

项目编码	项目名称	项目特征	计量单位	工程量计算规则	工作内容
011002001	防腐混凝土面层	1. 防腐部位 2. 面层厚度 3. 混凝土种类 4. 胶泥种类、配合比	m²	按设计图示尺寸以面积计算 1. 平面防腐：扣除凸出地面的构筑物、设备基础等以及面积>0.3 m²孔洞、柱、垛所占面积，门洞、空圈、暖气包槽、壁龛的开口部分不增加面积 2. 立面防腐：扣除门、窗、洞口以及面积>0.3 m²孔洞、梁所占面积，门、窗、洞口侧壁、垛突出部分按展开面积并入墙面积内	1. 基层清理 2. 基层刷稀胶泥 3. 混凝土制作、运输、摊铺、养护
011002002	防腐砂浆面层	1. 防腐部位 2. 面层厚度 3. 砂浆、胶泥种类、配合比			1. 基层清理 2. 基层刷稀胶泥 3. 砂浆制作、运输、摊铺、养护
011002003	防腐胶泥面层	1. 防腐部位 2. 面层厚度 3. 胶泥种类、配合比			1. 基层清理 2. 胶泥调制、摊铺

项目编码	项目名称	项目特征	计量单位	工程量计算规则	工作内容
011002004	玻璃钢防腐面层	1. 防腐部位 2. 玻璃钢种类 3. 粘布材料的种类、层数 4. 面层材料品种	m²	按设计图示尺寸以面积计算 1. 平面防腐:扣除凸出地面的构筑物、设备基础等以及面积>0.3 m²孔洞、柱、垛所占面积,门洞、空圈、暖气包槽、壁龛的开口部分不增加面积 2. 立面防腐:扣除门、窗、洞口以及面积>0.3 m²孔洞、梁所占面积,门、窗、洞口侧壁、垛突出部分按展开面积并入墙面积内	1. 基层清理 2. 刷底漆、刮腻子 3. 胶浆配制、涂刷 4. 粘布、涂刷面层
011002005	聚氯乙烯板面层	1. 防腐部位 2. 面层材料品种、厚度 3. 黏结材料种类			1. 基层清理 2. 配料、涂胶 3. 聚氯乙烯板铺设
011002006	块料防腐面层	1. 防腐部位 2. 块料品种、规格 3. 黏结材料种类 4. 勾缝材料种类			1. 基层清理 2. 铺贴块料 3. 胶泥调制、勾缝
011002007	池、槽块料防腐面层	1. 防腐池、槽名称、代号 2. 块料品种、规格 3. 黏结材料种类 4. 勾缝材料种类		按设计图示尺寸以展开面积计算	

注:防腐踢脚线,应按"踢脚线"项目编码列项。

三、其他防腐

工程量清单项目设置及工程量计算规则,应按表4-60的规定执行。

表 4-60　其他防腐（编码：011003）

项目编码	项目名称	项目特征	计量单位	工程量计算规则	工作内容
011003001	隔离层	1. 隔离层部位 2. 隔离层材料品种 3. 隔离层做法 4. 粘贴材料种类	m²	按设计图示尺寸以面积计算 1. 平面防腐：扣除凸出地面的构筑物、设备基础等以及面积＞0.3 m²孔洞、柱、垛所占面积，门洞、空圈、暖气包槽、壁龛的开口部分不增加面积 2. 立面防腐：扣除门、窗、洞口以及面积＞0.3 m²孔洞、梁所占面积，门、窗、洞口侧壁、垛突出部分按展开面积并入墙面积内	1. 基层清理、刷油 2. 煮沥青 3. 胶泥调制 4. 隔离层铺设
011003002	砌筑沥青浸渍砖	1. 砌筑部位 2. 浸渍砖规格 3. 胶泥种类 4. 浸渍砖砌法	m³	按设计图示尺寸以体积计算	1. 基层清理 2. 胶泥调制 3. 浸渍砖铺砌
011003003	防腐涂料	1. 涂刷部位 2. 基层材料类型 3. 刮腻子的种类、遍数 4. 涂料品种、刷涂遍数	m²	按设计图示尺寸以面积计算 1. 平面防腐：扣除凸出地面的构筑物、设备基础等以及面积＞0.3 m²孔洞、柱、垛所占面积，门洞、空圈、暖气包槽、壁龛的开口部分不增加面积 2. 立面防腐：扣除门、窗、洞口以及面积＞0.3 m²孔洞、梁所占面积，门、窗、洞口侧壁、垛突出部分按展开面积并入墙面积内	1. 基层清理 2. 刮腻子 3. 刷涂料

注：浸渍砖砌法指平砌、立砌。

四、其他相关问题

其他相关问题应按下列规定处理。

(1) 保温隔热墙的装饰面层，应按装饰装修工程的工程量清单项目及计算规则中的相关项目编码列项。

(2) 柱帽保温隔热应并入天棚保温隔热工程量内。

(3) 池槽保温隔热，池壁、池底应分别编码列项，池壁应并入墙面保温隔热工程量内，池底应并入地面保温隔热工程量内。

例 题

【例 4-8】 某房间地面面层为水玻璃混凝土，厚 50mm。业主根据施工图计算，该水玻璃混凝土地面面层面积为 64.50m²。试编制工程量清单计价表及综合单价计算表。

【解】

1. 清单工程量计算

防腐混凝土面层：64.50m²

2. 消耗量定额工程量计算

(1) 水玻璃混凝土地面面层，厚 60mm。

① 人工费：$12.84 \times 64.50 = 828.18$（元）

② 材料费：$49.17 \times 64.50 = 3171.47$（元）

③ 机械费：$2.50 \times 64.50 = 161.25$（元）

(2) 水玻璃混凝土地面面层，减 10mm。

① 人工费：$1.88 \times 64.50 = 121.26$（元）

② 材料费：$4.06 \times 64.50 = 261.87$（元）

③ 机械费：$0.28 \times 64.50 = 18.06$（元）

(3) 综合

直接费合计：3759.71 元

管理费：$3759.71 \times 35\% = 1315.90$（元）

利润：$3759.71 \times 5\% = 187.99$（元）

合价：$3759.71 + 1315.90 + 187.99 = 5263.60$（元）

综合单价：$5263.6 \div 64.50 = 81.61$（元）

结果见表 4-61 和表 4-62。

表 4-61　分部分项工程量清单计价表

序号	项目编码	项目名称	项目特征描述	计量单位	工程数量	金额/元		
						综合单价	合价	其中直接费
1	011002001001	防腐混凝土面层	防腐混凝土面层：地面面层厚度为 50mm 水玻璃混凝土	m²	64.50	81.61	5263.6	3759.7

表 4-62　分部分项工程量清单综合单价计算表

项目编号	011002001001	项目名称	防腐混凝土面层	计量单位	m²	工程量	64.50

清单综合单价组成明细

定额编号	定额项目名称	定额单位	数量	单价/元			合价/元			
				人工费	材料费	机械费	人工费	材料费	机械费	管理费和利润
装饰 1-121	水玻璃混凝土地面面层厚 60mm	m²	64.50	12.84	49.17	2.50	828.18	3171.47	161.25	1664.36
装饰 1-122	水玻璃混凝土地面面层减 10mm	m²	64.50	−1.88	−4.06	−0.28	−121.26	−261.87	−18.06	−160.48
人工单价		小　计					706.92	2909.6	143.19	1503.83
40 元/工日		未计价材料费					—			
清单项目综合单价/元							81.61			

235

第9节 门窗工程

要　点

　　门窗工程清单项目主要包括木门，金属门，金属卷帘（闸）门，厂库房大门、特种门，其他门，木窗，金属窗，门窗套，窗台板，窗帘、窗帘盒、轨。本节主要介绍门窗工程的清单工程量计算规则及其在实际工作中的应用。

解　释

一、木门

　　工程量清单项目设置及工程量计算规则，应按表 4-63 的规定执行。

表 4-63　木门（编码：010801）

项目编码	项目名称	项目特征	计量单位	工程量计算规则	工作内容
010801001	木质门	1. 门代号及洞口尺寸 2. 镶嵌玻璃品种、厚度	1. 樘 2. m²	1. 以樘计量，按设计图示数量计算 2. 以平方米计量，按设计图示洞口尺寸以面积计算	1. 门安装 2. 玻璃安装 3. 五金安装
010801002	木质门带套				
010801003	木质连窗门				
010801004	木质防火门				
010801005	木门框	1. 门代号及洞口尺寸 2. 框截面尺寸 3. 防护材料种类	1. 樘 2. m	1. 以樘计量，按设计图示数量计算 2. 以米计量，按设计图示框的中心线以延长米计算	1. 木门框制作、安装 2. 运输 3. 刷防护材料
010801006	门锁安装	1. 锁品种 2. 锁规格	个（套）	按设计图示数量计算	安装

　　注：1. 木质门应区分镶板木门、企口木板门、实木装饰门、胶合板门、夹板装饰门、木纱门、全玻门（带木质扇框）、木质半玻门（带木质扇框）等项目，分别编码

列项。

2. 木门五金应包括：折页、插销、门碰珠、弓背拉手、搭机、木螺丝、弹簧折页（自动门）、管子拉手（自由门、地弹门）、地弹簧（地弹门）、角铁、门轧头（地弹门、自由门）等。

3. 木质门带套计量按洞口尺寸以面积计算，不包括门套的面积，但门套应计算在综合单价中。

4. 以樘计量，项目特征必须描述洞口尺寸；以平方米计量，项目特征可不描述洞口尺寸。

5. 单独制作安装木门框按木门框项目编码列项。

二、金属门

工程量清单项目设置及工程量计算规则，应按表 4-64 的规定执行。

表 4-64　金属门（编码：010802）

项目编码	项目名称	项目特征	计量单位	工程量计算规则	工作内容
010802001	金属（塑钢）门	1. 门代号及洞口尺寸 2. 门框或扇外围尺寸 3. 门框、扇材质 4. 玻璃品种、厚度	1. 樘 2. m²	1. 以樘计量，按设计图示数量计算 2. 以平方米计量，按设计图示洞口尺寸以面积计算	1. 门安装 2. 五金安装 3. 玻璃安装
010802002	彩板门	1. 门代号及洞口尺寸 2. 门框或扇外围尺寸			
010802003	钢质防火门	1. 门代号及洞口尺寸 2. 门框或扇外围尺寸 3. 门框、扇材质			1. 门安装 2. 五金安装
010802004	防盗门				

注：1. 金属门应区分金属平开门、金属推拉门、金属地弹门、全玻门（带金属扇框）、金属半玻门（带扇框）等项目，分别编码列项。

2. 铝合金门五金包括：地弹簧、门锁、拉手、门插、门铰、螺丝等。

3. 金属门五金包括 L 型执手插锁（双舌）、执手锁（单舌）、门轨头、地锁、防盗门机、门眼（猫眼）、门碰珠、电子锁（磁卡锁）、闭门器、装饰拉手等。

4. 以樘计量，项目特征必须描述洞口尺寸，没有洞口尺寸必须描述门框或扇外围尺寸，以平方米计量，项目特征可不描述洞口尺寸及框、扇的外围尺寸。

5. 以平方米计量，无设计图示洞口尺寸，按门框、扇外围以面积计算。

三、金属卷帘（闸）门

工程量清单项目设置及工程量计算规则，应按表 4-65 的规定执行。

表 4-65　金属卷帘（闸）门（编码：010803）

项目编码	项目名称	项目特征	计量单位	工程量计算规则	工作内容
010803001	金属卷帘（闸）门	1. 门代号及洞口尺寸 2. 门材质 3. 启动装置品种、规格	1. 樘 2. m²	1. 以樘计量，按设计图示数量计算 2. 以平方米计量，按设计图示洞口尺寸以面积计算	1. 门运输、安装 2. 启动装置、活动小门、五金安装
010803002	防火卷帘（闸）门				

注：以樘计量，项目特征必须描述洞口尺寸；以平方米计量，项目特征可不描述洞口尺寸。

四、厂库房大门、特种门

工程量清单项目设置及工程量计算规则，应按表 4-66 的规定执行。

表 4-66　厂库房大门、特种门（编码：010804）

项目编码	项目名称	项目特征	计量单位	工程量计算规则	工作内容
010804001	木板大门	1. 门代号及洞口尺寸 2. 门框或扇外围尺寸 3. 门框、扇材质 4. 五金种类、规格 5. 防护材料种类	1. 樘 2. m²	1. 以樘计量，按设计图示数量计算 2. 以平方米计量，按设计图示洞口尺寸以面积计算	1. 门（骨架）制作、运输 2. 门、五金配件安装 3. 刷防护材料
010804002	钢木大门				
010804003	全钢板大门				
010804004	防护铁丝门			1. 以樘计量，按设计图示数量计算 2. 以平方米计量，按设计图示门框或扇以面积计算	

项目编码	项目名称	项目特征	计量单位	工程量计算规则	工作内容
010804005	金属格栅门	1. 门代号及洞口尺寸 2. 门框或扇外围尺寸 3. 门框、扇材质 4. 启动装置的品种、规格		1. 以樘计量,按设计图示数量计算 2. 以平方米计量,按设计图示洞口尺寸以面积计算	1. 门安装 2. 启动装置、五金配件安装
010804006	钢质花饰大门	1. 门代号及洞口尺寸 2. 门框或扇外围尺寸 3. 门框、扇材质	1. 樘 2. m²	1. 以樘计量,按设计图示数量计算 2. 以平方米计量,按设计图示门框或扇以面积计算	1. 门安装 2. 五金配件安装
010804007	特种门			1. 以樘计量,按设计图示数量计算 2. 以平方米计量,按设计图示洞口尺寸以面积计算	

注：1. 特种门应区分冷藏门、冷冻间门、保温门、变电室门、隔声门、防射电门、人防门、金库门等项目,分别编码列项。

2. 以樘计量,项目特征必须描述洞口尺寸,没有洞口尺寸必须描述门框或扇外围尺寸;以平方米计量,项目特征可不描述洞口尺寸及框、扇的外围尺寸。

3. 以平方米计量,无设计图示洞口尺寸,按门框、扇外围以面积计算。

五、其他门

工程量清单项目设置及工程量计算规则,应按表4-67的规定执行。

表 4-67　其他门（编码：010805）

项目编码	项目名称	项目特征	计量单位	工程量计算规则	工作内容
010805001	电子感应门	1. 门代号及洞口尺寸 2. 门框或扇外围尺寸 3. 门框、扇材质 4. 玻璃品种、厚度 5. 启动装置的品种、规格 6. 电子配件品种、规格	1. 樘 2. m²	1. 以樘计量，按设计图示数量计算 2. 以平方米计量，按设计图示洞口尺寸以面积计算	1. 门安装 2. 启动装置、五金、电子配件安装
010805002	旋转门				
010805003	电子对讲门	1. 门代号及洞口尺寸 2. 门框或扇外围尺寸 3. 门材质 4. 玻璃品种、厚度 5. 启动装置的品种、规格 6. 电子配件品种、规格			
010805004	电动伸缩门				
010805005	全玻自由门	1. 门代号及洞口尺寸 2. 门框或扇外围尺寸 3. 框材质 4. 玻璃品种、厚度			1. 门安装 2. 五金安装
010805006	镜面不锈钢饰面门	1. 门代号及洞口尺寸 2. 门框或扇外围尺寸 3. 框、扇材质 4. 玻璃品种、厚度			
010805007	复合材料门				

注：1.以樘计量，项目特征必须描述洞口尺寸，没有洞口尺寸必须描述门框或扇外围尺寸；以平方米计量，项目特征可不描述洞口尺寸及框、扇的外围尺寸。

2.以平方米计量，无设计图示洞口尺寸，按门框、扇外围以面积计算。

六、木窗

工程量清单项目设置及工程量计算规则，应按表 4-68 的规定执行。

表 4-68　木窗（编码：010806）

项目编码	项目名称	项目特征	计量单位	工程量计算规则	工作内容
010806001	木质窗	1. 窗代号及洞口尺寸 2. 玻璃品种、厚度	1. 樘 2. m²	1. 以樘计量，按设计图示数量计算 2. 以平方米计量，按设计图示洞口尺寸以面积计算	1. 窗安装 2. 五金、玻璃安装
010806002	木飘(凸)窗	1. 窗代号 2. 框截面及外围展开面积 3. 玻璃品种、厚度 4. 防护材料种类		1. 以樘计量，按设计图示数量计算 2. 以平方米计量，按设计图示尺寸以框外围展开面积计算	1. 窗制作、运输、安装 2. 五金、玻璃安装 3. 刷防护材料
010806003	木橱窗				
010806004	木纱窗	1. 窗代号及框的外围尺寸 2. 窗纱材料品种、规格		1. 以樘计量，按设计图示数量计算 2. 以平方米计量，按框的外围尺寸以面积计算	1. 窗安装 2. 五金安装

注：1. 木质窗应区分木百叶窗、木组合窗、木天窗、木固定窗、木装饰空花窗等项目，分别编码列项。

2. 以樘计量，项目特征必须描述洞口尺寸，没有洞口尺寸必须描述窗框外围尺寸；以平方米计量，项目特征可不描述洞口尺寸及框的外围尺寸。

3. 以平方米计量，无设计图示洞口尺寸，按窗框外围以面积计算。

4. 木橱窗、木飘（凸）窗以樘计量，项目特征必须描述框截面及外围展开面积。

5. 木窗五金包括：折页、插销、风钩、木螺丝、滑楞滑轨（推拉窗）等。

七、金属窗

工程量清单项目设置及工程量计算规则，应按表 4-69 的规定执行。

表 4-69　金属窗（编码：010807）

项目编码	项目名称	项目特征	计量单位	工程量计算规则	工作内容
010807001	金属（塑钢、断桥）窗	1. 窗代号及洞口尺寸 2. 框、扇材质 3. 玻璃品种、厚度		1. 以樘计量，按设计图示数量计算 2. 以平方米计量，按设计图示洞口尺寸以面积计算	1. 窗安装 2. 五金、玻璃安装
010807002	金属防火窗				
010807003	金属百叶窗				
010807004	金属纱窗	1. 窗代号及框的外围尺寸 2. 框材质 3. 窗纱材料品种、规格		1. 以樘计量，按设计图示数量计算 2. 以平方米计量，按框的外围尺寸以面积计算	1. 窗安装 2. 五金安装
010807005	金属格栅窗	1. 窗代号及洞口尺寸 2. 框外围尺寸 3. 框、扇材质	1. 樘 2. m²	1. 以樘计量，按设计图示数量计算 2. 以平方米计量，按设计图示洞口尺寸以面积计算	
010807006	金属（塑钢、断桥）橱窗	1. 窗代号 2. 框外围展开面积 3. 框、扇材质 4. 玻璃品种、厚度 5. 防护材料种类		1. 以樘计量，按设计图示数量计算 2. 以平方米计量，按设计图示尺寸以框外围展开面积计算	1. 窗制作、运输、安装 2. 五金、玻璃安装 3. 刷防护材料
010807007	金属（塑钢、断桥）飘（凸）窗	1. 窗代号 2. 框外围展开面积 3. 框、扇材质 4. 玻璃品种、厚度			1. 窗安装 2. 五金、玻璃安装
010807008	彩板窗	1. 窗代号及洞口尺寸 2. 框外围尺寸 3. 框、扇材质 4. 玻璃品种、厚度		1. 以樘计量，按设计图示数量计算 2. 以平方米计量，按设计图示洞口尺寸或框外围以面积计算	
010807009	复合材料窗				

242

注：1. 金属窗应区分金属组合窗、防盗窗等项目，分别编码列项。

2. 以樘计量，项目特征必须描述洞口尺寸，没有洞口尺寸必须描述窗框外围尺寸；以平方米计量，项目特征可不描述洞口尺寸及框的外围尺寸。

3. 以平方米计量，无设计图示洞口尺寸，按窗框外围以面积计算。

4. 金属橱窗、飘（凸）窗以樘计量，项目特征必须描述框外围展开面积。

5. 金属窗五金包括：折页、螺丝、执手、卡锁、风撑、滑轮、滑轨、拉把、拉手、角码、牛角制等。

八、门窗套

工程量清单项目设置及工程量计算规则，应按表 4-70 的规定执行。

表 4-70   门窗套（编码：010808）

项目编码	项目名称	项目特征	计量单位	工程量计算规则	工作内容
010808001	木门窗套	1. 窗代号及洞口尺寸 2. 门窗套展开宽度 3. 基层材料种类 4. 面层材料品种、规格 5. 线条品种、规格 6. 防护材料种类	1. 樘 2. m² 3. m	1. 以樘计量，按设计图示数量计算 2. 以平方米计量，按设计图示尺寸以展开面积计算 3. 以米计量，按设计图示中心以延长米计算	1. 清理基层 2. 立筋制作、安装 3. 基层板安装 4. 面层铺贴 5. 线条安装 6. 刷防护材料
010808002	木筒子板	1. 筒子板宽度 2. 基层材料种类 3. 面层材料品种、规格 4. 线条品种、规格 5. 防护材料种类			
010808003	饰面夹板筒子板				
010808004	金属门窗套	1. 窗代号及洞口尺寸 2. 门窗套展开宽度 3. 基层材料种类 4. 面层材料品种、规格 5. 防护材料种类			1. 清理基层 2. 立筋制作、安装 3. 基层板安装 4. 面层铺贴 5. 刷防护材料
010808005	石材门窗套	1. 窗代号及洞口尺寸 2. 门窗套展开宽度 3. 黏结层厚度、砂浆配合比 4. 面层材料品种、规格 5. 线条品种、规格			1. 清理基层 2. 立筋制作、安装 3. 基层抹灰 4. 面层铺贴 5. 线条安装

项目编码	项目名称	项目特征	计量单位	工程量计算规则	工作内容
010808006	门窗木贴脸	1. 门窗代号及洞口尺寸 2. 贴脸板宽度 3. 防护材料种类	1. 樘 2. m	1. 以樘计量,按设计图示数量计算 2. 以米计量,按设计图示尺寸以延长米计算	安装
010808007	成品木门窗套	1. 门窗代号及洞口尺寸 2. 门窗套展开宽度 3. 门窗套材料品种、规格	1. 樘 2. m² 3. m	1. 以樘计量,按设计图示数量计算 2. 以平方米计量,按设计图示尺寸以展开面积计算 3. 以米计量,按设计图示中心以延长米计算	1. 清理基层 2. 立筋制作、安装 3. 板安装

注：1. 以樘计量，项目特征必须描述洞口尺寸、门窗套展开宽度。

2. 以平方米计量，项目特征可不描述洞口尺寸、门窗套展开宽度。

3. 以米计量，项目特征必须描述门窗套展开宽度、筒子板及贴脸宽度。

4. 木门窗套适用于单独门窗套的制作、安装。

九、窗台板

工程量清单项目设置及工程量计算规则，应按表 4-71 的规定执行。

表 4-71　窗台板（编码：010809）

项目编码	项目名称	项目特征	计量单位	工程量计算规则	工作内容
010809001	木窗台板	1. 基层材料种类	m²	按设计图示尺寸以展开面积计算	1. 基层清理 2. 基层制作、安装 3. 窗台板制作、安装 4. 刷防护材料
010809002	铝塑窗台板	2. 窗台面板材质、规格、颜色			
010809003	金属窗台板	3. 防护材料种类			
010809004	石材窗台板	1. 黏结层厚度、砂浆配合比 2. 窗台板材质、规格、颜色			1. 基层清理 2. 抹找平层 3. 窗台板制作、安装

十、窗帘、窗帘盒、轨

工程量清单项目设置及工程量计算规则，应按表 4-72 的规定执行。

表 4-72　窗帘、窗帘盒、轨（编码：010810）

项目编码	项目名称	项目特征	计量单位	工程量计算规则	工作内容
010810001	窗帘	1. 窗帘材质 2. 窗帘高度、宽度 3. 窗帘层数 4. 带幔要求	1. m 2. m²	1. 以米计量，按设计图示尺寸以成活后长度计算 2. 以平方米计量，按图示尺寸以成活后展开面积计算	1. 制作、运输 2. 安装
010810002	木窗帘盒	1. 窗帘盒材质、规格 2. 防护材料种类	m	按设计图示尺寸以长度计算	1. 制作、运输、安装 2. 刷防护材料
010810003	饰面夹板、塑料窗帘盒				
010810004	铝合金窗帘盒				
010810005	窗帘轨	1. 窗帘轨材质、规格 2. 轨的数量 3. 防护材料种类			

注：1. 窗帘若是双层，项目特征必须描述每层材质。

2. 窗帘以米计量，项目特征必须描述窗帘高度和宽。

例　题

【例 4-9】　某推拉木板大门尺寸如图 4-7 所示，试编制工程量清单计价表及综合单价计算表。

【解】依据某省建筑工程消耗量定额价目表计取有关费用。

（1）清单工程量计算：1 樘

（2）消耗量定额工程量：

门扇制作安装：$3 \times 2.8 = 8.4$（m²）

门配件：1 樘

（3）门扇制作：

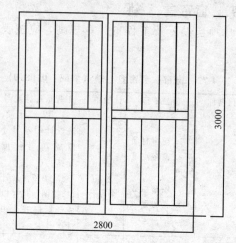

图 4-7　推拉木板大门（单位：mm）

① 人工费：8.4×115.94/10＝97.39（元）

② 材料费：8.4×800.72/10＝672.6（元）

③ 机械费：8.4×29.15/10＝24.486（元）

合价：794.476 元

（4）门扇安装：

① 人工费：8.4×109.78/10＝92.22（元）

② 材料费：8.4×32.46/10＝27.27（元）

合价：119.49 元

（5）门配件：

材料费：1×2143.80/10＝214.38（元）

（6）综合

直接费：1128.346 元

管理费：1128.346×6.5％＝73.34（元）

利润：1128.346×1.4％＝15.8（元）

合价：1217.486 元

综合单价：1217.486÷1＝1217.486（元/樘）

结果见表 4-73 和表 4-74。

表 4-73　分部分项工程量清单计价表

序号	项目编号	项目名称	项目特征描述	计量单位	工程数量	金额/元		
						综合单价	合价	其中直接费
1	010804001001	推拉木板大门	推拉板木门	樘	1	1217.486	1217.486	1128.346

表 4-74　分部分项工程量清单综合单价计算表

项目编号	010804001001		项目名称	推拉板木门	计量单位	樘	工程量		1

清单综合单价组成明细

定额编号	定额项目名称	定额单位	数量	单价/元			合价/元			
				人工费	材料费	机械费	人工费	材料费	机械费	管理费和利润
5-2-7	门扇制作	10m²	0.84	115.94	800.72	29.15	97.39	672.6	24.486	62.76
5-2-8	门扇安装	10m²	0.84	109.78	32.46		92.22	27.27		9.44
5-9-18	门配件	10樘	0.1	—	2143.8	—	—	214.38	—	16.94
人工单价		小　计					189.61	914.25	24.486	89.14
40元/工日		未计价材料费					—			
清单项目综合单价/(元/樘)							1217.486			

第 10 节　楼地面装饰工程

要　点

　　楼地面装饰工程清单项目主要包括整体面层及找平层、块料面层、橡塑面层、其他材料面层、踢脚线、楼梯面层、台阶装饰、零星装饰项目。本节主要介绍楼地面装饰工程的清单工程量计算规则及其在实际工作中的应用。

解　释

一、整体面层及找平层

　　工程量清单项目设置及工程量计算规则，应按表 4-75 的规定执行。

表 4-75 整体面层及找平层 （编码：011101）

项目编码	项目名称	项目特征	计量单位	工程量计算规则	工作内容
011101001	水泥砂浆楼地面	1. 找平层厚度、砂浆配合比 2. 素水泥浆遍数 3. 面层厚度、砂浆配合比 4. 面层做法要求			1. 基层清理 2. 抹找平层 3. 抹面层 4. 材料运输
011101002	现浇水磨石楼地面	1. 找平层厚度、砂浆配合比 2. 面层厚度、水泥石子浆配合比 3. 嵌条材料种类、规格 4. 石子种类、规格、颜色 5. 颜料种类、颜色 6. 图案要求 7. 磨光、酸洗、打蜡要求	m²	按设计图示尺寸以面积计算。扣除凸出地面构筑物、设备基础、室内管道、地沟等所占面积，不扣除间壁墙及≤0.3 m²柱、垛、附墙烟囱及孔洞所占面积。门洞、空圈、暖气包槽、壁龛的开口部分不增加面积	1. 基层清理 2. 抹找平层 3. 面层铺设 4. 嵌缝条安装 5. 磨光、酸洗打蜡 6. 材料运输
011101003	细石混凝土楼地面	1. 找平层厚度、砂浆配合比 2. 面层厚度、混凝土强度等级			1. 基层清理 2. 抹找平层 3. 面层铺设 4. 材料运输
011101004	菱苦土楼地面	1. 找平层厚度、砂浆配合比 2. 面层厚度 3. 打蜡要求			1. 基层清理 2. 抹找平层 3. 面层铺设 4. 打蜡 5. 材料运输
011101005	自流坪楼地面	1. 找平层砂浆配合比、厚度 2. 界面剂材料种类 3. 中层漆材料种类、厚度 4. 面漆材料种类、厚度 5. 面层材料种类			1. 基层清理 2. 抹找平层 3. 涂界面剂 4. 涂刷中层漆 5. 打磨、吸尘 6. 馒自流平面漆(浆) 7. 拌合自流平浆料 8. 铺面层
011101006	平面砂浆找平层	找平层厚度、砂浆配合比		按设计图示尺寸以面积计算	1. 基层清理 2. 抹找平层 3. 材料运输

注：1. 水泥砂浆面层处理是拉毛还是提浆压光应在面层做法要求中描述。

2. 平面砂浆找平层只适用于仅做找平层的平面抹灰。

3. 间壁墙指墙厚≤120mm 的墙。

二、块料面层

工程量清单项目设置及工程量计算规则，应按表 4-76 的规定执行。

表 4-76　块料面层（编码：011102）

项目编码	项目名称	项目特征	计量单位	工程量计算规则	工作内容
011102001	石材楼地面	1. 找平层厚度、砂浆配合比 2. 结合层厚度、砂浆配合比 3. 面层材料品种、规格、颜色 4. 嵌缝材料种类 5. 防护层材料种类 6. 酸洗、打蜡要求	m²	按设计图示尺寸以面积计算。门洞、空圈、暖气包槽、壁龛的开口部分并入相应的工程量内	1. 基层清理、 2. 抹找平层 3. 面层铺设、磨边 4. 嵌缝 5. 刷防护材料 6. 酸洗、打蜡 7. 材料运输
011102002	碎石材楼地面				
011102003	块料楼地面				

注：1. 在描述碎石材项目的面层材料特征时可不用描述规格、颜色。

2. 石材、块料与粘接材料的结合面刷防渗材料的种类在防护层材料种类中描述。

3. 本表工作内容中的磨边指施工现场磨边，后面章节工作内容中涉及的磨边含义同此。

三、橡塑面层

工程量清单项目设置及工程量计算规则，应按表 4-77 的规定执行。

表 4-77　橡塑面层（编码：011103）

项目编码	项目名称	项目特征	计量单位	工程量计算规则	工作内容
011103001	橡胶板楼地面	1. 黏结层厚度、材料种类 2. 面层材料品种、规格、颜色 3. 压线条种类	m²	按设计图示尺寸以面积计算。门洞、空圈、暖气包槽、壁龛的开口部分并入相应的工程量内	1. 基层清理 2. 面层铺贴 3. 压缝条装钉 4. 材料运输
011103002	橡胶板卷材楼地面				
011103003	塑料板楼地面				
011103004	塑料卷材楼地面				

注：本表项目中如涉及找平层，另按找平层项目编码列项。

四、其他材料面层

工程量清单项目设置及工程量计算规则，应按表4-78的规定执行。

表 4-78　其他材料面层（编码：011104）

项目编码	项目名称	项目特征	计量单位	工程量计算规则	工作内容
011104001	地毯楼地面	1. 面层材料品种、规格、颜色 2. 防护材料种类 3. 黏结材料种类 4. 压线条种类	m²	按设计图示尺寸以面积计算。门洞、空圈、暖气包槽、壁龛的开口部分并入相应的工程量内	1. 基层清理 2. 铺贴面层 3. 刷防护材料 4. 装钉压条 5. 材料运输
011104002	竹、木（复合）地板	1. 龙骨材料种类、规格、铺设间距 2. 基层材料种类、规格 3. 面层材料品种、规格、颜色 4. 防护材料种类			1. 基层清理 2. 龙骨铺设 3. 基层铺设 4. 面层铺贴 5. 刷防护材料 6. 材料运输
011104003	金属复合地板				
011104004	防静电活动地板	1. 支架高度、材料种类 2. 面层材料品种、规格、颜色 3. 防护材料种类			1. 基层清理 2. 固定支架安装 3. 活动面层安装 4. 刷防护材料 5. 材料运输

五、踢脚线

工程量清单项目设置及工程量计算规则，应按表4-79的规定执行。

表 4-79　踢脚线（编码：011105）

项目编码	项目名称	项目特征	计量单位	工程量计算规则	工作内容
011105001	水泥砂浆踢脚线	1. 踢脚线高度 2. 底层厚度、砂浆配合比 3. 面层厚度、砂浆配合比	1. m² 2. m	1. 以平方米计量，按设计图示长度乘高度以面积计算 2. 以米计量，按延长米计算	1. 基层清理 2. 底层和面层抹灰 3. 材料运输

项目编码	项目名称	项目特征	计量单位	工程量计算规则	工作内容
011105002	石材踢脚线	1. 踢脚线高度 2. 粘贴层厚度、材料种类 3. 面层材料品种、规格、颜色 4. 防护材料种类	1. m² 2. m	1. 以平方米计量,按设计图示长度乘高度以面积计算 2. 以米计量,按延长米计算	1. 基层清理 2. 底层抹灰 3. 面层铺贴、磨边 4. 擦缝 5. 磨光、酸洗、打蜡 6. 刷防护材料 7. 材料运输
011105003	块料踢脚线				
011105004	塑料板踢脚线	1. 踢脚线高度 2. 黏结层厚度、材料种类 3. 面层材料种类、规格、颜色			1. 基层清理 2. 基层铺贴 3. 面层铺贴 4. 材料运输
011105005	木质踢脚线	1. 踢脚线高度 2. 基层材料种类、规格 3. 面层材料品种、规格、颜色			
011105006	金属踢脚线				
011105007	防静电踢脚线				

注:石材、块料与粘接材料的结合面刷防渗材料的种类在防护材料种类中描述。

六、楼梯面层

工程量清单项目设置及工程量计算规则,应按表4-80的规定执行。

表4-80　楼梯面层(编码:011106)

项目编码	项目名称	项目特征	计量单位	工程量计算规则	工作内容
011106001	石材楼梯面层	1. 找平层厚度、砂浆配合比 2. 黏结层厚度、材料种类 3. 面层材料品种、规格、颜色 4. 防滑条材料种类、规格 5. 勾缝材料种类 6. 防护层材料种类 7. 酸洗、打蜡要求	m²	按设计图示尺寸以楼梯(包括踏步、休息平台及≤500mm的楼梯井)水平投影面积计算。楼梯与楼地面相连时,算至梯口梁内侧边沿;无梯口梁者,算至最上一层踏步边沿加300mm	1. 基层清理 2. 抹找平层 3. 面层铺贴、磨边 4. 贴嵌防滑条 5. 勾缝 6. 刷防护材料 7. 酸洗、打蜡 8. 材料运输
011106002	块料楼梯面层				
011106003	拼碎块料面层				

项目编码	项目名称	项目特征	计量单位	工程量计算规则	工作内容
011106004	水泥砂浆楼梯面层	1. 找平层厚度、砂浆配合比 2. 面层厚度、砂浆配合比 3. 防滑条材料种类、规格		按设计图示尺寸以楼梯(包括踏步、休息平台及≤500mm的楼梯井)水平投影面积计算。楼梯与楼地面相连时,算至梯口梁内侧边沿;无梯口梁者,算至最上一层踏步边沿加300mm	1. 基层清理 2. 抹找平层 3. 抹面层 4. 抹防滑条 5. 材料运输
011106005	现浇水磨石楼梯面层	1. 找平层厚度、砂浆配合比 2. 面层厚度、水泥石子浆配合比 3. 防滑条材料种类、规格 4. 石子种类、规格、颜色 5. 颜料种类、颜色 6. 磨光、酸洗打蜡要求	m²		1. 基层清理 2. 抹找平层 3. 抹面层 4. 贴嵌防滑条 5. 磨光、酸洗、打蜡 6. 材料运输
011106006	地毯楼梯面层	1. 基层种类 2. 面层材料品种、规格、颜色 3. 防护材料种类 4. 黏结材料种类 5. 固定配件材料种类、规格			1. 基层清理 2. 铺贴面层 3. 固定配件安装 4. 刷防护材料 5. 材料运输
011106007	木板楼梯面层	1. 基层材料种类、规格 2. 面层材料品种、规格、颜色 3. 黏结材料种类 4. 防护材料种类		按设计图示尺寸以楼梯(包括踏步、休息平台及≤500mm的楼梯井)水平投影面积计算。楼梯与楼地面相连时,算至梯口梁内侧边沿;无梯口梁者,算至最上一层踏步边沿加300mm	1. 基层清理 2. 基层铺贴 3. 面层铺贴 4. 刷防护材料 5. 材料运输
011106008	橡胶板楼梯面层	1. 黏结层厚度、材料种类 2. 面层材料品种、规格、颜色 3. 压线条种类			1. 基层清理 2. 面层铺贴 3. 压缝条装钉 4. 材料运输
011106009	塑料板楼梯面层				

注:1. 在描述碎石材项目的面层材料特征时可不用描述规格、颜色。

2. 石材、块料与粘接材料的结合面刷防渗材料的种类在防护材料种类中描述。

七、台阶装饰

工程量清单项目设置及工程量计算规则，应按表 4-81 的规定执行。

表 4-81　台阶装饰（编码：011107）

项目编码	项目名称	项目特征	计量单位	工程量计算规则	工作内容
011107001	石材台阶面	1. 找平层厚度、砂浆配合比 2. 黏结材料种类	m²	按设计图示尺寸以台阶（包括最上层踏步边沿 300mm）水平投影面积计算	1. 基层清理 2. 抹找平层 3. 面层铺贴 4. 贴嵌防滑条 5. 勾缝 6. 刷防护材料 7. 材料运输
011107002	块料台阶面	3. 面层材料品种、规格、颜色 4. 勾缝材料种类 5. 防滑条材料种类、规格 6. 防护材料种类			
011107003	拼碎块料台阶面				
011107004	水泥砂浆台阶面	1. 找平层厚度、砂浆配合比 2. 面层厚度、砂浆配合比 3. 防滑条材料种类			1. 基层清理 2. 抹找平层 3. 抹面层 4. 抹防滑条 5. 材料运输
011107005	现浇水磨石台阶面	1. 找平层厚度、砂浆配合比 2. 面层厚度、水泥石子浆配合比 3. 防滑条材料种类、规格 4. 石子种类、规格、颜色 5. 颜料种类、颜色 6. 磨光、酸洗、打蜡要求	m²	按设计图示尺寸以台阶（包括最上层踏步边沿 300mm）水平投影面积计算	1. 清理基层 2. 抹找平层 3. 抹面层 4. 贴嵌防滑条 5. 打磨、酸洗、打蜡 6. 材料运输
011107006	剁假石台阶面	1. 找平层厚度、砂浆配合比 2. 面层厚度、砂浆配合比 3. 剁假石要求			1. 清理基层 2. 抹找平层 3. 抹面层 4. 剁假石 5. 材料运输

注：1. 在描述碎石材项目的面层材料特征时可不用描述规格、颜色。

2. 石材、块料与粘接材料的结合面刷防渗材料的种类在防护材料种类中描述。

八、零星装饰项目

工程量清单项目设置及工程量计算规则，应按表 4-82 的规定执行。

表 4-82　零星装饰项目（编码：011108）

项目编码	项目名称	项目特征	计量单位	工程量计算规则	工作内容
011108001	石材零星项目	1. 工程部位 2. 找平层厚度、砂浆配合比	m²	按设计图示尺寸以面积计算	1. 清理基层 2. 抹找平层 3. 面层铺贴、磨边 4. 勾缝 5. 刷防护材料 6. 酸洗、打蜡 7. 材料运输
011108002	拼碎石材零星项目	3. 贴结合层厚度、材料种类 4. 面层材料品种、规格、颜色			
011108003	块料零星项目	5. 勾缝材料种类 6. 防护材料种类 7. 酸洗、打蜡要求			
011108004	水泥砂浆零星项目	1. 工程部位 2. 找平层厚度、砂浆配合比 3. 面层厚度、砂浆厚度	m²	按设计图示尺寸以面积计算	1. 清理基层 2. 抹找平层 3. 抹面层 4. 材料运输

注：1. 楼梯、台阶牵边和侧面镶贴块料面层，不大于 0.5m² 的少量分散的楼地面镶贴块料面层，应按本表执行。

2. 石材、块料与粘接材料的结合面刷防渗材料的种类在防护材料种类中描述。

例　题

【例 4-10】　某卫生间地面做法为：清理基层，刷素水泥浆，1：3 水泥砂浆粘贴马赛克面层，如图 4-8 所示，编制分部分项工程量清单计价表及综合单价计算表（墙厚为 240mm，门洞口宽度均为 900mm）。

【解】（1）清单工程量：

$(3.1-0.12 \times 2) \times (2.8-0.12 \times 2) \times 2 + (2.5-0.12 \times 2) \times (2.8 \times 2 - 0.12 \times 2) + 0.9 \times 0.24 \times 2 - 0.55 \times 0.55 = 26.89(m^2)$

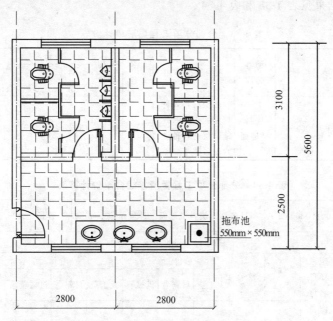

图 4-8 某卫生间地面铺贴

（2）消耗量定额工程量：26.89m²

计算清单项目每计量单位应包含的各项工程内容的工程数量：

26.89÷26.89＝1

（3）陶瓷锦砖楼地面：

人工费：11.48 元

材料费：21.03 元

机械费：0.15 元

（4）综合

直接费合计：32.66 元

管理费：32.66×34％＝11.10（元）

利润：32.66×8％＝2.61（元）

综合单价：46.37 元/m²

合价：46.37×26.89＝1246.89（元）

结果见表 4-83 和表 4-84。

表 4-83　分部分项工程量清单计价表

序号	项目编号	项目名称	项目特征描述	计算单位	工程数量	综合单价	合价	其中 直接费
						金额/元		
1	011102003001	块料楼地面	面层材料品种、规格:陶瓷锦砖;结合层材料种类:水泥砂浆 1:3	m²	26.89	46.37	1246.89	32.66

表 4-84　分部分项工程量清单综合单价计算表

项目编号	011102003001	项目名称	块料楼地面	计量单位	m²	工程量	26.89

清单综合单价组成明细

定额编号	定额项目名称	定额单位	数量	单价/元			合价/元			
				人工费	材料费	机械费	人工费	材料费	机械费	管理费和利润
一	陶瓷锦砖铺贴	m²	1.00	11.48	21.03	0.15	11.48	21.03	0.15	13.71
人工单价		小　计					11.48	21.03	0.15	13.71
40 元/工日		未计价材料费					—			
清单项目综合单价/(元/m²)							46.37			

第11节　墙、柱面装饰与隔断、幕墙工程

要　点

　　墙、柱面装饰与隔断、幕墙工程清单项目主要包括墙面抹灰、柱(梁)面抹灰、零星抹灰、墙面块料面层、柱(梁)面镶贴块料、镶贴零星块料、墙饰面、柱(梁)饰面、幕墙工程、隔断。本节主要介绍墙、柱面装饰与隔断、幕墙工程的清单工程量计算规则及其在实际工作中的应用。

解　释

一、墙面抹灰

工程量清单项目设置及工程量计算规则，应按表 4-85 的规定执行。

表 4-85　墙面抹灰（编码：011201）

项目编码	项目名称	项目特征	计量单位	工程量计算规则	工作内容
011201001	墙面一般抹灰	1. 墙体类型 2. 底层厚度、砂浆配合比		按设计图示尺寸以面积计算。扣除墙裙、门窗洞口及单个＞0.3m² 的孔洞面积，不扣除踢脚线、挂镜线和墙与构件交接处的面积，门窗洞口和孔洞的侧壁及顶面不增加面积。附墙柱、梁、垛、烟囱侧壁并入相应的墙面面积内	1. 基层清理 2. 砂浆制作、运输 3. 底层抹灰 4. 抹面层 5. 抹装饰面 6. 勾分格缝
011201002	墙面装饰抹灰	3. 面层厚度、砂浆配合比 4. 装饰面材料种类 5. 分格缝宽度、材料种类			
011201003	墙面勾缝	1. 勾缝类型 2. 勾缝材料种类	m²	1. 外墙抹灰面积按外墙垂直投影面积计算 2. 外墙裙抹灰面积按其长度乘以高度计算 3. 内墙抹灰面积按主墙间的净长乘以高度计算 （1）无墙裙的，高度按室内楼地面至天棚底面计算 （2）有墙裙的，高度按墙裙顶至天棚底面计算 （3）有吊顶天棚抹灰，高度算至天棚底 4. 内墙裙抹灰面按内墙净长乘以高度计算	1. 基层清理 2. 砂浆制作、运输 3. 勾缝
011201004	立面砂浆找平层	1. 基层类型 2. 找平层砂浆厚度、配合比			1. 基层清理 2. 砂浆制作、运输 3. 抹灰找平

　　注：1. 立面砂浆找平项目适用于仅做找平层的立面抹灰。

　　2. 墙面抹石灰砂浆、水泥砂浆、混合砂浆、聚合物水泥砂浆、麻刀石灰浆、石膏灰浆等按本表中墙面一般抹灰列项，墙面水刷石、斩假石、干粘石、假面砖等按本表中墙面装饰抹灰列项。

　　3. 飘窗凸出外墙面增加的抹灰并入外墙工程量内。

　　4. 有吊顶天棚的内墙面抹灰，抹至吊顶以上部分在综合单价中考虑。

二、柱（梁）面抹灰

工程量清单项目设置及工程量计算规则，应按表 4-86 的规定执行。

表 4-86　柱（梁）面抹灰（编码：011202）

项目编码	项目名称	项目特征	计量单位	工程量计算规则	工作内容
011202001	柱、梁面一般抹灰	1. 柱(梁)体类型 2. 底层厚度、砂浆配合比 3. 面层厚度、砂浆配合比 4. 装饰面材料种类 5. 分格缝宽度、材料种类	m^2	1. 柱面抹灰：按设计图示柱断面周长乘高度以面积计算 2. 梁面抹灰：按设计图示梁断面周长乘长度以面积计算	1. 基层清理 2. 砂浆制作、运输 3. 底层抹灰 4. 抹面层 5. 勾分格缝
011202002	柱、梁面装饰抹灰				
011202003	柱、梁面砂浆找平	1. 柱(梁)体类型 2. 找平的砂浆厚度、配合比			1. 基层清理 2. 砂浆制作、运输 3. 抹灰找平
011202004	柱、梁面勾缝	1. 勾缝类型 2. 勾缝材料种类		按设计图示柱断面周长乘高度以面积计算	1. 基层清理 2. 砂浆制作、运输 3. 勾缝

注：1. 砂浆找平项目适用于仅做找平层的柱（梁）面抹灰。

2. 柱（梁）面抹石灰砂浆、水泥砂浆、混合砂浆、聚合物水泥砂浆、麻刀石灰浆、石膏灰浆等按本表中柱（梁）面一般抹灰编码列项；柱（梁）面水刷石、斩假石、干粘石、假面砖等按本表中柱（梁）面装饰抹灰编码列项。

三、零星抹灰

工程量清单项目设置及工程量计算规则，应按表 4-87 的规定执行。

表 4-87　零星抹灰（编码：011203）

项目编码	项目名称	项目特征	计量单位	工程量计算规则	工作内容
011203001	零星项目一般抹灰	1. 基层类型、部位 2. 底层厚度、砂浆配合比 3. 面层厚度、砂浆配合比 4. 装饰面材料种类 5. 分格缝宽度、材料种类	m^2	按设计图示尺寸以面积计算	1. 基层清理 2. 砂浆制作、运输 3. 底层抹灰 4. 抹面层 5. 抹装饰面 6. 勾分格缝
011203002	零星项目装饰抹灰				

项目编码	项目名称	项目特征	计量单位	工程量计算规则	工作内容
011203003	零星项目砂浆找平	1. 基层类型、部位 2. 找平的砂浆厚度、配合比	m²	按设计图示尺寸以面积计算	1. 基层清理 2. 砂浆制作、运输 3. 抹灰找平

注：1. 零星项目抹石灰砂浆、水泥砂浆、混合砂浆、聚合物水泥砂浆、麻刀石灰浆、石膏灰浆等按本表中零星项目一般抹灰编码列项，水刷石、斩假石、干粘石、假面砖等按本表中零星项目装饰抹灰编码列项。

2. 墙、柱（梁）面≤0.5 m²的少量分散的抹灰按本表中零星抹灰项目编码列项。

四、墙面块料面层

工程量清单项目设置及工程量计算规则，应按表 4-88 的规定执行。

表 4-88　墙面块料面层（编码：011204）

项目编码	项目名称	项目特征	计量单位	工程量计算规则	工作内容
011204001	石材墙面	1. 墙体类型 2. 安装方式 3. 面层材料品种、规格、颜色 4. 缝宽、嵌缝材料种类 5. 防护材料种类 6. 磨光、酸洗、打蜡要求	m²	按镶贴表面积计算	1. 基层清理 2. 砂浆制作、运输 3. 黏结层铺贴 4. 面层安装 5. 嵌缝 6. 刷防护材料 7. 磨光、酸洗、打蜡
011204002	拼碎石材墙面				
011204003	块料墙面				
011204004	干挂石材钢骨架	1. 骨架种类、规格 2. 防锈漆品种遍数	t	按设计图示以质量计算	1. 骨架制作、运输、安装 2. 刷漆

注：1. 在描述碎块项目的面层材料特征时可不用描述规格、颜色。

2. 石材、块料与粘接材料的结合面刷防渗材料的种类在防护层材料种类中描述。

3. 安装方式可描述为砂浆或粘接剂粘贴、挂贴、干挂等，不论哪种安装方式，都要详细描述与组价相关的内容。

五、柱（梁）面镶贴块料

工程量清单项目设置及工程量计算规则，应按表 4-89 的规定执行。

表 4-89　柱（梁）面镶贴块料（编码：011205）

项目编码	项目名称	项目特征	计量单位	工程量计算规则	工作内容
011205001	石材柱面	1. 柱截面类型、尺寸 2. 安装方式	m²	按镶贴表面积计	1. 基层清理 2. 砂浆制作、运输 3. 黏结层铺贴 4. 面层安装 5. 嵌缝 6. 刷防护材料 7. 磨光、酸洗、打蜡
011205002	块料柱面	3. 面层材料品种、规格、颜色			
011205003	拼碎块柱面	4. 缝宽、嵌缝材料种类 5. 防护材料种类 6. 磨光、酸洗、打蜡要求			
011205004	石材梁面	1. 安装方式 2. 面层材料品种、规格、颜色			
011205005	块料梁面	3. 缝宽、嵌缝材料种类 4. 防护材料种类 5. 磨光、酸洗、打蜡要求			

注：1. 在描述碎块项目的面层材料特征时可不用描述规格、颜色。

2. 石材、块料与粘接材料的结合面刷防渗材料的种类在防护层材料种类中描述。

3. 柱梁面干挂石材的钢骨架按墙面块料面层相应项目编码列项。

六、镶贴零星块料

工程量清单项目设置及工程量计算规则，应按表 4-90 的规定执行。

表 4-90　镶贴零星块料（编码：011206）

项目编码	项目名称	项目特征	计量单位	工程量计算规则	工作内容
011206001	石材零星项目	1. 基层类型、部位 2. 安装方式	m²	按镶贴表面积计算	1. 基层清理 2. 砂浆制作、运输 3. 面层安装 4. 嵌缝 5. 刷防护材料 6. 磨光、酸洗打蜡
011206002	块料零星项目	3. 面层材料品种、规格、颜色			
011206003	拼碎块零星项目	4. 缝宽、嵌缝材料种类 5. 防护材料种类 6. 磨光、酸洗、打蜡要求			

注：1. 在描述碎块项目的面层材料特征时可不用描述规格、颜色。

2. 石材、块料与粘接材料的结合面刷防渗材料的种类在防护材料种类中描述。

3. 零星项目干挂石材的钢骨架按墙面块料面层相应项目编码列项。

4. 墙柱面≤0.5m²的少量分散的镶贴块料面层按本表零星项目执行。

七、墙饰面

工程量清单项目设置及工程量计算规则，应按表 4-91 的规定执行。

表 4-91 墙饰面（编码：011207）

项目编码	项目名称	项目特征	计量单位	工程量计算规则	工作内容
011207001	墙面装饰板	1. 龙骨材料种类、规格中距 2. 隔离层材料种类、规格 3. 基层材料类、规格 4. 面层材料品种、规格、颜色 5. 压条材料种类、规格	m²	按设计图示墙净长乘净高以面积计算。扣除门窗洞口及单个>0.3m²的孔洞所占面积	1. 基层清理 2. 龙骨制作、运输、安装 3. 钉隔离层 4. 基层铺钉 5. 面层铺贴
011207002	墙面装饰浮雕	1. 基层类型 2. 浮雕材料种类 3. 浮雕样式		按设计图示尺寸以面积计算	1. 基层清理 2. 材料制作、运输 3. 安装成型

八、柱（梁）饰面

工程量清单项目设置及工程量计算规则，应按表 4-92 的规定执行。

表 4-92 柱（梁）饰面（编码：011208）

项目编码	项目名称	项目特征	计量单位	工程量计算规则	工作内容
011208001	柱（梁）面装饰	1. 龙骨材料种类、规格、中距 2. 隔离层材料种类 3. 基层材料种类、规格 4. 面层材料品种、规格、颜色 5. 压条材料种类、规格	m²	按设计图示饰面外围尺寸以面积计算。柱帽、柱墩并入相应柱饰面工程量内	1. 清理基层 2. 龙骨制作、运输、安装 3. 钉隔离层 4. 基层铺钉 5. 面层铺贴
011208002	成品装饰柱	1. 柱截面、高度尺寸 2. 柱材质	1. 根 2. m	1. 以根计量，按设计数量计算 2. 以米计量，按设计长度计算	柱运输、固定、安装

九、幕墙工程

工程量清单项目设置及工程量计算规则，应按表 4-93 的规定执行。

表 4-93　幕墙工程（编码：011209）

项目编码	项目名称	项目特征	计量单位	工程量计算规则	工作内容
011209001	带骨架幕墙	1. 骨架材料种类、规格、中距 2. 面层材料品种、规格、颜色 3. 面层固定方式 4. 隔离带、框边封闭材料品种、规格 5. 嵌缝、塞口材料种类	m²	按设计图示框外围尺寸以面积计算。与幕墙同种材质的窗所占面积不扣除	1. 骨架制作、运输、安装 2. 面层安装 3. 隔离带、框边封闭 4. 嵌缝、塞口 5. 清洗
011209002	全玻（无框玻璃）幕墙	1. 玻璃品种、规格、颜色 2. 黏结塞口材料种类 3. 固定方式		按设计图示尺寸以面积计算。带肋全玻幕墙按展开面积计算	1. 幕墙安装 2. 嵌缝、塞口 3. 清洗

注：幕墙钢骨架按干挂石材钢骨架编码列项。

十、隔断

工程量清单项目设置及工程量计算规则，应按表 4-94 的规定执行。

表 4-94　隔断（编码：011210）

项目编码	项目名称	项目特征	计量单位	工程量计算规则	工作内容
011210001	木隔断	1. 骨架、边框材料种类、规格 2. 隔板材料品种、规格、颜色 3. 嵌缝、塞口材料品种 4. 压条材料种类	m²	按设计图示框外围尺寸以面积计算。不扣除单个≤0.3m²的孔洞所占面积；浴厕门的材质与隔断相同时，门的面积并入隔断面积内	1. 骨架及边框制作、运输、安装 2. 隔板制作、运输、安装 3. 嵌缝、塞口 4. 装钉压条
011210002	金属隔断	1. 骨架、边框材料种类、规格 2. 隔板材料品种、规格、颜色 3. 嵌缝、塞口材料种类			1. 骨架及边框制作、运输、安装 2. 隔板制作、运输、安装 3. 嵌缝、塞口

项目编码	项目名称	项目特征	计量单位	工程量计算规则	工作内容
011210003	玻璃隔断	1. 边框材料种类、规格 2. 玻璃品种、规格、颜色 3. 嵌缝、塞口材料品种	m²	按设计图示框外围尺寸以面积计算。不扣除单个≤0.3m²的孔洞所占面积	1. 边框制作、运输、安装 2. 玻璃制作、运输、安装 3. 嵌缝、塞口
011210004	塑料隔断	1. 边框材料种类、规格 2. 隔板材料品种、规格、颜色 3. 嵌缝、塞口材料品种			1. 骨架及边框制作、运输、安装 2. 隔板制作、运输、安装 3. 嵌缝、塞口
011210005	成品隔断	1. 隔断材料品种、规格、颜色 2. 配件品种、规格	1. m² 2. 间	1. 以立方米计算,按设计图示框外围尺寸以面积计算 2. 以间计算,按设计间的数量计算	1. 隔断运输、安装 2. 嵌缝、塞口
011210006	其他隔断	1. 骨架、边框材料种类、规格 2. 隔板材料品种、规格、颜色 3. 嵌缝、塞口材料品种	m²	按设计图示框外围尺寸以面积计算。不扣除单个≤0.3m²的孔洞所占面积	1. 骨架及边框安装 2. 隔板安装 3. 嵌缝、塞口

例　题

【例 4-11】　某室外 4 个直径为 1.2m 的圆柱,高度为 3.8m,设计为斩假石柱面,如图 4-9 所示,编制分部分项工程量清单计价表及综合单价计算表。

【解】(1) 清单工程量计算:3.14×1.2×3.8×4=57.27(m²)

(2) 消耗量定额工程量:57.27m²

计算清单项目每计量单位应包含的各项工程内容的工程数量:

263

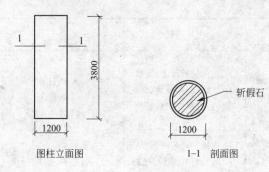

图柱立面图   1-1 剖面图

图 4-9 某室外圆柱

$57.27 \div 57.27 = 1$

（3）柱面装饰抹灰：

人工费：28.03 元

材料费：7.32 元

机械费：0.25 元

（4）综合

直接费合计：35.6 元

管理费：$35.6 \times 34\% = 12.10$（元）

利润：$35.6 \times 8\% = 2.85$（元）

综合单价：50.55 元/m²

合计：$50.55 \times 57.27 = 2895.00$（元）

结果见表 4-95 和表 4-96。

表 4-95   分部分项工程量清单计价表

序号	项目编号	项目名称	项目特征描述	计算单位	工程数量	综合单价	合价	其中直接费
1	011202002001	柱面装饰抹灰	柱体类型:砖混凝土柱体;材料种类,配合比,厚度:水泥砂浆,1∶3,厚 12mm;水泥白石子浆,1∶1.5,厚 10mm	m²	57.27	50.55	2895.00	35.6

表 4-96　分部分项工程量清单综合单价计算表

项目编号	011202002001		项目名称	柱面装饰抹灰	计量单位	m²	工程量	57.27
清单综合单价组成明细								
定额编号	定额项目名称	定额单位	数量	单价/元			合价/元			

定额编号	定额项目名称	定额单位	数量	人工费	材料费	机械费	人工费	材料费	机械费	管理费和利润
—	柱面装饰抹灰	m²	1.00	28.03	7.32	0.25	28.03	7.32	0.25	14.95
人工单价		小　计					28.03	7.32	0.25	14.95
40元/工日		未计价材料费					—			
清单项目综合单价/(元/m²)							50.55			

第 12 节　天棚工程

要　点

　　天棚工程清单项目主要包括天棚抹灰、天棚吊顶、采光天棚、天棚其他装饰。本节主要介绍天棚工程的清单工程量计算规则及其在实际工作中的应用。

解　释

一、天棚抹灰

　　工程量清单项目设置及工程量计算规则，应按表 4-97 的规定执行。

表 4-97　天棚抹灰（编码：011301）

项目编码	项目名称	项目特征	计量单位	工程量计算规则	工作内容
011301001	天棚抹灰	1. 基层类型 2. 抹灰厚度、材料种类 3. 砂浆配合比	m²	按设计图示尺寸以水平投影面积计算。不扣除间壁墙、垛、柱、附墙烟囱、检查口和管道所占的面积，带梁天棚、梁两侧抹灰面积并入天棚面积内，板式楼梯底面抹灰按斜面积计算，锯齿形楼梯底板抹灰按展开面积计算	1. 基层清理 2. 底层抹灰 3. 抹面层

265

二、天棚吊顶

工程量清单项目设置及工程量计算规则，应按表4-98的规定执行。

表 4-98 　天棚吊顶（编码：011302）

项目编码	项目名称	项目特征	计量单位	工程量计算规则	工作内容
011302001	吊顶天棚	1. 吊顶形式、吊杆规格、高度 2. 龙骨材料种类、规格、中距 3. 基层材料种类、规格 4. 面层材料品种、规格 5. 压条材料种类、规格 6. 嵌缝材料种类 7. 防护材料种类	m²	按设计图示尺寸以水平投影面积计算。天棚面中的灯槽及跌级、锯齿形、吊挂式、藻井式天棚面积不展开计算。不扣除间壁墙、检查口、附墙烟囱、柱垛和管道所占面积，扣除单个＞0.3m²的孔洞、独立柱及与天棚相连的窗帘盒所占的面积	1. 基层清理、吊杆安装 2. 龙骨安装 3. 基层板铺贴 4. 面层铺贴 5. 嵌缝 6. 刷防护材料
011302002	格栅吊顶	1. 龙骨材料种类、规格、中距 2. 基层材料种类、规格 3. 面层材料品种、规格、 4. 防护材料种类		按设计图示尺寸以水平投影面积计算	1. 基层清理 2. 安装龙骨 3. 基层板铺贴 4. 面层铺贴 5. 刷防护材料
011302003	吊筒吊顶	1. 吊筒形状、规格 2. 吊筒材料种类 3. 防护材料种类			1. 基层清理 2. 吊筒制作安装 3. 刷防护材料
011302004	藤条造型悬挂吊顶	1. 骨架材料种类、规格 2. 面层材料品种、规格			1. 基层清理 2. 龙骨安装 3. 铺贴面层
011302005	织物软雕吊顶				
011302006	装饰网架吊顶	网架材料品种、规格			1. 基层清理 2. 网架制作安装

三、采光天棚

工程量清单项目设置及工程量计算规则，应按表 4-99 的规定执行。

表 4-99　采光天棚（编码：011303）

项目编码	项目名称	项目特征	计量单位	工程量计算规则	工作内容
011303001	采光天棚	1. 骨架类型 2. 固定类型、固定材料品种、规格 3. 面层材料品种、规格 4. 嵌缝、塞口材料种类	m²	按框外围展开面积计	1. 清理基层 2. 面层制作、安装 3. 嵌缝、塞口 4. 清洗

四、天棚其他装饰

工程量清单项目设置及工程量计算规则，应按表 4-100 的规定执行。

表 4-100　天棚其他装饰（编码：011304）

项目编码	项目名称	项目特征	计量单位	工程量计算规则	工作内容
011304001	灯带（槽）	1. 灯带型式、尺寸 2. 格栅片材料品种、规格 3. 安装固定方式	m²	按设计图示尺寸以框外围面积计算	安装、固定
011304002	送风口、回风口	1. 风口材料品种、规格、 2. 安装固定方式 3. 防护材料种类	个	按设计图示数量计算	1. 安装、固定 2. 刷防护材料

例　题

【例 4-12】　某公司会议中心吊顶平面布置图如图 4-10 所示，编制其分部分项工程量清单、综合单价及合价表。

【解】（1）清单工程量计算：$17.8 \times 10 = 178(m^2)$

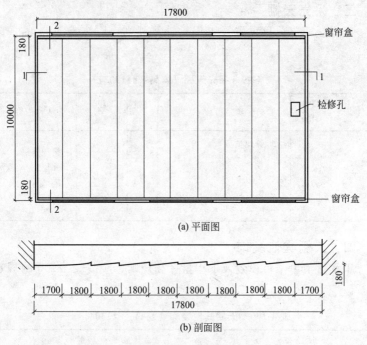

(a) 平面图

(b) 剖面图

图 4-10　某会议中心吊顶平面布置图

（2）消耗量定额工程量：

① 工程量计算：

轻钢龙骨：178m²

三合板：$(1.7 \times 2 + \sqrt{1.8^2 + 0.18^2 + \times 8}) \times (10 - 0.18 \times 1.8) + 0.18 \times 1.8 \times 17.8 = 56.76(\text{m}^2)$

石膏板：天棚装饰面层应扣除与天棚相连的窗帘盒所占的面积。

$(1.7 \times 2 + \sqrt{1.8^2 + 0.18^2 + \times 8}) \times (10 - 0.18 \times 1.8) = 50.99 (\text{m}^2)$

乳胶漆：50.99m²

基层板刷防火涂料：56.76m²

② 计算清单项目每计量单位应包含的各项工程内容的工程数量：

轻钢龙骨：178÷178＝1

三合板：56.76÷178＝0.32

石膏板：50.99÷178＝0.29

乳胶漆：50.99÷178＝0.29

基层板刷防火涂料：56.76÷178＝0.32

（3）轻钢龙骨：

① 人工费：11.5 元

② 材料费：43.31 元

③ 机械费：0.12 元

（4）三合板基层：

① 人工费：6.83 元

② 材料费：15.66 元

（5）石膏板面层：

① 人工费：8.8 元

② 材料费：28.5 元

（6）刷乳胶漆：

① 人工费：2.98 元

② 材料费：5.89 元

（7）基层板刷防火涂料：

① 人工费：2.27 元

② 材料费：3.75 元

（8）综合

直接费合计：129.61 元

管理费：129.61×34%＝44.07（元）

利润：129.61×8%＝10.37（元）

综合单价：184.05 元/m²

合计：184.05×178＝32760.9（元）

结果见表 4-101 和表 4-102。

表 4-101　分部分项工程量清单计价表

序号	项目编号	项目名称	项目特征描述	计算单位	工程数量	综合单价	合价	其中直接费
1	011302001001	吊顶天棚	吊顶形式:艺术造型天棚;龙骨材料类型、中距:锯齿直线型轻钢龙骨;基层材料:三合板;面层材料:石膏板刷乳胶漆;防护:基层板刷防火涂料两遍	m²	178	184.05	32760.9	129.61

表 4-102　分部分项工程量清单综合单价计算表

项目编号	011302001001	项目名称	吊顶天棚	计量单位	m²	工程量	178

清单综合单价组成明细

定额编号	定额项目名称	定额单位	数量	单价/元			合价/元			
				人工费	材料费	机械费	人工费	材料费	机械费	管理费和利润
—	吊件加工安装龙骨	m²	1.00	11.5	43.31	0.12	11.5	43.31	0.12	23.07
—	安装三合板基层	m²	0.32	21.34	48.94	—	6.83	15.66	—	9.45
—	安装石膏板面层	m²	0.29	30.34	98.28	—	8.8	28.5	—	15.66
—	刷乳胶漆	m²	0.29	10.28	20.31	—	2.98	5.89	—	3.73
—	基层板刷防火涂料	m²	0.32	7.09	11.72	—	2.27	3.75	—	2.53
人工单价		小　计					32.38	97.11	0.12	54.44
40元/工日		未计价材料费					—			
清单项目综合单价/(元/m²)							184.05			

第13节　油漆、涂料、裱糊工程

油漆、涂料、裱糊工程清单项目主要包括门油漆，窗油漆，木扶手及其他板条、线条油漆，木材面油漆，金属面油漆，抹灰面油漆，喷刷涂料，裱糊。本节主要介绍油漆、涂料、裱糊工程的清单工程量计算规则及其在实际工作中的应用。

解　释

一、门油漆

工程量清单项目设置及工程量计算规则，应按表4-103的规定执行。

表4-103　门油漆（编码：011401）

项目编码	项目名称	项目特征	计量单位	工程量计算规则	工作内容
011401001	木门油漆	1. 门类型 2. 门代号及洞口尺寸 3. 腻子种类 4. 刮腻子遍数 5. 防护材料种类 6. 油漆品种、刷漆遍数	1. 樘 2. m²	1. 以樘计量，按设计图示数量计量 2. 以平方米计量，按设计图示洞口尺寸以面积计算	1. 基层清理 2. 刮腻子 3. 刷防护材料、油漆
011401002	金属门油漆				1. 除锈、基层清理 2. 刮腻子 3. 刷防护材料、油漆

注：1. 木门油漆应区分木大门、单层木门、双层（一玻一纱）木门、双层（单裁口）木门、全玻自由门、半玻自由门、装饰门及有框门或无框门等项目，分别编码列项。

2. 金属门油漆应区分平开门、推拉门、钢制防火门等项目，分别编码列项。

3. 以平方米计量，项目特征可不必描述洞口尺寸。

二、窗油漆

工程量清单项目设置及工程量计算规则，应按表 4-104 的规定执行。

表 4-104　窗油漆（编码：011402）

项目编码	项目名称	项目特征	计量单位	工程量计算规则	工作内容
011402001	木窗油漆	1. 窗类型 2. 窗代号及洞口尺寸 3. 腻子种类 4. 刮腻子遍数 5. 防护材料种类 6. 油漆品种、刷漆遍数	1. 樘 2. m²	1. 以樘计量，按设计图示数量计量 2. 以平方米计量，按设计图示洞口尺寸以面积计算	1. 基层清理 2. 刮腻子 3. 刷防护材料、油漆
011402002	金属窗油漆				1. 除锈、基层清理 2. 刮腻子 3. 刷防护材料、油漆

注：1. 木窗油漆应区分单层木门、双层（一玻一纱）木窗、双层框扇（单裁口）木窗、双层框三层（二玻一纱）木窗、单层组合窗、双层组合窗、木百叶窗、木推拉窗等项目，分别编码列项。

2. 金属窗油漆应区分平开窗、推拉窗、固定窗、组合窗、金属隔栅窗等项目，分别编码列项。

3. 以平方米计量，项目特征可不必描述洞口尺寸。

三、木扶手及其他板条、线条油漆

工程量清单项目设置及工程量计算规则，应按表 4-105 的规定执行。

表 4-105　木扶手及其他板条、线条油漆（编码：011403）

项目编码	项目名称	项目特征	计量单位	工程量计算规则	工作内容
011403001	木扶手油漆	1. 断面尺寸 2. 腻子种类 3. 刮腻子遍数 4. 防护材料种类 5. 油漆品种、刷漆遍数	m	按设计图示尺寸以长度计算	1. 基层清理 2. 刮腻子 3. 刷防护材料、油漆
011403002	窗帘盒油漆				
011403003	封檐板、顺水板油漆				
011403004	挂衣板、黑板框油漆				
011403005	挂镜线、窗帘棍、单独木线油漆				

注：木扶手应区分带托板与不带托板，分别编码列项，若是木栏杆带扶手，木扶手不应单独列项，应包含在木栏杆油漆中。

四、木材面油漆

工程量清单项目设置及工程量计算规则，应按表4-106的规定执行。

表 4-106 木材面油漆（编码：011404）

项目编码	项目名称	项目特征	计量单位	工程量计算规则	工作内容
011404001	木护墙、木墙裙油漆	1. 腻子种类 2. 刮腻子遍数 3. 防护材料种类 4. 油漆品种、刷漆遍数	m²	按设计图示尺寸以面积计算	1. 基层清理 2. 刮腻子 3. 刷防护材料、油漆
011404002	窗台板、筒子板、盖板、门窗套、踢脚线油漆				
011404003	清水板条天棚、檐口油漆				
011404004	木方格吊顶天棚油漆				
011404005	吸音板墙面、天棚面油漆				
011404006	暖气罩油漆				
011404007	其他木材面			按设计图示尺寸以单面外围面积计算	
011404008	木间壁、木隔断油漆				
011404009	玻璃间壁露明墙筋油漆				
011404010	木栅栏、木栏杆（带扶手）油漆				
011404011	衣柜、壁柜油漆			按设计图示尺寸以油漆部分展开面积计算	
011404012	梁柱饰面油漆				
011404013	零星木装修油漆				
011404014	木地板油漆			按设计图示尺寸以面积计算。空洞、空圈、暖气包槽、壁龛的开口部分并入相应的工程量内	
011404015	木地板烫硬蜡面	1. 硬蜡品种 2. 面层处理要求			1. 基层清理 2. 烫蜡

五、金属面油漆

工程量清单项目设置及工程量计算规则，应按表4-107的规定执行。

表 4-107　金属面油漆（编码：011405）

项目编码	项目名称	项目特征	计量单位	工程量计算规则	工作内容
011405001	金属面油漆	1. 构件名称 2. 腻子种类 3. 刮腻子要求 4. 防护材料种类 5. 油漆品种、刷漆遍数	1. t 2. m²	1. 以吨计量，按设计图示尺寸以质量计算 2. 以平方米计量，按设计展开面积计算	1. 基层清理 2. 刮腻子 3. 刷防护材料、油漆

六、抹灰面油漆

工程量清单项目设置及工程量计算规则，应按表 4-108 的规定执行。

表 4-108　抹灰面油漆（编码：011406）

项目编码	项目名称	项目特征	计量单位	工程量计算规则	工作内容
011406001	抹灰面油漆	1. 基层类型 2. 腻子种类 3. 刮腻子遍数 4. 防护材料种类 5. 油漆品种、刷漆遍数 6. 部位	m²	按设计图示尺寸以面积计算	1. 基层清理 2. 刮腻子 3. 刷防护材料、油漆
011406002	抹灰线条油漆	1. 线条宽度、道数 2. 腻子种类 3. 刮腻子遍数 4. 防护材料种类 5. 油漆品种、刷漆遍数	m	按设计图示尺寸以长度计算	
011406003	满刮腻子	1. 基层类型 2. 腻子种类 3. 刮腻子遍数	m²	按设计图示尺寸以面积计算	1. 基层清理 2. 刮腻子

七、喷刷涂料

工程量清单项目设置及工程量计算规则，应按表 4-109 的规定执行。

表 4-109　喷刷涂料（编码：011407）

项目编码	项目名称	项目特征	计量单位	工程量计算规则	工作内容
011407001	墙面喷刷涂料	1. 基层类型 2. 喷刷涂料部位 3. 腻子种类 4. 刮腻子要求 5. 涂料品种、喷刷遍数	m²	按设计图示尺寸以面积计算	1. 基层清理 2. 刮腻子 3. 刷、喷涂料
011407002	天棚喷刷涂料				
011407003	空花格、栏杆刷涂料	1. 腻子种类 2. 刮腻子遍数 3. 涂料品种、刷喷遍数		按设计图示尺寸以单面外围面积计算	
011407004	线条刷涂料	1. 基层清理 2. 线条宽度 3. 刮腻子遍数 4. 刷防护材料、油漆	m	按设计图示尺寸以长度计算	
011407005	金属构件刷防火涂料	1. 喷刷防火涂料构件名称 2. 防火等级要求 3. 涂料品种、喷刷遍数	1. m² 2. t	1. 以吨计量，按设计图示尺寸以质量计算 2. 以平方米计量，按设计展开面积计算	1. 基层清理 2. 刷防护材料、油漆
011407006	木材构件喷刷防火涂料		m²	以平方米计量，按设计图示尺寸以面积计算	1. 基层清理 2. 刷防火材料

注：喷刷墙面涂料部位要注明内墙或外墙。

八、裱糊

工程量清单项目设置及工程量计算规则，应按表 4-110 的规定执行。

表 4-110　裱糊（编码：011408）

项目编码	项目名称	项目特征	计量单位	工程量计算规则	工作内容
011408001	墙纸裱糊	1. 基层类型 2. 裱糊部位 3. 腻子种类 4. 刮腻子遍数 5. 黏结材料种类 6. 防护材料种类 7. 面层材料品种、规格、颜色	m²	按设计图示尺寸以面积计算	1. 基层清理 2. 刮腻子 3. 面层铺粘 4. 刷防护材料
011408002	织锦缎裱糊				

【例 4-13】　某工程一单层木窗长 1.5m，宽 1.5m，共 56 樘，润油粉，刮一遍腻子，调合漆三遍，磁漆一遍。请编制工程量清单计价表及综合单价计算表。

【解】

1. 工程量计算规则

依据《全国统一建筑装饰装修工程消耗量定额》套用定额，进行计算。

2. 分部分项工程量清单与计价表

(1) 清单工程量计算：56 樘

(2) 单层木窗涂润油粉，刮一遍腻子，一遍调合漆，二遍磁漆，其工程量为：$1.5 \times 1.5 \times 56 = 126$（m^2）

(3) 费用计算。

① 单层以木窗涂润油粉：

人工费：$126 \times 12.32 \div 1 = 1552.32$（元）

材料费：$126 \times 10.71 \div 1 = 1349.46$（元）

机械费：$126 \times 0.7 \div 1 = 88.2$（元）

合价：2989.98 元

② 单层木窗增加两遍调合漆：

人工费：$126 \times 1.61 \times 2 \div 1 = 405.72$（元）

材料费：$126 \times 2.66 \times 2 \div 1 = 670.32$（元）

机械费：$126 \times 0.13 \times 2 \div 1 = 32.76$（元）

合价：1108.8 元

③ 单层木窗减少一遍磁漆：

人工费：$126 \times 2.15 \div 1 = 270.9$（元）

材料费：$126 \times 3.02 \div 1 = 380.52$（元）

机械费：$126 \times 0.16 \div 1 = 20.16$（元）

合价：671.58 元

④ 综合

直接费：3427.2 元

管理费：3427.2×35％＝1199.52（元）

利润：3427.2×5％＝171.36（元）

合价：3427.2＋1199.52＋171.36＝4798.08（元）

综合单价：4798.08÷56＝85.68（元）

（4）分部分项工程量清单与计价表（见表 4-111）。

表 4-111　分部分项工程量清单与计价表

工程名称：××工程

序号	项目编号	项目名称	项目特征描述	计量单位	工程数量	金额/元		
						综合单价	合价	基中直接费
1	011402001001	木窗油漆	窗类型：单层推拉窗；刮一遍腻子；润油粉；调合漆三遍；磁漆一遍。	樘	56	85.68	4798.08	3427.2

3. 分部分项工程量清单综合单价分析表（见表 4-112）

表 4-112　分部分项工程量清单综合单价分析表

工程名称：××工程

项目编号	011402001001	项目名称	木窗油漆	计量单位	樘	工程量	56

清单综合单价组成明细

定额编号	定额项目名称	定额单位	数量	单价/元			合价/元			
				人工费	材料费	机械费	人工费	材料费	机械费	管理费和利润
11-61	单层木窗涂润油粉，刮一遍腻子，一遍调合漆，二遍磁漆	m²	1	12.32	10.71	0.7	1552.32	1349.46	88.2	1195.99
11-154	单层木窗增加两遍调合漆	m²	1	1.61	2.66	0.13	405.72	670.32	32.76	443.52
11-176	单层木窗减少一遍磁漆	m²	1	2.15	3.02	0.16	270.9	380.52	20.16	268.63
人工单价			小计				2228.94	2400.3	141.12	1908.14
40 元/工日			未计价材料费				—			
清单项目综合单价/(元/樘)							85.68			

第14节　其他装饰工程

要　点

其他装饰工程清单项目主要包括柜类、货架，压条、装饰线，扶手、栏杆、栏板装饰，暖气罩，浴厕配件，雨篷、旗杆，招牌、灯箱，美术字。本节主要介绍其他装饰工程的清单工程量计算规则及其在实际工作中的应用。

解　释

一、柜类、货架

工程量清单项目设置及工程量计算规则，应按表4-113的规定执行。

表4-113　柜类、货架（编码：011501）

项目编码	项目名称	项目特征	计量单位	工程量计算规则	工作内容
011501001	柜台				
011501002	酒柜				
011501003	衣柜				
011501004	存包柜				
011501005	鞋柜				
011501006	书柜	1. 台柜规格 2. 材料种类、规格 3. 五金种类、规格 4. 防护材料种类 5. 油漆品种、刷漆遍数	1. 个 2. m 3. m³	1. 以个计量，按设计图示数量计量 2. 以米计量，按设计图示尺寸以延长米计算 3. 以立方米计量，按设计图示尺寸以体积计算	1. 台柜制作、运输、安装（安放） 2. 刷防护材料、油漆 3. 五金件安装
011501007	厨房壁柜				
011501008	木壁柜				
011501009	厨房低柜				
011501010	厨房吊柜				
011501011	矮柜				
011501012	吧台背柜				
011501013	酒吧吊柜				
011501014	酒吧台				
011501015	展台				
011501016	收银台				
011501017	试衣间				
011501018	货架				
011501019	书架				
011501020	服务台				

二、压条、装饰线

工程量清单项目设置及工程量计算规则，应按表 4-114 的规定执行。

表 4-114 压条、装饰线（编码：011502）

项目编码	项目名称	项目特征	计量单位	工程量计算规则	工作内容
011502001	金属装饰线	1. 基层类型 2. 线条材料品种、规格、颜色 3. 防护材料种类	m	按设计图示尺寸以长度计算	1. 线条制作、安装 2. 刷防护材料
011502002	木质装饰线				
011502003	石材装饰线				
011502004	石膏装饰线				
011502005	镜面玻璃线	1. 基层类型 2. 线条材料品种、规格、颜色 3. 防护材料种类			
011502006	铝塑装饰线				
011502007	塑料装饰线				
011502008	GRC 装饰线条	1. 基层类型 2. 线条规格 3. 线条安装部位 4. 填充材料种类			线条制作、安装

三、扶手、栏杆、栏板装饰

工程量清单项目设置及工程量计算规则，应按表 4-115 的规定执行。

表 4-115 扶手、栏杆、栏板装饰（编码：011503）

项目编码	项目名称	项目特征	计量单位	工程量计算规则	工作内容
011503001	金属扶手、栏杆、栏板	1. 扶手材料种类、规格 2. 栏杆材料种类、规格 3. 栏板材料种类、规格、颜色 4. 固定配件种类 5. 防护材料种类	m	按设计图示以扶手中心线长度（包括弯头长度）计算	1. 制作 2. 运输 3. 安装 4. 刷防护材料
011503002	硬木扶手、栏杆、栏板				
011503003	塑料扶手、栏杆、栏板				
011503004	GRC 栏杆、扶手	1. 栏杆的规格 2. 安装间距 3. 扶手类型规格 4. 填充材料种类			
011503005	金属靠墙扶手	1. 扶手材料种类、规格 2. 固定配件种类 3. 防护材料种类			
011503006	硬木靠墙扶手				
011503007	塑料靠墙扶手				
011503008	玻璃栏板	1. 栏杆玻璃的种类、规格颜色、 2. 固定方式 3. 固定配件种类			

四、暖气罩

工程量清单项目设置及工程量计算规则，应按表 4-116 的规定执行。

表 4-116　暖气罩（编码：011504）

项目编码	项目名称	项目特征	计量单位	工程量计算规则	工作内容
011504001	饰面板暖气罩	1. 暖气罩材质		按设计图示尺	1. 暖气罩制作、
011504002	塑料板暖气罩	2. 防护材料种	m²	寸以垂直投影面	运输、安装
011504003	金属暖气罩	类		积(不展开)计算	2. 刷防护材料

五、浴厕配件

工程量清单项目设置及工程量计算规则，应按表 4-117 的规定执行。

表 4-117　浴厕配件（编码：011505）

项目编码	项目名称	项目特征	计量单位	工程量计算规则	工作内容
011505001	洗漱台		1. m² 2. 个	1. 按设计图示尺寸以台面外接矩形面积计算。不扣除孔洞、挖弯、削角所占面积，挡板、吊沿板面积并入台面面积内 2. 按设计图示数量计算	1. 台面及支架、运输、安装 2. 杆、环、盒、配件安装 3. 刷油漆
011505002	晒衣架	1. 材料品种、规格、颜色 2. 支架、配件品种、规格	个	按设计图示数量计算	1. 台面及支架制作、运输、安装 2. 杆、环、盒、配件安装 3. 刷油漆
011505003	帘子杆				
011505004	浴缸拉手				
011505005	卫生间扶手				
011505006	毛巾杆(架)		套		
011505007	毛巾环		副		
011505008	卫生纸盒		个		
011505009	肥皂盒				
011505010	镜面玻璃	1. 镜面玻璃品种、规格 2. 框材质、断面尺寸 3. 基层材料种类 4. 防护材料种类	m²	按设计图示尺寸以边框外围面积计算	1. 基层安装 2. 玻璃及框制作、运输、安装

项目编码	项目名称	项目特征	计量单位	工程量计算规则	工作内容
011505011	镜箱	1. 箱材质、规格 2. 玻璃品种、规格 3. 基层材料种类 4. 防护材料种类 5. 油漆品种、刷漆遍数	个	按设计图示数量计算	1. 基层安装 2. 箱体制作、运输、安装 3. 玻璃安装 4. 刷防护材料、油漆

六、雨篷、旗杆

工程量清单项目设置及工程量计算规则，应按表 4-118 的规定执行。

表 4-118　雨篷、旗杆（编码：011506）

项目编码	项目名称	项目特征	计量单位	工程量计算规则	工作内容
011506001	雨篷吊挂饰面	1. 基层类型 2. 龙骨材料种类、规格、中距 3. 面层材料品种、规格 4. 吊顶（天棚）材料品种、规格 5. 嵌缝材料种类 6. 防护材料种类	m²	按设计图示尺寸以水平投影面积计算	1. 底层抹灰 2. 龙骨基层安装 3. 面层安装 4. 刷防护材料、油漆
011506002	金属旗杆	1. 旗杆材料、种类、规格 2. 旗杆高度 3. 基础材料种类 4. 基座材料种类 5. 基座面层材料、种类、规格	根	按设计图示数量计算	1. 土石挖、填、运 2. 基础混凝土浇注 3. 旗杆制作、安装 4. 旗杆台座制作、饰面
011506003	玻璃雨篷	1. 玻璃雨篷固定方式 2. 龙骨材料种类、规格、中距 3. 玻璃材料品种、规格 4. 嵌缝材料种类 5. 防护材料种类	m²	按设计图示尺寸以水平投影面积计算	1. 龙骨基层安装 2. 面层安装 3. 刷防护材料、油漆

七、招牌、灯箱

工程量清单项目设置及工程量计算规则，应按表 4-119 的规定执行。

表 4-119　招牌、灯箱（编码：011507）

项目编码	项目名称	项目特征	计量单位	工程量计算规则	工作内容
011507001	平面、箱式招牌	1. 箱体规格 2. 基层材料种类 3. 面层材料种类 4. 防护材料种类	m²	按设计图示尺寸以正立面边框外围面积计算。复杂形的凸凹造型部分不增加面积	1. 基层安装 2. 箱体及支架制作、运输、安装 3. 面层制作、安装 4. 刷防护材料、油漆
011507002	竖式标箱				
011507003	灯箱				
011507004	信报箱	1. 箱体规格 2. 基层材料种类 3. 面层材料种类 4. 保护材料种类 5. 户数	个	按设计图示数量计算	

八、美术字

工程量清单项目设置及工程量计算规则，应按表 4-120 的规定执行。

表 4-120　美术字（编码：011508）

项目编码	项目名称	项目特征	计量单位	工程量计算规则	工作内容
011508001	泡沫塑料字	1. 基层类型 2. 镀字材料品种、颜色 3. 字体规格 4. 固定方式 5. 油漆品种、刷漆遍数	个	按设计图示数量计算	1. 字制作、运输、安装 2. 刷油漆
011508002	有机玻璃字				
011508003	木质字				
011508004	金属字				
011508005	吸塑字				

例　题

【例 4-14】　某卫生间如图 4-11 所示，分别编制卫生间镜面玻璃、镜面不锈钢装饰线、石材饰线、毛巾环清单工程量表。

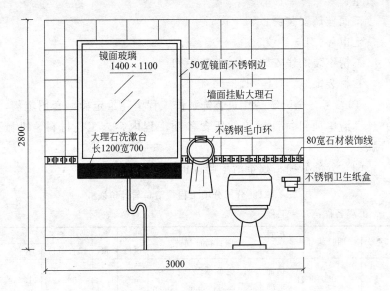

镜面玻璃
1400×1100

50宽镜面不锈钢边

墙面挂贴大理石

大理石洗漱台
长1200宽700

不锈钢毛巾环

80宽石材装饰线

不锈钢卫生纸盒

2800

3000

图 4-11　卫生间（单位：mm）

【解】

（1）镜面玻璃工程清单工程量为 $1.1×1.4=1.54$（m^2）

毛巾环清单工程量为：1 副。

不锈钢饰线清单工程量为：$2×(1.1+2×0.05+1.4)=5.2$（m）

石材饰线清单工程量为：$3-(1.1+0.05×2)=1.8$（m）

（2）消耗量定额工程量及费用计算

① 该项目发生的工程内容：安装镜面玻璃、毛巾环、镜面不锈钢装饰线、石材装饰线。

② 依据消耗量定额计算规则，计算工程量：

镜面玻璃：$1.1×1.4=1.54$（m^2）

毛巾环：1 副

不锈钢饰线：$2×(1.1+2×0.05+1.4)=5.2$（m）

石材饰线：$3-(1.1+0.05×2)=1.8$（m）

③ 分别计算清单项目每计量单位应包含的各项工程内容的工

程数量：

镜面玻璃安装：1.54÷1.54＝1

毛巾环：1÷1＝1

不锈钢装饰线安装：5.2÷5.2＝1

石材装饰线：1.8÷1.8＝1

④ 参考《全国统一建筑装饰装修工程消耗量定额》套用定额，并计算清单项目每计量单位所含各项工程内容人工、材料、机械价款。

（3）分部分项工程量清单与计价表（见表 4-121）

表 4-121　分部分项工程量清单与计价表

工程名称：××工程

序号	项目编号	项目名称	项目特征描述	计算单位	数量	综合单价	合价
						金额/元	
1	011505010001	镜面玻璃	镜面玻璃品种、规格：6mm 厚，1400mm×1100m	m²	1.54	266.49	410.39
2	011505007001	毛巾环	材料品种、规格：毛巾环	副	1	38.44	38.44
3	011502005001	镜面玻璃线	1. 基层类型：3mm 厚胶合板 2. 线条材料品种、规格：50mm 宽镜面不锈钢板 3. 结合层材料种类水泥砂浆 1：3	m	5.2	25.27	131.40
4	011502003001	石材装饰线	线条材料品种、规格：80mm 宽石材装饰线	m	1.8	312.67	562.81
			本页小计				1143.04
			合计				1143.04

工程量清单综合单价分析表（见表 4-122～表 4-125）。

根据企业情况确定管理费率 170%，利润率 110%，计费基础为人工费。

表 4-122　工程量清单综合单价分析表

工程名称：××工程

项目编号	011505010001	项目名称	镜面玻璃	计量单位	m²	工程量	1.54

清单综合单价组成明细

定额编号	定额项目名称	定额单位	数量	单价/元			合价/元			
				人工费	材料费	机械费	人工费	材料费	机械费	管理费和利润
6-112	镜面玻璃	m²	1	10.70	225.17	0.66	10.70	225.17	0.66	29.96
人工单价			小计				10.70	225.17	0.66	29.96
40 元/工日			未计价材料费				—			
清单项目综合单价/(元/m²)							266.49			

表 4-123　工程量清单综合单价分析表

工程名称：××工程

项目编号	011505007001	项目名称	毛巾环	计量单位	副	工程量	1

清单综合单价组成明细

定额编号	定额项目名称	定额单位	数量	单价/元			合价/元			
				人工费	材料费	机械费	人工费	材料费	机械费	管理费和利润
6-201	毛巾环	副	1	0.45	36.72	0.00	0.45	36.72	0.00	1.27
人工单价			小计				0.45	36.72	0.00	1.27
28 元/工日			未计价材料费				—			
清单项目综合单价/(元/副)							38.44			

表 4-124　工程量清单综合单价分析表

工程名称：××工程

项目编号	011502005001	项目名称	镜面装饰线	计量单位	m	工程量	5.2

清单综合单价组成明细

定额编号	定额项目名称	定额单位	数量	单价/元			合价/元			
				人工费	材料费	机械费	人工费	材料费	机械费	管理费和利润
6-064	镜面不锈钢装饰线	m	1	1.39	19.99	0.00	1.39	19.99	0.00	3.89
人工单价			小计				1.39	19.99	0.00	3.89
40 元/工日			未计价材料费				—			
清单项目综合单价/(元/m)							25.27			

表 4-125　工程量清单综合单价分析表

工程名称：××工程

项目编号	011502003001		项目名称	石材装饰线		计量单位	m	工程量	1.8
清单综合单价组成明细									
定额编号	定额项目名称	定额单位	数量	单价/元			合价/元			
				人工费	材料费	机械费	人工费	材料费	机械费	管理费和利润
6-087	石料装饰线	m	1	1.39	307.23	0.16	1.39	307.23	0.16	3.89
人工单价		小计					1.39	307.23	0.16	3.89
40 元/工日		未计价材料费					—			
清单项目综合单价/(元/m)							312.67			

第 15 节　建筑工程建筑面积计算

要　点

建筑面积计算规则是进行建筑工程工程量计算时经常用到的准则，本节主要对此进行介绍。

解　释

一、建筑面积计算规则

《建筑工程建筑面积计算规范》（GB/T 50353—2005）对建筑工程建筑面积的计算作出了具体的规定和要求，其主要内容包括以下几项。

（1）单层建筑物的建筑面积，应按其外墙勒脚以上结构外围水平面积计算，并应符合下列规定。

① 单层建筑物高度在 2.20m 及以上者应计算全部面积；高度不足 2.20m 者应计算 1/2 面积。

② 利用坡屋顶内空间时净高超过 2.10m 的部位应计算全面积；净高 1.20～2.10m 的部位应计算 1/2 面积；净高不足 1.20m 的部位不应计算面积。

注：建筑面积的计算是以勒脚以上外墙结构外边线计算，勒脚是墙根部很矮的一部分墙体加厚，不能代表整个外墙结构，所以要扣除勒脚墙体加厚的部分。

（2）单层建筑物内设有局部楼层者，局部楼层的 2 层及以上楼层，有围护结构的应按其围护结构外围水平投影面积计算，无围护结构的应按其结构底板水平投影面积计算。层高在 2.20m 及以上者应计算全面积；层高不足 2.20m 者应计算 1/2 面积。

注：1. 单层建筑物应按不同的高度确定其面积的计算。其高度指室内地面标高至屋面板板面结构标高之间的垂直距离。遇有以屋面板找坡的平屋顶单层建筑物，其高度指室内地面标高至屋面板最低处板面结构标高之间的垂直距离。

2. 坡屋顶内空间建筑面积计算，可参照《住宅设计规范》（GB 50096—2011）有关规定，将坡屋顶的建筑按不同净高确定其面积的计算。净高指楼面或地面至上部楼板底面或吊顶底面之间的垂直距离。

（3）多层建筑物首层应按其外墙勒脚以上结构外围水平投影面积计算；2 层及以上楼层应按其外墙结构外围水平投影面积计算。层高在 2.20m 及以上者应计算全面积；层高不足 2.20m 者应计算 1/2 面积。

注：多层建筑物的建筑面积应按不同的层高分别计算。层高是指上下两层楼面结构标高之间的垂直距离。建筑物最底层的层高，有基础底板的指基础底板上表面结构标高至上层楼面的结构标高之间的垂直距离；没有基础底板的指地面标高至上层楼面结构标高之间的垂直距离。最上一层的层高是指楼面结构标高至屋面板板面结构标高之间的垂直距离，遇有以屋面板找坡的屋面，层高指楼面结构标高至屋面板最低处板面结构标高之间的垂直距离。

（4）多层建筑坡屋顶内和场馆看台下，当设计加以利用时净高超过 2.10m 的部位应计算全面积；净高在 1.20～2.10m 的部位应计算 1/2 面积；当设计不利用或室内净高不足 1.20m 时不应计算面积。

注：多层建筑坡屋顶内和场馆看台下的空间应视为坡屋顶内的空间，设计加以利用时，应按其净高确定其面积的计算。设计不利用的空间，不应计算建筑面积。

（5）地下室、半地下室（车间、商店、车站、车库、仓库等），包括相应的有永久性顶盖的出入口，应按其外墙上口（不包括采光井、外墙防潮层及其保护墙）外边线所围水平面积计算。层高在2.20m及以上者应计算全面积；层高不足2.20m者应计算1/2面积。

注：地下室、半地下室应以其外墙上口外边线所围水平面积计算。原计算规则规定按地下室、半地下室上口外墙外围水平面积计算，文字上不甚严密，"上口外墙"容易理解为地下室、半地下室的上一层建筑的外墙。由于上一层建筑外墙与地下室墙的中心线不一定完全重叠，多数情况是凸出或凹进地下室外墙中心线。

（6）坡地的建筑物吊脚架空层（图4-12）、深基础架空层，设计加以利用并有围护结构的，层高在2.20m及以上的部位应计算全面积；层高不足2.20m的部位应计算1/2面积。设计加以利用、无围护结构的建筑吊脚架空层，应按其利用部位水平面积的1/2计算；设计不利用的深基础架空层、坡地吊脚架空层、多层建筑坡屋顶内、场馆看台下的空间不应计算面积。

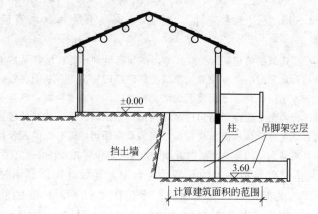

图4-12　坡地建筑吊脚架空层

（7）建筑物的门厅、大厅按一层计算建筑面积。门厅、大厅内设有回廊时，应按其结构底板水平面积计算。层高在2.20m及以上者应计算全面积；层高不足2.20m者应计算1/2面积。

（8）建筑物间有围护结构的架空走廊，应按其围护结构外围水平面积计算。层高在 2.20m 及以上者应计算全面积；层高不足 2.20m 者应计算 1/2 面积。有永久性顶盖无围护结构的应按其结构底板水平面积的 1/2 计算。

（9）立体书库、立体仓库、立体车库，无结构层的应按一层计算，有结构层的应按其结构层面积分别计算。层高在 2.20m 及以上者应计算全面积；层高不足 2.20m 者应计算 1/2 面积。

注：立体车库、立体仓库、立体书库不规定是否有围护结构，均按是否有结构层计算，应区分不同的层高确定建筑面积计算的范围，改变过去按书架层和货架层计算面积的规定。

（10）有围护结构的舞台灯光控制室，应按其围护结构外围水平面积计算。层高在 2.20m 及以上者应计算全面积；层高不足 2.20m 者应计算 1/2 面积。

（11）建筑物外有围护结构的落地橱窗、门斗、挑廊、走廊、檐廊，应按其围护结构外围水平面积计算。层高在 2.20m 及以上者应计算全面积；层高不足 2.20m 者应计算 1/2 面积。有永久性顶盖无围护结构的应按其结构底板水平面积的 1/2 计算。

（12）有永久性顶盖无围护结构的场馆看台应按其顶盖水平投影面积的 1/2 计算。

注："场馆"实质上是指"场"（例如足球场、网球场等）看台上有永久性顶盖部分。"馆"应是有永久性顶盖和围护结构的，应按单层或多层建筑相关规定计算面积。

（13）建筑物顶部有围护结构的楼梯间、水箱间、电梯机房等，层高在 2.20m 及以上者应计算全面积；层高不足 2.20m 者应计算 1/2 面积。

注：如遇建筑物屋顶的楼梯间是坡屋顶，应按坡屋顶的相关规定计算面积。

（14）设有围护结构不垂直于水平面而超出底板外沿的建筑物，应按其底板面的外围水平面积计算。层高在 2.20m 及以上者应计算全面积；层高不足 2.20m 者应计算 1/2 面积。

注：设有围护结构不垂直于水平面而超出底板外沿的建筑物是指向建筑物外倾斜的墙体，若遇有向建筑物内倾斜的墙体，应视为坡屋顶，应按坡屋

顶有关规定计算面积。

（15）建筑物内的室内楼梯间、电梯井、观光电梯井、提物井、管道井、通风排气竖井、垃圾道、附墙烟囱应按建筑物的自然层计算。

注：室内楼梯间的面积计算，应按楼梯依附的建筑物的自然层数计算并在建筑物面积内。遇跃层建筑，其共用的室内楼梯应按自然层计算面积；上下两错层户室共用的室内楼梯，应选上一层的自然层计算面积（图 4-13）。

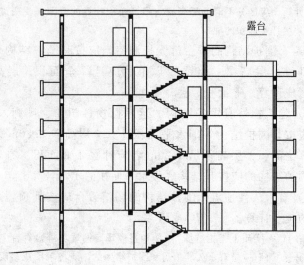

图 4-13　户室错层剖面示意图

（16）雨篷结构的外边线至外墙结构外边线的宽度超过 2.10m 者，应按雨篷结构板水平投影面积的 1/2 计算。

注：雨篷均以其宽度超过 2.10m 或不超过 2.10m 衡量，超过 2.10m 者应按雨篷的结构板水平投影面积的 1/2 计算。有柱雨篷和无柱雨篷计算应一致。

（17）有永久性顶盖的室外楼梯，应按建筑物自然层水平投影面积的 1/2 计算。

注：室外楼梯，最上层楼梯无永久性顶盖，或不能完全遮盖楼梯的雨篷，上层楼梯不计算面积，上层楼梯可视为下层楼梯的永久性顶盖，下层楼梯应计算面积。

（18）建筑物的阳台均应按其水平投影面积的 1/2 计算。

注：建筑物的阳台，不论是凹阳台、挑阳台、封闭阳台、不封闭阳台均按其水平投影面积的一半计算。

（19）有永久性顶盖无围护结构的车棚、货棚、站台、加油站、收费站等，应按其顶盖水平投影面积的 1/2 计算。

注：车棚、货棚、站台、加油站、收费站等的面积计算。由于建筑技术的发展，出现许多新型结构，例如柱不再是单纯的直立的柱，而出现 V 形柱、∧ 形柱等不同类型的柱，给面积计算带来许多争议。为此，《建筑工程建筑面积计算规范》（GB/T 50353—2005）中不以柱来确定面积的计算，而依据顶盖的水平投影面积计算。在车棚、货棚、站台、加油站、收费站内设有围护结构的管理室、休息室等，另按相关规定计算面积。

（20）高低联跨的建筑物，应以高跨结构外边线为界分别计算建筑面积；其高低跨内部连通时，其变形缝应计算在低跨面积内。

（21）以幕墙作为围护结构的建筑物，应按幕墙外边线计算建筑面积。

（22）建筑物外墙外侧有保温隔热层的，应按保温隔热层外边线计算建筑面积。

（23）建筑物内的变形缝，应按其自然层合并在建筑物面积内计算。

注：此处所指建筑物内的变形缝是与建筑物相连通的变形缝，即暴露在建筑物内，在建筑物内可以看得见的变形缝。

（24）下列项目不应计算面积。

① 建筑物通道（骑楼、过街楼的底层）。

② 建筑物内设备管道夹层。

③ 建筑物内分隔的单层房间，舞台及后台悬挂幕布、布景的天桥、挑台等。

④ 屋顶水箱、花架、凉棚、露台、露天游泳池。

⑤ 建筑物内的操作平台、上料平台、安装箱和罐体的平台。

⑥ 勒脚、附墙柱、垛、台阶、墙面抹灰、装饰面、镶贴块料面层、装饰性幕墙、空调室外机搁板（箱）、飘窗、构件、配件、宽度在 2.10m 及以内的雨篷以及与建筑物内不相连通的装饰性阳台、挑廊。

注：突出墙外的勒脚、附墙柱垛、台阶、墙面抹灰、装饰面、镶贴块料面层、装饰性幕墙、空调室外机搁板（箱）、飘窗、构件、配件、宽度在2.10m及以内的雨篷以及与建筑物内不相连通的装饰性阳台、挑廊等均不属于建筑结构，不应计算建筑面积。

⑦ 无永久性顶盖的架空走廊、室外楼梯和用于检修、消防等的室外钢楼梯、爬梯。

⑧ 自动扶梯、自动人行道。

注：自动扶梯（斜步道滚梯），除两端固定在楼层板或梁之外，扶梯本身属于设备，为此扶梯不宜计算建筑面积。水平步道（滚梯）属于安装在楼板上的设备，不应单独计算建筑面积。

⑨ 独立烟囱、烟道、地沟、油（水）罐、气柜、水塔、贮油（水）池、贮仓、栈桥、地下人防通道、地铁隧道。

二、建筑面积计算的作用

（1）建筑面积是一项重要的技术经济指标。

（2）建筑面积是计算结构工程量或用于确定某些费用指标的基础。

（3）建筑面积作为结构工程量的计算基础，不仅重要，而且还是一项需要细心计算和认真对待的工作，任何粗心大意都会造成计算上的错误，不但会造成结构工程量计算上的偏差，也会直接影响概预算造价的准确性，造成人力、物力和国家建设资金的浪费。

（4）建筑面积与使用面积、结构面积、辅助面积之间存在着一定的比例关系。设计人员在进行建筑或结构设计时，都应在计算建筑面积的基础上再分别计算出结构面积、有效面积以及例如土地利用系数、平面系数等经济技术指标。有了建筑面积，才有可能计量单位建筑面积的技术经济指标。

（5）建筑面积的计算对于建筑施工企业实行内部经济承包责任制、投标报价、编制施工组织设计、配备施工力量、成本核算及物资供应等，都具有重要的意义。

例　题

【例4-15】　某水位监测站的一座工作人员办公室，其施工图

292

示长度为 8600mm，宽度为 5600mm，层高为 3400mm。该工作站设计图示高吊脚为圆形钢筋混凝土柱，室内底层为现浇 120mm 钢筋混凝土，混凝土强度等级为 C30，围护结构为 C30 钢筋混凝土，厚度为 250mm，围护墙上安装有两个密闭玻璃窗，上层为卧室，下层为工作室，试计算该工作站的建筑面积。

【解】 其建筑面积计算如下。

$$F = (8.6 + 2 \times 0.125) \times (5.6 + 2 \times 0.125) \times 2$$
$$= 8.85 \times 5.85 \times 2 = 103.55 \ (\text{m}^2)$$

【例 4-16】 某加油站无围护结构顶盖如图 4-14 所示，直径为 8.0m，试计算其水平投影建筑面积。

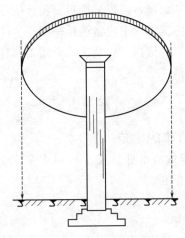

图 4-14 加油站独立柱

【解】 根据题意及计算规则，其投影面积应按 1/2 计算，如下。

$$F = \pi D^2 / 4 \times \frac{1}{2} = 3.1416 \times 8^2 / 4 \times \frac{1}{2} = 25.13 \ (\text{m}^2)$$

第5章　建筑工程工程量清单编制与计价

第1节　工程量清单的组成与编制

要　点

工程量清单是用来表现拟建建筑安装工程项目的分部分项工程项目、措施项目、其他项目、规费项目、税金项目名称和相应数量的明细标准表格。建筑工程工程量清单是招标文件的组成部分，是编制标底与投标报价的依据。本节主要介绍工程量清单的组成与编制程序、原则及依据。

解　释

一、工程量清单的组成

《建设工程工程量清单计价规范》（GB 50500—2013）规定工程量清单由下列内容组成。

（1）封面（表5-1）。

（2）总说明（表5-2）。

（3）分部分项工程量清单与计价表（表5-3）。

（4）措施项目清单与计价（表5-4和表5-5）。

（5）其他项目清单与计价汇总表（表5-6）。

（6）暂列金额明细表（表5-7）。

（7）材料（工程设备）暂估单价表（表5-8）。

（8）专业工程暂估价表（表5-9）。

（9）计日工表（表5-10）。

（10）总承包服务费计价表（表5-11）。

（11）规费、税金项目清单与计价表（表5-12）。

表 5-1　工程量清单（封面）

_____工　程

工　程　量　清　单

工程造价

招标人：_____　　咨　询　人：_____

　　　（单位盖章）　　　　　　　　　（单位资质专用章）

法定代表人　　　　　　　　　　法定代表人

或其授权人：_____　　或其授权人：_____

　　　（签字或盖章）　　　　　　　　（签字或盖章）

编　制　人：_____　　复　核　人：_____

（造价人员签字盖专用章）　　　（造价工程师签字盖专用章）

编制时间：年　月　日　　复核时间：年　　月　　日

表 5-2　总说明

工程名称：　　　　　　　　　　　　　　　　　　　第　页共　页

表 5-3　分部分项工程量清单与计价表

工程名称：　　　　　　　　　标段　　　　　　　　第　页共　页

序号	项目编码	项目名称	项目特征描述	计量单位	工程量	金额/元		
						综合单价	合价	其中暂估价
			本页小计					
			合　计					

注：根据原建设部、财政部发布的《建设安装工程费用组成》（建标 [2003] 206 号）的规定，为计取规费等的使用，可在表中增设其中："直接费"、"人工费"或"人工费＋机械费"。

表 5-4　措施项目清单与计价表（一）

工程名称：　　　　　　　　标段：　　　　　　　　第　页共　页

序号	项目名称	计算基础	费率/%	金额/元
1	安全文明施工费			
2	夜间施工费			
3	二次搬运费			
4	冬雨季施工			
5	大型机械设备进出场及安拆费			
6	施工排水			
7	施工降水			
8	地上、地下设施、建筑物的临时保护设施			
9	已完工程及设备保护			
10	各专业工程的措施项目			
11				
12				
	合　　计			

注：1. 本表适用于以"项"计价的措施项目。

2. 根据建设部、财政部发布的《建设安装工程费用组成》（建标 [2003] 206 号）的规定，"计算基础"可为"直接费"或"人工费＋机械费"。

表 5-5　措施项目清单与计价表（二）

工程名称：　　　　　　　　　标段：　　　　　　　第　页共　页

序号	项目编码	项目名称	项目特征描述	计量单位	工程量	金额/元	
						综合单价	合价
本页小计							
合　计							

注：本表适用于以综合单价形式计价的措施项目。

表 5-6　其他项目清单与计价汇总表

工程名称：　　　　　　　　　标段：　　　　　　　第　页共　页

序号	项目名称	计量单位	金额/元	备注
1	暂列金额			明细详见表 5-7
2	暂估价			
2.1	材料(工程设备)暂估价		—	明细详见表 5-8
2.2	专业工程暂估价			明细详见表 5-9
3	计日工			明细详见表 5-10
4	总承包服务费			明细详见表 5-11
5				
合　计				—

注：材料暂估单价进入清单项目综合单价，此处不汇总。

297

表 5-7 暂列金额明细表

工程名称：   标段：   第 页共 页

序号	项 目 名 称	计量单位	暂定金额/元	备注
1				
2				
3				
4				
5				
合 计				—

注：此表由招标人填写，如不能详列，也可只列暂定金额总额，投标人应将上述暂列金额计入投标总价中。

表 5-8 材料（工程设备）暂估单价表

工程名称：   标段：   第 页共 页

序号	材料（工程设备）名称、规格、型号	计量单位	单价/元	备注

注：1. 此表由招标人填写，并在备注栏说明暂估价的材料拟用在哪些清单项目上，投标人应将上述材料暂估单价计入工程量清单综合单价报价中。

2. 材料包括原材料、燃料、构配件以及按规定应计入建筑安装工程造价的设备。

表 5-9 专业工程暂估价表

工程名称：   标段：   第 页共 页

序号	工 程 名 称	工程内容	金额/元	备注
合 计				—

注：此表由招标人填写，投标人应将上述专业工程暂估价计入投标总价中。

表 5-10 计日工表

工程名称：　　　　　　　　标段：　　　　　　　　第　页共　页

编号	项目名称	单位	暂定数量	综合单价/元	合价
一	人　工				
1					
2					
3					
4					
人 工 小 计					
二	材　料				
1					
2					
3					
4					
材 料 小 计					
三	施 工 机 械				
1					
2					
3					
4					
施 工 机 械 小 计					
合　　计					

注：此表项目名称、数量由招标人填写，编制招标控制价时，单价由招标人按有关计价规定确定；投标时，单价由投标人自主报价，计入投标总价中。

表 5-11 总承包服务费计价表

工程名称：　　　　　　　　标段：　　　　　　　　第　页共　页

序号	工程名称	项目价值/元	服务内容	费率/%	金额/元
1	发包人发包专业工程				
2	发包人供应材料				
合　　计					

表 5-12　规费、税金项目清单与计价表

工程名称：　　　　　　　　　　标段：　　　　　　　　　第　页共　页

序号	项目名称	计算基础	费率/%	金额/元
1	规费			
1.1	工程排污费			
1.2	社会保障费			
(1)	养老保险费			
(2)	失业保险费			
(3)	医疗保险费			
1.3	住房公积金			
1.4	工伤保险			
2	税金	分部分项工程费＋措施项目费＋其他项目费＋规费		
合　　计				

注：根据原建设部、财政部发布的《建筑安装工程费用组成》（建标〔2003〕206号）的规定，"计算基础"可为"直接费"、"人工费"或"人工费＋机械费"。

二、工程量清单编制的程序和要求

1. 工程量清单编制的程序

工程量清单编制的程序如下：熟悉施工图纸→计算分部分项工程量→校审工程量→填写工程量清单→审核工程量清单→发送投标人计价（或招标人自行编制标底价）。

2. 工程量清单编制的规定

工程量清单是招标投标活动的依据，专业性强，内容复杂，业主能否编制出完整、严谨的工程量清单，直接影响招标的质量，也是招标成败的关键。所以，工程量清单应由具有编制招标文件能力的招标人或具有相应资质的工程咨询人进行编制。

工程量清单体现了招标人要求投标人完成的工程项目及相应工程数量，是招标文件的重要组成部分。工程量清单由分部分项工程

量清单、措施项目清单和其他项目清单等组成。

3. 工程量清单编制的要求

在工程建设过程中，工程量清单将涉及诸多方面，所以工程量清单包括的内容，应满足以下要求。

（1）要满足规范管理、方便管理的要求。

（2）要满足计价的要求。

为了满足上述要求，《建设工程工程量清单计价规范》（GB 50500—2013）提出了分部分项工程量清单的四个统一，招标人必须按规定执行，不得因情况不同而变动。

三、工程量清单编制的依据

（1）施工设计图纸及相应通用图册。

（2）《建设工程工程量清单计价规范》（GB 50500—2013）规定的工程量计算规则。

（3）《建设工程工程量清单计价规范》（GB 50500—2013）规定的项目名称和项目编码。

（4）工程场地勘察资料以及有关技术资料。

（5）建设项目立项审批文件以及招标文件。

（6）有关工具书籍等。

四、工程量清单编制的原则

（1）必须能满足建设工程项目招标和投标计价的需要。

（2）必须遵循《建设工程工程量清单计价规范》（GB 50500—2013）中的各项规定（包括项目编码、项目名称、项目特征、计量单位、计算规则、工作内容等）。

（3）必须能满足控制实物工程量，市场竞争形成价格的价格运行机制和对工程造价进行合理确定与有效控制的要求。

（4）必须有利于规范建筑市场的计价行为，能够促进企业的经营管理、技术进步，增加企业的综合能力、社会信誉和在国内、国际建筑市场的竞争能力。

（5）必须适度考虑我国目前工程造价管理工作的现状。因为在我国虽然已经推行了工程量清单计价模式，但是由于各地实际情况的差异，工程造价计价方式不可避免地会出现双轨并行的局面——工程量清单计价与定额计价同时存在、交叉执行。

 相关知识

● 实行工程量清单计价的目的和意义

工程量清单计价是由具有建设项目管理能力的业主或受其委托具有相应资质的中介机构，依据《建设工程工程量清单计价规范》（GB 50500—2013），招标文件要求和设计施工图纸等，编制出拟建工程的分部分项工程项目、措施项目、其他项目的名称和相应数量的明细清单，公开提供给各投标人，投标人按照招标文件所提供的工程量清单、施工现场的实际情况以及拟定的施工方案、施工组织设计，按企业定额或建设行政主管部门发布的消耗量定额以及市场价格，结合市场竞争情况，充分考虑风险，自主报价，通过市场竞争形成价格的计价方式。

建设工程造价实行工程量清单计价的目的和意义如下。

（1）它是工程造价深化改革的产物。

（2）它是规范建设市场秩序和适应中国特色社会主义市场经济发展的需要。

（3）它是促进中国特色建设市场有序竞争和企业健康发展的需要。

（4）它可以促进我国工程造价管理政府职能的转变。

（5）它是适应我国加入"WTO"、融入世界大市场的需要。

第2节　工程量清单计价的编制

要　点

工程量清单计价是指投标人完成由招标人提供的工程量清单所需的全部费用，包括分部分项工程费、措施项目费、其他项目费、

规费和税金。

一、一般规定

1. 计价方式

（1）建设工程施工发承包造价由分部分项工程费、措施项目费、其他项目费、规费和税金组成。

（2）分部分项工程和措施项目清单应采用综合单价计价。

（3）招标工程量清单标明的工程量是投标人投标报价的共同基础，竣工结算的工程量按发、承包双方在合同中约定应予计量且实际完成的工程量确定。

（4）措施项目清单中的安全文明施工费应按照国家或省级、行业建设主管部门的规定计价，不得作为竞争性费用。

（5）规费和税金应按国家或省级、行业建设主管部门的规定计算，不得作为竞争性费用。

2. 计价风险

（1）采用工程量清单计价的工程，应在招标文件或合同中明确计价中的风险内容及其范围（幅度），不得采用无限风险、所有风险或类似语句规定计价中的风险内容及其范围（幅度）。

（2）下列影响合同价款的因素出现，应由发包人承担。

① 国家法律、法规、规章和政策变化。

② 省级或行业建设主管部门发布的人工费调整。

（3）由于市场物价波动影响合同价款，应由发承包双方合理分摊并在合同中约定。合同中没有约定，发、承包双方发生争议时，按下列规定实施。

① 材料、工程设备的涨幅超过招标时基准价格5％以上由发包人承担。

② 施工机械使用费涨幅超过招标时的基准价格10％以上由发包人承担。

（4）由于承包人使用机械设备、施工技术以及组织管理水平等自身原因造成施工费用增加的，应由承包人全部承担。

（5）不可抗力发生时，影响合同价款的，按《建设工程工程量清单计价规范》（GB 50500—2013）第9.11条的规定执行。

二、招标控制价

1. 一般规定

（1）国有资金投资的工程建设项目应实行工程量清单招标，招标人应编制招标控制价。

（2）招标控制价超过批准的概算时，招标人应将其报原概算审批部门审核。

（3）投标人的投标报价高于招标控制价的，其投标应予以拒绝。

（4）招标控制价应由具有编制能力的招标人或受其委托具有相应资质的工程造价咨询人编制和复核。

（5）招标控制价应在招标时公布，不应上调或下浮，招标人应将招标控制价及有关资料报送工程所在地工程造价管理机构备查。

2. 编制与复核

（1）招标控制价应根据下列依据编制与复核。

①《建设工程工程量清单计价规范》（GB 50500—2013）。

②国家或省级、行业建设主管部门颁发的计价定额和计价办法。

③建设工程设计文件及相关资料。

④拟定的招标文件及招标工程量清单。

⑤与建设项目相关的标准、规范、技术资料。

⑥施工现场情况、工程特点及常规施工方案。

⑦工程造价管理机构发布的工程造价信息；工程造价信息没有发布的，参照市场价。

⑧其他的相关资料。

（2）分部分项工程费应根据拟定的招标文件中的分部分项工程量清单项目的特征描述及有关要求计价，并应符合下列规定。

① 综合单价中应包括拟定的招标文件中要求投标人承担的风险费用。拟定的招标文件没有明确的，应提请招标人明确。

② 拟定的招标文件提供了暂估单价的材料和工程设备，按暂估的单价计入综合单价。

（3）措施项目费应根据拟定的招标文件中的措施项目清单，按"一、一般规定"中"1. 计价方式"的第（2）、（4）条的规定计价。

（4）其他项目费应按下列规定计价。

① 暂列金额应按招标工程量清单中列出的金额填写。

② 暂估价中的材料、工程设备单价应按招标工程量清单中列出的单价计入综合单价。

③ 暂估价中的专业工程金额应按招标工程量清单中列出的金额填写。

④ 计日工应按招标工程量清单中列出的项目根据工程特点和有关计价依据确定综合单价计算。

⑤ 总承包服务费应根据招标工程量清单列出的内容和要求估算。

（5）规费和税金应按"一、一般规定"中"1. 计价方式"的第（5）条的规定计算。

3. 投诉与处理

（1）投标人经复核认为招标人公布的招标控制价未按照《建设工程工程量清单计价规范》（GB 50500—2013）的规定进行编制的，应在招标控制价公布后 5 天内向招投标监督机构和工程造价管理机构投诉。

（2）投诉人投诉时，应当提交书面投诉书，包括以下内容。

① 投诉人与被投诉人的名称、地址及有效联系方式。

② 投诉的招标工程名称、具体事项及理由。

③ 相关请求和主张及证明材料。

投诉书必须由单位盖章和法定代表人或其委托人的签名或盖章。

（3）投诉人不得进行虚假、恶意投诉，阻碍招投标活动的正常进行。

（4）工程造价管理机构在接到投诉书后应在 2 个工作日内进行审查，对有下列情况之一的，不予受理。

① 投诉人不是所投诉招标工程的投标人。

② 投诉书提交的时间不符合第（1）条规定的。

③ 投诉书不符合第（2）条规定的。

（5）工程造价管理机构决定受理投诉后，应在不迟于次日将受理情况书面通知投诉人、被投诉人以及负责该工程招投标监督的招投标管理机构。

（6）工程造价管理机构受理投诉后，应立即对招标控制价进行复查，组织投诉人、被投诉人或其委托的招标控制价编制人等单位人员对投诉问题逐一核对。有关当事人应当予以配合，并应保证所提供资料的真实性。

（7）工程造价管理机构应当在受理投诉的 10 天内完成复查（特殊情况下可适当延长），并作出书面结论通知投诉人、被投诉人及负责该工程招投标监督的招投标管理机构。

（8）当招标控制价复查结论与原公布的招标控制价误差大于 ±3% 时，应当责成招标人改正。

（9）招标人根据招标控制价复查结论，需要修改公布的招标控制价的，且最终招标控制价的发布时间至投标截止时间不足 15 天的，应当延长投标文件的截止时间。

三、投标价

1. 一般规定

（1）投标价应由投标人或受其委托具有相应资质的工程造价咨询人编制。

（2）除《建设工程工程量清单计价规范》（GB 50500—2013）强制性规定外，投标人应依据招标文件及其招标工程量清单自主确定报价成本。

（3）投标报价不得低于工程成本。

（4）投标人应按招标工程量清单填报价格。项目编码、项目名称、项目特征、计量单位、工程量必须与招标工程量清单一致。

（5）投标人可根据工程实际情况结合施工组织设计，对招标人所列的措施项目进行增补。

2. 编制与复核

（1）投标报价应根据下列依据编制和复核。

① 《建设工程工程量清单计价规范》（GB 50500—2013）。

② 国家或省级、行业建设主管部门颁发的计价办法。

③ 企业定额，国家或省级、行业建设主管部门颁发的计价定额。

④ 招标文件、工程量清单及其补充通知、答疑纪要。

⑤ 建设工程设计文件及相关资料。

⑥ 施工现场情况、工程特点及拟定的投标施工组织设计或施工方案。

⑦ 与建设项目相关的标准、规范等技术资料。

⑧ 市场价格信息或工程造价管理机构发布的工程造价信息。

⑨ 其他的相关资料。

（2）分部分项工程费应依据招标文件及其招标工程量清单中分部分项工程量清单项目的特征描述确定综合单价计算，并应符合下列规定。

① 综合单价中应考虑招标文件中要求投标人承担的风险费用。

② 招标工程量清单中提供了暂估单价的材料和工程设备，按暂估的单价计入综合单价。

（3）措施项目费应根据招标文件中的措施项目清单及投标时拟定的施工组织设计或施工方案，按"一、一般规定"中"1. 计价方式"的第（2）条的规定自主确定。其中安全文明施工费应按"一、一般规定"中"1. 计价方式"的第（4）条的规定确定。

（4）其他项目费应按下列规定报价。

① 暂列金额应按招标工程量清单中列出的金额填写。

② 材料、工程设备暂估价应按招标工程量清单中列出的单价计入综合单价。

③ 专业工程暂估价应按招标工程量清单中列出的金额填写。

④ 计日工应按招标工程量清单中列出的项目和数量，自主确定综合单价并计算计日工总额。

⑤ 总承包服务费应根据招标工程量清单中列出的内容和提出的要求自主确定。

（5）规费和税金应按"一、一般规定"中"1. 计价方式"的第（5）条的规定计算。

（6）招标工程量清单与计价表中列明的所有需要填写单价和合价的项目，投标人均应填写且只允许有一个报价。未填写单价和合价的项目，视为此项费用已包含在已标价工程量清单中其他项目的单价和合价之中。当竣工结算时，此项目不得重新组价予以调整。

（7）投标总价应当与分部分项工程费、措施项目费、其他项目费和规费、税金的合计金额一致。

四、合同价款约定

1. 一般规定

（1）实行招标的工程合同价款应在中标通知书发出之日起 30 日内，由发承包双方依据招标文件和中标人的投标文件在书面合同中约定。

合同约定不得违背招标、投标文件中关于工期、造价、质量等方面的实质性内容。招标文件与中标人投标文件不一致的地方，以投标文件为准。

（2）不实行招标的工程合同价款，在发、承包双方认可的工程价款基础上，由发承包双方在合同中约定。

（3）实行工程量清单计价的工程，应当采用单价合同；合同工期较短、建设规模较小，技术难度较低，且施工图设计已审查完备的建设工程可以采用总价合同；紧急抢险、救灾以及施工技术特别复杂的建设工程可以采用成本加酬金合同。

2. 约定内容

（1）发承包双方应在合同条款中对下列事项进行约定。

① 预付工程款的数额、支付时间及抵扣方式。

② 安全文明施工措施的支付计划，使用要求等。

③ 工程计量与支付工程进度款的方式、数额及时间。

④ 工程价款的调整因素、方法、程序、支付及时间。

⑤ 施工索赔与现场签证的程序、金额确认与支付时间。

⑥ 承担计价风险的内容、范围以及超出约定内容、范围的调整办法。

⑦ 工程竣工价款结算编制与核对、支付及时间。

⑧ 工程质量保证（保修）金的数额、预扣方式及时间。

⑨ 违约责任以及发生工程价款争议的解决方法及时间。

⑩ 与履行合同、支付价款有关的其他事项等。

（2）合同中没有按照第（1）条的要求约定或约定不明的，若发承包双方在合同履行中发生争议由双方协商确定；协商不能达成一致的，按《建设工程工程量清单计价规范》（GB 50500—2013）的规定执行。

五、工程计量

1. 一般规定

（1）工程量应当按照相关工程的现行国家计量规范规定的工程量计算规则计算。

（2）工程计量可选择按月或按工程形象进度分段计量，具体计量周期在合同中约定。

（3）因承包人原因造成的超范围施工或返工的工程量，发包人不予计量。

2. 单价合同的计量

（1）工程计量时，若发现招标工程量清单中出现缺项、工程量偏差，或因工程变更引起工程量的增减，应按承包人在履行合同过程中实际完成的工程量计算。

（2）承包人应当按照合同约定的计量周期和时间，向发包人提交当期已完工程量报告。发包人应在收到报告后 7 天内核实，并将核实计量结果通知承包人。发包人未在约定时间内进行核实的，则承包人提交的计量报告中所列的工程量视为承包人实际完成的工程量。

（3）发包人认为需要进行现场计量核实时，应在计量前 24 小时通知承包人，承包人应为计量提供便利条件并派人参加。双方均同意核实结果时，则双方应在上述记录上签字确认。承包人收到通知后不派人参加计量，视为认可发包人的计量核实结果。发包人不按照约定时间通知承包人，致使承包人未能派人参加计量，计量核实结果无效。

（4）如承包人认为发包人的计量结果有误，应在收到计量结果通知后的 7 天内向发包人提出书面意见，并应附上其认为正确的计量结果和详细的计算资料。发包人收到书面意见后，应对承包人的计量结果进行复核后通知承包人。承包人对复核计量结果仍有异议的，按照合同约定的争议解决办法处理。

（5）承包人完成已标价工程量清单中每个项目的工程量后，发包人应要求承包人派员共同对每个项目的历次计量报表进行汇总，以核实最终结算工程量，发承包双方应在汇总表上签字确认。

3. 总价合同的计量

（1）总价合同项目的计量和支付应以总价为基础，发承包双方应在合同中约定工程计量的形象目标或时间节点。承包人实际完成的工程量，是进行工程目标管理和控制进度支付的依据。

（2）承包人应在合同约定的每个计量周期内，对已完成的工程进行计量，并向发包人提交达到工程形象目标完成的工程量和有关计量资料的报告。

（3）发包人应在收到报告后 7 天内对承包人提交的上述资料进行复核，以确定实际完成的工程量和工程形象目标。对其有异议的，应通知承包人进行共同复核。

（4）除按照发包人工程变更规定引起的工程量增减外，总价合同各项目的工程量是承包人用于结算的最终工程量。

六、合同价款中期支付

1. 预付款

（1）预付款用于承包人为合同工程施工购置材料、工程设备，购置或租赁施工设备、修建临时设施以及组织施工队伍进场等所需的款项。预付款的支付比例不宜高于合同价款的30%。承包人对预付款必须专用于合同工程。

（2）承包人应在签订合同或向发包人提供与预付款等额的预付款保函（如有）后向发包人提交预付款支付申请。发包人应对在收到支付申请的7天内进行核实后向承包人发出预付款支付证书，并在签发支付证书后的7天内向承包人支付预付款。

（3）发包人没有按时支付预付款的，承包人可催告发包人支付；发包人在付款期满后的7天内仍未支付的，承包人可在付款期满后的第8天起暂停施工。发包人应承担由此增加的费用和（或）延误的工期，并应向承包人支付合理利润。

（4）预付款应从每支付期应支付给承包人的工程进度款中扣回，直到扣回的金额达到合同约定的预付款金额为止。

（5）承包人的预付款保函（如有）的担保金额根据预付款扣回的数额相应递减，但在预付款全部扣回之前一直保持有效。发包人应在预付款扣完后的14天内将预付款保函退还给承包人。

2. 安全文明施工费

（1）安全文明施工费的内容和范围，应以国家和工程所在地省级建设行政主管部门的规定为准。

（2）发包人应在工程开工后的28天内预付不低于当年的安全文明施工费总额的50%，其余部分与进度款同期支付。

（3）发包人没有按时支付安全文明施工费的，承包人可催告发包人支付；发包人在付款期满后的7天内仍未支付的，若发生安全事故的，发包人应承担连带责任。

（4）承包人应对安全文明施工费专款专用，在财务账目中单独列项备查，不得挪作他用，否则发包人有权要求其限期改正；逾期未改正的，造成的损失和（或）延误的工期由承包人承担。

3. 总承包服务费

（1）发包人应在工程开工后的 28 天内向承包人预付总承包服务费的 20%，分包进场后，其余部分与进度款同期支付。

（2）发包人未按合同约定向承包人支付总承包服务费，承包人可不履行总包服务义务，由此造成的损失（如有）由发包人承担。

4. 进度款

（1）进度款支付周期，应与合同约定的工程计量周期一致。

（2）承包人应在每个计量周期到期后的 7 天内向发包人提交已完工程进度款支付申请一式四份，详细说明此周期自己认为有权得到的款额，包括分包人已完工程的价款。支付申请的内容包括以下各项。

① 累计已完成工程的工程价款。

② 累计已实际支付的工程价款。

③ 本期间完成的工程价款。

④ 本期间已完成的计日工价款。

⑤ 应支付的调整工程价款。

⑥ 本期间应扣回的预付款。

⑦ 本期间应支付的安全文明施工费。

⑧ 本期间应支付的总承包服务费。

⑨ 本期间应扣留的质量保证金。

⑩ 本期间应支付的、应扣除的索赔金额。

⑪ 本期间应支付或扣留（扣回）的其他款项。

⑫本期间实际应支付的工程价款。

（3）发包人应在收到承包人进度款支付申请后的 14 天内根据计量结果和合同约定对申请内容予以核实，确认后向承包人出具进度款支付证书。

（4）发包人应在签发进度款支付证书后的 14 天内，按照支付证书列明的金额向承包人支付进度款。

（5）若发包人逾期未签发进度款支付证书，则视为承包人提交的进度款支付申请已被发包人认可，承包人可向发包人发出催告付款的通知。发包人应在收到通知后的 14 天内，按照承包人支付申请阐明的金额向承包人支付进度款。

（6）发包人未按照（4）、（5）的规定支付进度款的，承包人可催告发包人支付，并有权获得延迟支付的利息；发包人在付款期满后的 7 天内仍未支付的，承包人可在付款期满后的第 8 天起暂停施工。发包人应承担由此增加的费用和（或）延误的工期，向承包人支付合理利润，并承担违约责任。

（7）发现已签发的任何支付证书有错、漏或重复的数额，发包人有权予以修正，承包人也有权提出修正申请。经发承包双方复核同意修正的，应在本次到期的进度款中支付或扣除。

七、合同价款调整

1. 一般规定

（1）以下事项（但不限于）发生，发承包双方应当按照合同约定调整合同价款：

① 法律法规变化；

② 工程变更；

③ 项目特征描述不符；

④ 工程量清单缺项；

⑤ 工程量偏差；

⑥ 物价变化；

⑦ 暂估价；

⑧ 计日工；

⑨ 现场签证；

⑩ 不可抗力；

⑪ 提前竣工（赶工补偿）；

⑫ 误期赔偿；

⑬ 施工索赔；

⑭ 暂列金额；

⑮ 发承包双方约定的其他调整事项。

（2）出现合同价款调增事项（不含工程量偏差、计日工、现场签证、施工索赔）后的 14 天内，承包人应向发包人提交合同价款调增报告并附上相关资料；承包人在 14 天内未提交合同价款调增报告的，视为承包人对该事项不存在调整价款。

（3）发包人应在收到承包人合同价款调增报告及相关资料之日起 14 天内对其核实，予以确认的应书面通知承包人。如有疑问，应向承包人提出协商意见。发包人在收到合同价款调增报告之日起 14 天内未确认也未提出协商意见的，视为承包人提交的合同价款调增报告已被发包人认可。发包人提出协商意见的，承包人应在收到协商意见后的 14 天内对其核实，予以确认的应书面通知发包人。如承包人在收到发包人的协商意见后 14 天内既不确认也未提出不同意见的，视为发包人提出的意见已被承包人认可。

（4）如发包人与承包人对不同意见不能达成一致的，只要不实质影响发承包双方履约的，双方应实施该结果，直到其按照合同争议的解决被改变为止。

（5）出现合同价款调减事项（不含工程量偏差、施工索赔）后的 14 天内，发包人应向承包人提交合同价款调减报告并附相关资料；若发包人在 14 天内未提交合同价款调减报告的，视为发包人对该事项不存在调整价款。

（6）经发承包双方确认调整的合同价款，作为追加（减）合同价款，与工程进度款或结算款同期支付。

2. 法律法规变化

（1）招标工程以投标截止日前 28 天、非招标工程以合同签订前 28 天为基准日，其后国家的法律、法规、规章和政策发生变化引起工程造价增减变化的，发承包双方应按照省级或行业建设主管部门或其授权的工程造价管理机构据此发布的规定调整合同价款。

（2）因承包人原因导致工期延误，按第（1）条规定的调整时间在合同工程原定竣工时间之后，不予调整合同价款。

3. 工程变更

（1）工程变更引起已标价工程量清单项目或其工程数量发生变化，应按照下列规定调整。

① 已标价工程量清单中有适用于变更工程项目的，应采用该项目的单价；但当工程变更导致该清单项目的工程数量发生变化，且工程量偏差超过 15％，该项目单价的调整应按照 6. 第（2）条的规定调整。

② 已标价工程量清单中没有适用、但有类似于变更工程项目的，可在合理范围内参照类似项目的单价。

③ 已标价工程量清单中没有适用也没有类似于变更工程项目的，由承包人根据变更工程资料、计量规则和计价办法、工程造价管理机构发布的信息价格和承包人报价浮动率提出变更工程项目的单价，报发包人确认后调整。承包人报价浮动率可按下列公式计算。

招标工程：

承包人报价浮动率 $L=(1-中标价/招标控制价)\times100\%$ （5-1）

非招标工程：

承包人报价浮动率 $L=(1-报价/施工图预算)\times100\%$ （5-2）

④ 已标价工程量清单中没有适用也没有类似于变更工程项目，且工程造价管理机构发布的信息价格缺价的，由承包人根据变更工程资料、计量规则、计价办法和通过市场调查等取得有合法依据的市场价格提出变更工程项目的单价，报发包人确认后调整。

（2）工程变更引起施工方案改变，并使措施项目发生变化的，承包人提出调整措施项目费的，应事先将拟实施的方案提交发包人确认，并应详细说明与原方案措施项目相比的变化情况。拟实施的方案经发承包双方确认后执行。该情况下，应按照下列规定调整措施项目费。

① 安全文明施工费，按照实际发生变化的措施项目调整。

② 采用单价计算的措施项目费，按照实际发生变化的措施项目，按（1）的规定确定单价。

③ 按总价（或系数）计算的措施项目费，按照实际发生变化的措施项目调整，但应考虑承包人报价浮动因素，即调整金额按照实际调整金额乘以（1）规定的承包人报价浮动率计算。

如果承包人未事先将拟实施的方案提交给发包人确认，则视为工程变更不引起措施项目费的调整或承包人放弃调整措施项目费的权利。

（3）如果工程变更项目出现承包人在工程量清单中填报的综合单价与发包人招标控制价或施工图预算相应清单项目的综合单价偏差超过 15%，则工程变更项目的综合单价可由发承包双方按照下列规定调整。

① 当 $P_0 < P_1 \times (1-L) \times (1-15\%)$ 时，该类项目的综合单价按照 $P_1 \times (1-L) \times (1-15\%)$ 调整。

② 当 $P_0 > P_1 \times (1+15\%)$ 时，该类项目的综合单价按照 $P_1 \times (1+15\%)$ 调整。

式中　P_0——承包人在工程量清单中填报的综合单价；

　　　　P_1——发包人招标控制价或施工预算相应清单项目的综合单价；

　　　　L——承包人报价浮动率。

（4）如果发包人提出的工程变更，因为非承包人原因删减了合同中的某项原定工作或工程，致使承包人发生的费用或（和）得到的收益不能被包括在其他已支付或应支付的项目中，也未被包含在任何替代的工作或工程中时，则承包人有权提出并得到合理的利润补偿。

4. 项目特征描述不符

（1）承包人在招标工程量清单中对项目特征的描述，应被认为是准确的和全面的，并且与实际施工要求相符合。承包人应按照发包人提供的工程量清单，根据其项目特征描述的内容及有关要求实施合同工程，直到其被改变为止。

（2）合同履行期间，出现实际施工设计图纸（含设计变更）与招标工程量清单任一项目的特征描述不符，且该变化引起该项目的工程造价增减变化的，应按照实际施工的项目特征重新确定相应工程量清单项目的综合单价，计算调整的合同价款。

5. 工程量清单缺项

（1）合同履行期间，出现招标工程量清单项目缺项的，发承包双方应调整合同价款。

（2）招标工程量清单中出现缺项，造成新增工程量清单项目的，应按照3. 第（1）条规定确定单价，调整分部分项工程费。

（3）由于招标工程量清单中分部分项工程出现缺项，引起措施项目发生变化的，应按照3. 第（2）条的规定，在承包人提交的实施方案被发包人批准后，计算调整的措施费用。

6. 工程量偏差

（1）合同履行期间，出现工程量偏差，且符合以下（2）、（3）规定的，发承包双方应调整合同价款。出现3. 第（3）条情形的，应先按照其规定调整，再按照本条规定调整。

（2）对于任一招标工程量清单项目，如果因本条规定的工程量偏差和3. 规定的工程变更等原因导致工程量偏差超过15%，调整的原则为：当工程量增加15%以上时，其增加部分的工程量的综合单价应予调低；当工程量减少15%以上时，减少后剩余部分的工程量的综合单价应予调高。此时，按下列公式调整结算分部分项工程费。

① 当 $Q_1 > 1.15 Q_0$ 时，$S = 1.15 Q_0 \times P_0 + (Q_1 - 1.15 Q_0) \times P_1$

② 当 $Q_1 < 0.85 Q_0$ 时，$S = Q_1 \times P_1$

式中　S——调整后的某一分部分项工程费结算价；

　　　Q_1——最终完成的工程量；

　　　Q_0——招标工程量清单中列出的工程量；

　　　P_1——按照最终完成工程量重新调整后的综合单价；

　　　P_0——承包人在工程量清单中填报的综合单价。

（3）如果工程量出现第（2）条的变化，且该变化引起相关措施项目相应发生变化，如按系数或单一总价方式计价的，工程量增加的措施项目费调增，工程量减少的措施项目费调减。

7. 物价变化

（1）合同履行期间，出现工程造价管理机构发布的人工、材料、工程设备和施工机械台班单价或价格与合同工程基准日期相应单价或价格比较出现涨落，且符合以下（2）、（3）条规定的，发承包双方应调整合同价款。

（2）按照第（1）条规定人工单价发生涨落的，应按照合同工程发生的人工数量和合同履行期与基准日期人工单价对比的价差的乘积计算或按照人工费调整系数计算调整的人工费。

（3）承包人采购材料和工程设备的，应在合同中约定可调材料、工程设备价格变化的范围或幅度；如没有约定，则按照第（1）条规定的材料、工程设备单价变化超过5%，施工机械台班单价变化超过10%，则超过部分的价格应予调整。该情况下，应按照价格系数调整法或价格差额调整法计算调整的材料设备费和施工机械费。

（4）执行第（3）条规定时，发生合同工程工期延误的，应按照下列规定确定合同履行期用于调整的价格或单价。

① 因发包人原因导致工期延误的，则计划进度日期后续工程的价格或单价，采用计划进度日期与实际进度日期两者的较高者。

② 因承包人原因导致工期延误的，则计划进度日期后续工程的价格或单价，采用计划进度日期与实际进度日期两者的较低者。

（5）承包人在采购材料和工程设备前，应向发包人提交一份能阐明采购材料和工程设备数量和新单价的书面报告。发包人应在收到承包人书面报告后的3个工作日内核实，并确认用于合同工程后，对承包人采购材料和工程设备的数量和新单价予以确定；发包人对此未确定也未提出修改意见的，视为承包人提交的书面报告已被发包人认可，作为调整合同价款的依据。承包人未经发包人确定即自行采购材料和工程设备，再向发包人提出调整合同价款的，如发包人不同意，则合同价款不予调整。

（6）发包人供应材料和工程设备的，（3）、（4）、（5）条规定均不适用，由发包人按照实际变化调整，列入合同工程的工程造价内。

8. 暂估价

（1）发包人在招标工程量清单中给定暂估价的材料、工程设备属于依法必须招标的，由发承包双方以招标的方式选择供应商。中标价格与招标工程量清单中所列的暂估价的差额以及相应的规费、税金等费用，应列入合同价格。

（2）发包人在招标工程量清单中给定暂估价的材料和工程设备不属于依法必须招标的，由承包人按照合同约定采购。经发包人确认的材料和工程设备价格与招标工程量清单中所列的暂估价的差额以及相应的规费、税金等费用，应列入合同价格。

（3）发包人在工程量清单中给定暂估价的专业工程不属于依法必须招标的，应按照 3. 相应条款的规定确定专业工程价款。经确认的专业工程价款与招标工程量清单中所列的暂估价的差额以及相应的规费、税金等费用，应列入合同价格。

（4）发包人在招标工程量清单中给定暂估价的专业工程，依法必须招标的，应当由发承包双方依法组织招标选择专业分包人，并接受有管辖权的建设工程招标投标管理机构的监督。

除合同另有约定外，承包人不参与投标的专业工程发包招标，应由承包人作为招标人，但招标文件评标工作、评标结果应报送发包人批准。与组织招标工作有关的费用应当被认为已经包括在承包人的签约合同价（投标总报价）中。

承包人参加投标的专业工程发包招标，应由发包人作为招标人，与组织招标工作有关的费用由发包人承担。同等条件下，应优先选择承包人中标。

（5）专业工程分包中标价格与招标工程量清单中所列的暂估价的差额以及相应的规费、税金等费用，应列入合同价格。

9. 计日工

（1）发包人通知承包人以计日工方式实施的零星工作，承包人应予执行。

（2）采用计日工计价的任何一项变更工作，承包人应在该项变更的实施过程中，每天提交以下报表和有关凭证送发包人复核。

① 工作名称、内容和数量。

② 投入该工作所有人员的姓名、工种、级别和耗用工时。

③ 投入该工作的材料名称、类别和数量。

④ 投入该工作的施工设备型号、台数和耗用台时。

⑤ 发包人要求提交的其他资料和凭证。

（3）任一计日工项目持续进行时，承包人应在该项工作实施结束后的 24 小时内，向发包人提交有计日工记录汇总的现场签证报告一式三份。发包人在收到承包人提交现场签证报告后的 2 天内予以确认并将其中一份返还给承包人，作为计日工计价和支付的依据。发包人逾期未确认也未提出修改意见的，视为承包人提交的现场签证报告已被发包人认可。

（4）任一计日工项目实施结束。发包人应按照确认的计日工现场签证报告核实该类项目的工程数量，并根据核实的工程数量和承包人已标价工程量清单中的计日工单价计算，提出应付价款；已标价工程量清单中没有该类计日工单价的，由发承包双方按 3. 的规定商定计日工单价计算。

（5）每个支付期末，承包人应按照"六、合同价款中期支付"中 4. 的规定向发包人提交本期间所有计日工记录的签证汇总表，以说明本期间自己认为有权得到的计日工价款，列入进度款支付。

10. 现场签证

（1）承包人应发包人要求完成合同以外的零星项目、非承包人责任事件等工作的，发包人应及时以书面形式向承包人发出指令，并应提供所需的相关资料；承包人在收到指令后，应及时向发包人提出现场签证要求。

（2）承包人应在收到发包人指令后的 7 天内，向发包人提交现场签证报告，报告中应写明所需的人工、材料和施工机械台班的消耗量等内容。发包人应在收到现场签证报告后的 48 小时内对报告内容进行核实，予以确认或提出修改意见。发包人在收到承包人现场签证报告后的 48 小时内未确认也未提出修改意见的，视为承包人提交的现场签证报告已被发包人认可。

（3）现场签证的工作如已有相应的计日工单价，则现场签证中应列明完成该类项目所需的人工、材料、工程设备和施工机械台班的数量。

如现场签证的工作没有相应的计日工单价，应在现场签证报告中列明完成该签证工作所需的人工、材料设备和施工机械台班的数量及其单价。

（4）合同工程发生现场签证事项，未经发包人签证确认，承包人便擅自施工的，除非征得发包人同意，否则发生的费用由承包人承担。

（5）现场签证工作完成后的 7 天内，承包人应按照现场签证内容计算价款，报送发包人确认后，作为追加合同价款，与工程进度款同期支付。

11. 不可抗力

因不可抗力事件导致的费用，发、承包双方应按以下原则分别承担并调整工程价款。

（1）工程本身的损害、因工程损害导致第三方人员伤亡和财产损失以及运至施工场地用于施工的材料和待安装的设备的损害，由发包人承担。

（2）发包人、承包人人员伤亡由其所在单位负责，并应承担相应费用。

（3）承包人的施工机械设备损坏及停工损失，由承包人承担。

（4）停工期间，承包人应发包人要求留在施工场地的必要的管理人员及保卫人员的费用由发包人承担。

（5）工程所需清理、修复费用，由发包人承担。

12. 提前竣工（赶工补偿）

（1）发包人要求承包人提前竣工，应征得承包人同意后与承包人商定采取加快工程进度的措施，并修订合同工程进度计划。

（2）合同工程提前竣工，发包人应承担承包人由此增加的费用，并按照合同约定向承包人支付提前竣工（赶工补偿）费。

（3）发承包双方应在合同中约定提前竣工每日历天应补偿额度。除合同另有约定外，提前竣工补偿的最高限额为合同价款的5%。此项费用应列入竣工结算文件中，与结算款一并支付。

13. 误期赔偿

（1）如果承包人未按照合同约定施工，导致实际进度迟于计划进度的，发包人应要求承包人加快进度，实现合同工期。

合同工程发生误期，承包人应赔偿发包人由此造成的损失，并应按照合同约定向发包人支付误期赔偿费。即使承包人支付误期赔偿费，也不能免除承包人按照合同约定应承担的任何责任和应履行的任何义务。

（2）发承包双方应在合同中约定误期赔偿费，明确每日历天应赔额度。除合同另有约定外，误期赔偿费的最高限额为合同价款的5%。误期赔偿费列入竣工结算文件中，在结算款中扣除。

（3）如果在工程竣工之前，合同工程内的某单位工程已通过了竣工验收，且该单位工程接收证书中表明的竣工日期并未延误，而是合同工程的其他部分产生了工期延误时，则误期赔偿费应按照已颁发工程接收证书的单位工程造价占合同价款的比例幅度予以扣减。

14. 施工索赔

（1）合同一方向另一方提出索赔时，应有正当的索赔理由和有效证据，并应符合合同的相关约定。

（2）根据合同约定，承包人认为非承包人原因发生的事件造成了承包人的损失，应按以下程序向发包人提出索赔。

① 承包人应在索赔事件发生后 28 天内，向发包人提交索赔意向通知书，说明发生索赔事件的事由。承包人逾期未发出索赔意向通知书的，丧失索赔的权利。

② 承包人应在发出索赔意向通知书后 28 天内，向发包人正式提交索赔通知书。索赔通知书应详细说明索赔理由和要求，并附必要的记录和证明材料。

③ 索赔事件具有连续影响的，承包人应继续提交延续索赔通知，说明连续影响的实际情况和记录。

④ 在索赔事件影响结束后的 28 天内，承包人应向发包人提交最终索赔通知书，说明最终索赔要求，并附必要的记录和证明材料。

（3）承包人索赔应按下列程序处理。

① 发包人收到承包人的索赔通知书后，应及时查验承包人的记录和证明材料。

② 发包人应在收到索赔通知书或有关索赔的进一步证明材料后的 28 天内，将索赔处理结果答复承包人，如果发包人逾期未作出答复，视为承包人索赔要求已被发包人认可。

③ 承包人接受索赔处理结果的，索赔款项在当期进度款中进行支付；承包人不接受索赔处理结果的，按合同约定的争议解决方式办理。

（4）承包人要求赔偿时，可以选择以下一项或几项方式获得赔偿。

① 延长工期。

② 要求发包人支付实际发生的额外费用。

③ 要求发包人支付合理的预期利润。

④ 要求发包人按合同的约定支付违约金。

（5）若承包人的费用索赔与工期索赔要求相关联时，发包人在作出费用索赔的批准决定时，应结合工程延期，综合作出费用赔偿和工程延期的决定。

（6）发承包双方在按合同约定办理了竣工结算后，应被认为承包人已无权再提出竣工结算前所发生的任何索赔。承包人在提交的最终结清申请中，只限于提出竣工结算后的索赔，提出索赔的期限自发承包双方最终结清时终止。

（7）根据合同约定，发包人认为由于承包人的原因造成发包人的损失，应参照承包人索赔的程序进行索赔。

（8）发包人要求赔偿时，可以选择以下一项或几项方式获得赔偿。

① 延长质量缺陷修复期限。

② 要求承包人支付实际发生的额外费用。

③ 要求承包人按合同的约定支付违约金。

（9）承包人应付给发包人的索赔金额可从拟支付给承包人的合同价款中扣除，或由承包人以其他方式支付给发包人。

15. 暂列金额

（1）已签约合同价中的暂列金额由发包人掌握使用。

（2）发包人按照 1. ~14. 的规定所作支付后，暂列金额如有余额归发包人。

● 八、竣工结算与支付

1. 竣工结算

（1）合同工程完工后，承包人应在提交竣工验收申请前编制完成竣工结算文件，并在提交竣工验收申请的同时向发包人提交竣工结算文件。

承包人未在规定的时间内提交竣工结算文件，经发包人催促后14 天内仍未提交或没有明确答复，发包人有权根据已有资料编制竣工结算文件，作为办理竣工结算和支付结算款的依据，承包人应予以认可。

（2）发包人应在收到承包人提交的竣工结算文件后的 28 天内审核完毕。

发包人经核实，认为承包人还应进一步补充资料和修改结算文件，应在上述时限内向承包人提出核实意见，承包人在收到核实意见后的 14 天内按照发包人提出的合理要求补充资料，修改竣工结算文件，并再次提交给发包人复核后批准。

（3）发包人应在收到承包人再次提交的竣工结算文件后的 28 天内予以复核，并将复核结果通知承包人。

① 发包人、承包人对复核结果无异议的，应在 7 天内在竣工结算文件上签字确认，竣工结算办理完毕。

② 发包人或承包人对复核结果认为有误的，无异议部分按第①款规定办理不完全竣工结算；有异议部分由发承包双方协商解决；协商不成的，按照合同约定的争议解决方式处理。

（4）发包人在收到承包人竣工结算文件后的 28 天内，不审核竣工结算或未提出审核意见的，视为承包人提交的竣工结算文件已被发包人认可，竣工结算办理完毕。

承包人在收到发包人提出的核实意见后的 28 天内，不确认也未提出异议的，视为发包人提出的核实意见已被承包人认可，竣工结算办理完毕。

（5）发包人委托造价咨询人审核竣工结算的，工程造价咨询人应在 28 天内审核完毕，审核结论与承包人竣工结算文件不一致的，应提交给承包人复核；承包人应在 14 天内将同意审核结论或不同意见的说明提交工程造价咨询人。工程造价咨询人收到承包人提出的异议后，应再次复核，复核无异议的，应按（3）第①款的规定办理，复核后仍有异议的，按（3）第②款的规定办理。

承包人逾期未提出书面异议，视为工程造价咨询人审核的竣工结算文件已经承包人认可。

（6）对发包人或造价咨询人指派的专业人员与承包人经审核后无异议的竣工结算文件，除非发包人能提出具体、详细的不同意见，发包人应在竣工结算文件上签名确认，拒不签认的，承包人可不交付竣工工程。承包人有权拒绝与发包人或其上级部门委托的工程造价咨询人重新核对竣工结算文件。

承包人未及时提交竣工结算文件的，发包人要求交付竣工工程，承包人应当交付；发包人不要求交付竣工工程，承包人承担照管所建工程的责任。

（7）发承包双方或一方对工程造价咨询人出具的竣工结算文件有异议时，可向当地工程造价管理机构投诉，申请对其进行执业质量鉴定。

（8）工程造价管理机构受理投诉后，应当组织专家对投诉的竣工结算文件进行质量鉴定，并作出鉴定意见。

（9）竣工结算办理完毕，发包人应将竣工结算书报送工程所在地（或有该工程管辖权的行业主管部门）工程造价管理机构备案，竣工结算书作为工程竣工验收备案、交付使用的必备文件。

2. 结算款支付

（1）承包人应根据办理的竣工结算文件，向发包人提交竣工结算款支付申请。该申请应包括下列内容。

① 竣工结算总额。

② 已支付的合同价款。

③ 应扣留的质量保证金。

④ 应支付的竣工付款金额。

（2）发包人应在收到承包人提交竣工结算款支付申请后 7 天内予以核实，向承包人签发竣工结算支付证书。

（3）发包人签发竣工结算支付证书后的 14 天内，按照竣工结算支付证书列明的金额向承包人支付结算款。

（4）发包人未按照第（3）条规定支付竣工结算款的，承包人可催告发包人支付，并有权获得延迟支付的利息。竣工结算支付证书签发后 56 天内仍未支付的，除法律另有规定外，承包人可与发包人协商将该工程折价，也可直接向人民法院申请将该工程依法拍卖。承包人应就该工程折价或拍卖的价款优先受偿。

3. 质量保证（修）金

（1）承包人未按照法律法规有关规定和合同约定履行质量保修义务的，发包人有权从质量保证金中扣留用于质量保修的各项支出。

（2）发包人应按照合同约定的质量保修金比例从每支付期应支付给承包人的进度款或结算款中扣留，直到扣留的金额达到质量保证金的金额为止。

（3）在保修责任期终止后的 14 天内，发包人应将剩余的质量保证金返还给承包人。剩余质量保证金的返还，并不能免除承包人按照合同约定应承担的质量保修责任和应履行的质量保修义务。

4. 最终结清

（1）发承包双方应在合同中约定最终结清款的支付时限。承包人应按照合同约定的期限向发包人提交最终结清支付申请。发包人对最终结清支付申请有异议的，有权要求承包人进行修正和提供补充资料。承包人修正后，应再次向发包人提交修正后的最终结清支付申请。

（2）发包人应在收到最终结清支付申请后的 14 天内予以核实，向承包人签发最终结清证书。

（3）发包人应在签发最终结清支付证书后的 14 天内，按照最终结清支付证书列明的金额向承包人支付最终结清款。

（4）若发包人未在约定的时间内核实，又未提出具体意见的，视为承包人提交的最终结清支付申请已被发包人认可。

（5）发包人未按期最终结清支付的，承包人可催告发包人支付，并有权获得延迟支付的利息。

（6）承包人对发包人支付的最终结清款有异议的，按照合同约定的争议解决方式处理。

九、合同价款争议的解决

1. 监理或造价工程师暂定

（1）若发包人和承包人之间就工程质量、进度、价款支付与扣除、工期延期、索赔、价款调整等发生任何法律上、经济上或技术上的争议，首先应根据已签约合同的规定，提交合同约定职责范围内的总监理工程师或造价工程师解决，并抄给另一方。总监理工程师或造价工程师在收到此提交件后 14 天内应将暂定结果通知发包人和承包人。发承包双方对暂定结果认可的，应以书面形式予以确认，暂定结果成为最终决定。

（2）发承包双方在收到总监理工程师或造价工程师的暂定结果通知之后的 14 天内，未对暂定结果予以确认也未提出不同意见的，视为发承包双方已认可该暂定结果。

（3）发承包双方或一方不同意暂定结果的，应以书面形式向总监理工程师或造价工程师提出，说明自己认为正确的结果，同时抄送另一方，此时该暂定结果成为争议。在暂定结果不实质影响发承包双方当事人履约的前提下，发承包双方应实施该结果，直到其被改变为止。

2. 管理机构的解释或认定

（1）计价争议发生后，发承包双方可就下列事项以书面形式提请下列机构对争议作出解释或认定。

① 有关工程安全标准等方面的争议应提请建设工程安全监督机构作出。

② 有关工程质量标准等方面的争议应提请建设工程质量监督机构作出。

③ 有关工程计价依据等方面的争议应提请建设工程造价管理机构作出。

上述机构应对上述事项就发承包双方书面提请的争议问题作出书面解释或认定。

（2）发承包双方或一方在收到管理机构书面解释或认定后仍可按照合同约定的争议解决方式提请仲裁或诉讼。除上述管理机构的上级管理部门作出了不同的解释或认定，或在仲裁裁决或法院判决中不予采信的外，第（1）条规定的管理机构作出的书面解释或认定是最终结果，对发承包双方均有约束力。

3. 友好协商

（1）计价争议发生后，发承包双方任何时候都可以进行协商。协商达成一致的，双方应签订书面协议，书面协议对发承包双方均有约束力。

（2）如果协商不能达成一致协议，发包人或承包人都可以按合同约定的其他方式解决争议。

4. 调解

（1）发承包双方应在合同中约定争议调解人，负责双方在合同履行过程中发生争议的调解。

对任何调解人的任命，可以经过双方相互协议终止，但发包人或承包人都不能单独采取行动。除非双方另有协议，在最终结清支付证书生效后，调解人的任期即终止。

（2）如果发承包双方发生了争议，任一方可以将该争议以书面形式提交调解人，并将副本送另一方，委托调解人做出调解决定。

发承包双方应按照调解人可能提出的要求，立即给调解人提供所需要的资料、现场进入权及相应设施。调解人应被视为不是在进行仲裁人的工作。

（3）调解人应在收到调解委托后 28 天内，或由调解人建议并经发承包双方认可的其他期限内，提出调解决定，发承包双方接受调解意见的，经双方签字后作为合同的补充文件，对发承包双方具有约束力，双方都应立即遵照执行。

（4）如果任一方对调解人的调解决定有异议，应在收到调解决定后 28 天内，向另一方发出异议通知，并说明争议的事项和理由。但除非并直到调解决定在友好协商或仲裁裁决中作出修改，或合同已经解除，承包人应继续按照合同实施工程。

（5）如果调解人已就争议事项向发承包双方提交了调解决定，而任一方在收到调解人决定后 28 天内，均未发出表示异议的通知，则调解决定对发承包双方均具有约束力。

5. 仲裁、诉讼

（1）如果发承包双方的友好协商或调解均未达成一致意见，其中的一方已就此争议事项根据合同约定的仲裁协议申请仲裁，应同时通知另一方。

（2）仲裁可在竣工之前或之后进行，但发包人、承包人、调解人各自的义务不得因在工程实施期间进行仲裁而有所改变。如果仲裁是在仲裁机构要求停止施工的情况下进行，则对合同工程应采取保护措施，由此增加的费用由败诉方承担。

（3）在 1.～4. 规定的期限之内，上述有关的暂定或友好协议或调解决定已经有约束力的情况下，如果发承包中一方未能遵守暂定或友好协议或调解决定，则另一方可在不损害他可能具有的任何其他权利的情况下，将未能遵守暂定或不执行友好协议或调解达成书面协议的事项提交仲裁。

（4）发包人、承包人在履行合同时发生争议，双方不愿和解、调解或者和解、调解不成，又没有达成仲裁协议的，可依法向人民法院提起诉讼。

6. 造价鉴定

（1）在合同纠纷案件处理中，需作工程造价鉴定的，应委托具有相应资质的工程造价咨询人进行。

（2）工程造价鉴定应根据合同约定作出，如合同条款约定出现矛盾或约定不明确，应根据《建设工程工程量清单计价规范》（GB 50500—2013）的规定，结合工程的实际情况作出专业判断，形成鉴定结论。

 相关知识

建筑工程工程量清单计价方法的作用

1. 能真正实现市场竞争决定工程造价

工程量清单计价真实地反映了工程实际，为把工程价格的决定权交给市场的参与方提供了可能。工程造价形成的主要阶段是在招投标阶段，在工程招标投标过程中，投标企业在投标报价时必须考虑工程本身的技术特点和招标文件的有关规定以及要求，考虑企业自身施工能力、管理水平和市场竞争能力，同时还必须考虑其他方面的许多因素，例如工程结构、施工环境、地质构造、工程进度、建设规模、资源安排计划等因素。在综合分析这些因素影响程度的基础上，对投标报价作出灵活机动的调整，使报价能够比较准确地与工程实际及市场条件相吻合。只有这样才能把投标定价的自主权真正交给招标和投标单位，投标单位才会对自己的报价承担相应的风险与责任，从而建立起真的风险制约和竞争机制，最终通过市场来配置资源，决定工程造价。真正实现通过市场机制决定工程造价。

2. 有利于业主获得最合理的工程造价

工程量清单计价方法本身要求投标企业在工程招标过程中竞争

报价，对于综合实力强、管理水平高、社会信誉好的施工企业将具有较强的竞争力和中标机会，这样，招标单位将获得最合理的工程造价和较理想的施工单位，更能体现招标投标宗旨。同时也可为业主的工程造价控制提供准确、可靠的依据。

3. 有利于促进施工企业改进经营管理，提高技术水平，增强综合实力

社会主义市场经济体现的是优胜劣汰。推行工程量清单计价方法，对促进施工企业改进经营管理，提高技术水平，增强综合实力，在建设市场竞争中处于不败之地。通过对单位工程成本、利润进行分析，统筹考虑、精心选择施工方案，并根据企业定额合理确定人工、材料、施工机械要素的投入与配置，降低现场费用和施工技术措施费用，提高控制与管理工程造价的能力。工程质量、工程造价、施工工期三者之间存在着一定的必然联系，推行工程量清单招标，有利于将工程的"质"与"量"紧密结合起来。因为投标商在报价当中必须充分考虑工期和质量因素，这是客观规律的反映和要求。推行工程量清单招标有利于投标商通过报价的调整来反映质量、工期、成本三者之间的科学关系。总之，推行工程量清单计价方法，最终将全面提高我国建筑安装施工企业的整体水平。

4. 有利于参与国际市场的竞争

在当今全球市场经济一体化的趋势下，我国的建设市场将进一步对外开放，采用工程量清单计价方法是创造一个与国际惯例接轨的市场竞争环境，同时，有利于提高国内建设各方主体参与国际化竞争的能力，从而达到提高工程建设的整体管理水平。

第6章　建筑工程造价的编制与审查

第1节　建筑工程施工图预算

施工图预算是指在设计的施工图完成以后，以施工图为依据，根据预算定额、费用标准以及工程所在地区的人工、材料和施工机械设备台班的预算价格编制的，确定建筑工程、安装工程预算造价的文件。

解　　释

一、施工图预算的内容

施工图预算包括单位工程预算、单项工程预算和建设项目总预算。

单位工程预算是根据施工图设计文件、现行预算定额、单位估价表、费用定额以及人工、材料、设备和机械台班等预算价格资料，以一定的方法，编制单位工程的施工图预算；然后汇总所有各单位工程施工图预算，成为单项工程施工图预算；再汇总所有单项工程施工图预算，形成最终的建设项目建筑安装工程的总预算。

单位工程预算包括建筑工程预算和设备安装工程预算。建筑工程预算按照其工程性质可以分为一般土建工程预算、给排水工程预算、采暖通风工程预算、煤气工程预算、电气照明工程预算、弱电工程预算、特殊构筑物（例如炉窑等）工程预算和工业管道工程预算等。设备安装工程预算可以分为机械设备安装工程预算、电气设备安装工程预算和热力设备安装工程预算等。

二、施工图预算的编制

1. 施工图预算的编制依据

（1）国家、行业和地方政府有关工程建设和造价管理的法律、法规和规定。

（2）经过批准和会审的施工图设计文件和有关标准图集。

（3）企业定额、现行建筑工程和安装工程预算定额和费用定额、单位估价表以及有关费用规定等文件。

（4）工程地质勘察资料。

（5）建设场地中的自然条件和施工条件。

（6）材料与构配件市场价格和价格指数。

（7）施工组织设计或施工方案。

（8）经批准的拟建项目的概算文件。

（9）工程承包合同和招标文件。

（10）现行的有关设备原价以及运杂费率。

2．施工图预算的编制方法

（1）工料单价法

工料单价法是指以分部分项工程的单价为直接工程费单价，以分部分项工程量乘以对应分部分项工程单价后合计为单位直接工程费，直接工程费汇总后另加措施费、间接费、利润和税金生成施工图预算造价。

按照分部分项工程单价产生的方法不同，工料单价法分为预算单价法和实物法。

1）预算单价法。预算单价法是指采用地区统一单位估价表中的各分项工程的工料预算单价（基价）乘以相应的各分项工程的工程量，求和后得到包括人工费、材料费和施工机械使用费在内的单位工程直接工程费，措施费、间接费、利润和税金可以根据统一规定的费率乘以相应的计费基数得到，将上述费用汇总后得到该单位工程的施工图预算造价。

预算单价法编制施工图预算的基本步骤如下。

① 编制前的准备工作。编制施工图预算的过程就是具体确定建筑安装工程预算造价的过程。在编制施工图预算时，不仅要严格遵守国家计价法规、政策，严格按图纸计量，而且还要考虑施工现场条件因素，它是一项复杂、细致的工作，也是一项政策性和技术

性都很强的工作，所以，必须事前做好充分的准备。准备工作主要包括以下两大方面：一是组织准备；二是资料的收集和现场情况的调查。

② 熟悉图纸和预算定额以及单位估价表。图纸是编制施工图预算的基本依据。熟悉图纸不仅要弄清图纸的内容，而且还要对图纸进行审核：图纸间相关尺寸是否有误，设备与材料表上的规格、数量是否与图示相符；详图、说明、尺寸和其他符号是否正确等。若发现错误应及时纠正。除此以外，还要熟悉标准图以及设计变更通知（或类似文件），这些都是图纸的构成部分，不可遗漏。通过对图纸的熟悉，要了解工程的性质和系统的构成，设备和材料的规格型号和品种，以及有无新材料和新工艺的采用。

预算定额和单位估价表是编制施工图预算的计价标准，对其适用范围、工程量计算规则以及定额系数等都要充分地了解，要做到心中有数，这样才能使预算编制既准确又迅速。

③ 了解施工组织设计和施工现场情况。在编制施工图预算前，应了解施工组织设计中影响工程造价的相关内容。例如，各分部分项工程的施工方法，土方工程中余土外运使用的工具和运距，施工平面图对建筑材料、构件等堆放点到施工操作地点的距离等，以便能正确计算工程量和套用或确定某些分项工程的基价。这对于正确计算工程造价，提高施工图预算的质量，具有非常重要的意义。

④ 划分工程项目和计算工程量。

划分的工程项目必须和定额规定的项目相同，这样才能正确地套用定额。不能重复列项计算，也不能漏项少算。

计算并整理工程量时，必须按定额规定的工程量计算规则进行计算，该扣除的部分要扣除，不该扣除的部分不能扣除。若按照工程项目将工程量全部计算完以后，要对工程项目和工程量进行整理，即合并同类项和按序排列，为套用定额、计算直接工程费以及进行工料分析打下基础。

⑤ 套单价（计算定额基价）。它是指将定额子项中的基价填入预算表单价栏内，并且将单价乘以工程量得出合价，将结果填入合

价栏。

⑥ 工料分析。工料分析即按照分项工程项目，根据定额或单位估价表，计算人工以及各种材料的实物的耗量，并且将主要材料汇总成表。工料分析的方法如下：首先从定额项目表中分别将各分项工程消耗的每项材料和人工的定额消耗量查出；再分别乘以该工程项目的工程量，得到分项工程工料消耗量，最后将各分项工程工料消耗量汇总，得到单位工程人工、材料的消耗数量。

⑦ 计算主材费（未计价材料费）。由于许多定额项目基价为不完全价格，即未包括主材费用。计算所在地定额基价费之后，还应计算出主材费，以便计算工程造价。

⑧ 按费用定额取费。它是指按相关规定计取措施费，以及按当地费用定额的取费规定计取间接费、利润和税金等。

⑨ 计算汇总工程造价。

将直接费、间接费、利润和税金相加即为工程预算造价。

预算单价法施工图预算编制程序如图 6-1 所示。图中双线箭头表示施工图预算编制的主要程序。施工图预算编制依据的代号为 a、t、k、l、m、n、p、q、r。施工图预算编制内容的代号为 b、c、d、e、f、g、h、i、s、j。

2）实物法。用实物法编制单位工程施工图预算，是指根据施工图计算的各分项工程量分别乘以地区定额中人工、材料和施工机械台班的定额消耗量，分类汇总得到该单位工程所需要的全部人工、材料和施工机械台班消耗数量，然后再乘以当时当地人工工日单价、各种材料单价和施工机械台班单价，算出相应的人工费、材料费和机械使用费，再加上措施费，即可求出该工程的直接费。间接费、利润以及税金等费用计取方法与单价法相同。

单位工程直接工程费的计算可以按照下列公式计算。

$$人工费 = 综合工日消耗量 \times 综合工日单价 \qquad (6-1)$$

$$材料费 = \sum(各种材料消耗量 \times 相应材料单价) \qquad (6-2)$$

$$机械费 = \sum(各种机械消耗量 \times 相应机械台班单价) \qquad (6-3)$$

$$单位工程直接工程费 = 人工费 + 材料费 + 机械费 \qquad (6-4)$$

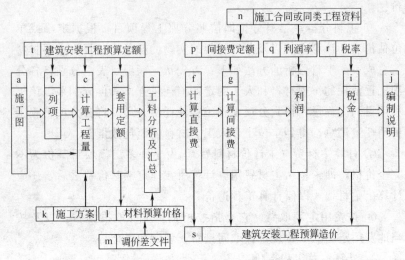

图 6-1　预算单价法施工图预算编制程序示意图

实物法的优点是能够比较及时地将反映各种材料、人工和机械的当时当地市场单价计入预算价格，无需调价，反映当时当地的工程价格水平。

实物法编制施工图预算的基本步骤如下。

① 编制前的准备工作。具体的工作内容同预算单价法相应步骤的内容。但是此时要全面地收集各种人工、材料和机械台班的当时当地的市场价格，包括不同品种、规格的材料预算单价；不同工种、等级的人工工日单价；不同种类、型号的施工机械台班单价等。要求获得的各种价格内容全面、真实、可靠。

② 熟悉图纸以及预算定额。该步骤与预算单价法相应步骤相同。

③ 了解施工组织设计和施工现场情况。该步骤与预算单价法相应步骤相同。

④ 划分工程项目和计算工程量。该步骤与预算单价法相应步骤相同。

⑤ 套用定额消耗量，计算人工、材料和机械台班消耗量。根

据地区定额中人工、材料和施工机械台班的定额消耗量，乘以各分项工程的工程量，分别计算出各分项工程所需的各类人工工日数量、各类材料消耗数量以及各类施工机械台班数量。

⑥ 计算并且汇总单位工程的人工费、材料费和施工机械台班费。在计算出各分部分项程的各类人工工日数量、材料消耗数量以及施工机械台班数量后。先按照类别相加汇总求出该单位工程所需的各种人工、材料和施工机械台班的消耗数量，再分别乘以当时当地相应人工、材料和施工机械台班的实际市场单价，即可求出单位工程的人工费、材料费和机械使用费，最后汇总计算出单位工程直接工程费。其计算公式为

$$\frac{单位工程}{直接工程费} = \sum(工程量 \times 定额人工消耗量 \times 市场工日单价)$$

$$+ \sum(工程量 \times 定额材料消耗量 \times 市场材料单价)$$

$$+ \sum(工程量 \times 定额机械台班消耗量$$

$$\times 市场机械台班单价) \qquad (6-5)$$

⑦ 计算其他费用，汇总工程造价。对于措施费、间接费、利润和税金等费用的计算，可以采用与预算单价法相似的计算程序，只是相关费率是根据当时当地建设市场的供求情况确定。将直接费、间接费、利润和税金等汇总即为单位工程预算造价。

（2）综合单价法

综合单价法是指分项工程单价综合了直接工程费及其以外的多项费用，它按照单价综合的内容不同可以分为全费用综合单价和清单综合单价。

1）清单综合单价。分部分项工程清单综合单价中综合了人工费、材料费、施工机械使用费，企业管理费、利润，并且考虑了一定范围的风险费用，但是并不包括措施费、规费和税金，所以它是一种不完全单价。以各分部分项工程量乘以该综合单价的合价汇总后，再加上措施项目费、规费和税金后，即为单位工程的造价。其计算公式如下

建筑安装工程预算造价 $= \sum$（分项工程量 $\times$ 分项工程不完全单价）

$$+措施项目不完全价格＋规费＋税金$$

$$(6-6)$$

2）全费用综合单价。全费用综合单价是指单价中综合了分项工程人工费、材料费、机械费，管理费、利润、规费和有关文件规定的调价、税金以及一定范围的风险等全部费用。以各分项工程量乘以全费用单价的合价汇总后，再加上措施项目的完全价格，即为单位工程施工图造价。其计算公式如下。

$$建筑安装工程预算造价＝\sum（分项工程量×分项工程全费用单价）$$

$$+措施项目完全价格 \qquad (6-7)$$

三、施工图预算的审查

1. 施工图预算的审查方法

审查施工图预算的方法主要包括全面审查法、标准预算审查法、分组计算审查法、重点抽查法、利用手册审查法、对比审查法、筛选审查法及分解对比审查法 8 种。

（1）全面审查法。它又称逐项审查法，是指按预算定额顺序或施工的先后顺序，逐一、全部地进行审查的方法。其具体计算方法和审查过程与编制施工图预算基本一致。其优点是全面、细致，经审查的工程预算差错比较少，质量比较高；缺点是工作量比较大。所以在一些工程量比较小、工艺比较简单的工程，编制工程预算的技术力量又比较薄弱的，采用全面审查法的比较多。

（2）标准预算审查法。它是指对于利用标准图纸或通用图纸施工的工程，先集中力量，编制标准预算，以此为标准审查预算的方法。按标准图纸设计或通用图纸施工的工程通常上部结构和做法相同，可集中力量细审或编制一份预算，作为这种标准图纸的标准预算，或用这种标准图纸的工程量为标准，对照审查，而对局部不同部分作单独审查即可。其优点是时间短、效果好、好定案；缺点是只适用于按标准图纸设计的工程，适用范围小。

（3）分组计算审查法。它是一种加快审查工程量速度的方法，是指把预算中的项目划分为若干个组，并且把相邻具有一定内在联系的项目编为一组，审查或计算同一组中某个分项工程量，利用工程量间具有相同或相似计算基础的关系，判断同组中其他几个分项工程量计算的准确程度的方法。

（4）重点抽查法。它是指抓住工程预算中的重点进行审查的方法。审查的重点通常是工程量大或造价较高、工程结构复杂的工程，补充单位估价表，计取的各项费用（计费基础、取费标准等）。其优点是重点突出、审查时间短、效果好。

（5）利用手册审查法。它是指把工程中常用的构件和配件，事先整理成预算手册，按手册对照审查的方法。例如我们可以将工程常用的预制构件配件按标准图集计算出工程量，套上单价，编制成预算手册使用，可以大大简化预结算的编审工作。

（6）对比审查法。它是用已建成工程的预算或虽未建成但已审查修正的工程预算对比审查拟建的类似工程预算的一种方法。通常有下述几种情况，应根据工程的不同条件，区别对待。

① 两个工程采用同一个施工图，但是基础部分和现场条件不同。其新建工程基础以上部分可采用对比审查法；不同部分可分别采用相应的审查方法进行审查。

② 两个工程设计相同，但是建筑面积不同。根据两个工程建筑面积之比与两个工程分部分项工程量之比例基本一致的特点，可审查新建工程各分部分项工程的工程量。或者用两个工程每平方米建筑面积造价以及每平方米建筑面积的各分部分项工程量，进行对比审查，若基本一致，说明新建工程预算是正确的，反之，说明新建工程预算有问题，找出差错原因，加以更正。

③ 两个工程的面积相同，但是设计图纸不完全相同时，可把相同的部分，进行工程量的对比审查，不能对比的分部分项工程按图纸计算。

（7）筛选审查法。它不仅是一种统筹法，也是一种对比方法。建筑工程虽然有建筑面积和高度的不同，但是它们的各个分部分项工程的工程量、造价、用工量在每个单位面积上的数值变化不大，将这些数据加以汇集，优选，归纳为工程量、造价（价值）、用工

3个单方基本值表，并且注明其适用的建筑标准。这些基本值就像"筛子孔"，用来筛选各分部分项工程，筛下去的就不审查了，没有筛下去的就意味着此分部分项的单位建筑面积数值不在基本值范围之内，应对该分部分项工程详细地审查。若所审查的预算的建筑面积标准与"基本值"所适用标准不同，就要对其进行调整。

筛选法的优点是简单易懂，便于掌握，审查速度和发现问题快。但是要解决差错、分析其原因时需继续审查。所以，此法适用于住宅工程或不具备全面审查条件的工程。

（8）分解对比审查法。一个单位工程，按直接费与间接费进行分解，然后再把直接费按工种和分部工程进行分解，分别与审定的标准预算进行对比分析的方法，称为分解对比审查法。其审查步骤如下。

第一步，全面审查某种建筑的定型标准施工图或重复使用的施工图的工程预算。经审定后作为审查其他类似工程预算的对比基础。而且将审定预算按照直接费与应取费用分解成两部分，再把直接费分解为各工种工程和分部工程预算，分别计算出每平方米预算价格。

第二步，把拟审的工程预算与同类型预算单方造价进行对比，若出入在1%～3%（根据本地区要求），再按分部分项工程进行分解，边分解边对比，若存在对出入较大者，应进一步审查。

第三步，对比审查。其方法如下。

① 经分析对比，若发现应取费用相差较大，应考虑建设项目的投资来源和工程类别及其取费项目和取费标准是否符合现行规定；若材料调价相差较大，则应进一步审查《材料调价统计表》，将各种调价材料的用量、单位差价及其调增数量等进行对比。

② 经过分解对比，若发现土建工程预算价格出入较大，首先审查其土方和基础工程，因为±0.00mm以下的工程通常相差较大。再对比其余各个分部工程，若发现某一分部工程预算价格相差较大时，再进一步对比各分项工程或工程细目。在对比时，先检查所列工程细目是否正确，预算价格是否相同。若发现相差较

大者，再进一步审查所套预算单价，最后审查该项工程细目的工程量。

2. 施工图预算的审查步骤

（1）做好审查前的准备工作。

① 熟悉施工图纸。施工图是编审预算分项数量的重要依据，必须全面地熟悉了解，核对所有图纸，清点无误后，依次识读。

② 了解预算包括的范围。根据预算编制说明，了解预算包括的工程内容。例如，配套设施、室外管线、道路以及会审图纸后的设计变更等。

③ 弄清预算采用的单位估价表。任何单位估价表或预算定额都具有一定的适用范围，应该根据工程性质，搜集熟悉相应的单价和定额资料。

（2）选择合适的审查方法，按照相应内容审查。由于工程规模和繁简程度不同，施工方法和施工企业情况不一样，所编工程预算和质量也就不同，所以需选择适当的审查方法进行审查。

（3）调整预算。综合整理审查资料，并且与编制单位交换意见，定案后编制调整预算。审查后需要进行增加或核减的，与编制单位协商，统一意见后进行修正。

📖 **相关知识**

🔵 **审查施工图预算的意义**

（1）它有利于控制工程造价，克服、防止预算超概算。

（2）它有利于加强固定资产投资管理，节约建设资金。

（3）它有利于施工承包合同价的合理确定和控制。施工图预算对于招标工程来说是编制招标控制价的依据。对于不宜招标的工程来说，它又是合同价款结算的基础。

（4）它有利于积累和分析各项技术经济指标，不断地提高设计水平。通过审查工程预算，核实了预算价值，为积累和分析技术经济指标提供了准确的数据，进而通过有关指标的比较，找出设计中的薄弱环节，以便及时改进，不断地提高设计水平。

第 2 节 建筑工程竣工结算

要　点

竣工结算是指由施工企业按照合同规定的内容全部完成所承包的工程，经建设单位以及相关单位验收质量合格，并且符合合同要求之后，在交付生产或使用前，由施工单位根据合同价格和实际发生的费用增减变化（变更、签证或洽商等）情况进行编制，并且经发包方或委托方签字确认的，正确地反映该项工程最终实际造价，并作为向发包单位进行最终结算工程款的经济文件。

解　释

一、工程竣工结算的内容

1. 封面与编制说明

（1）工程结算封面。工程结算封面反映建设单位建设工程概要，表明编审单位资质与责任。

（2）工程结算编制说明。对于包干性质的工程结算，工程结算编制说明包括：编制依据；结算范围；甲、乙双方应着重说明的包干范围以外的问题；协商处理的有关事项以及其他必须说明的问题。

2. 工程原施工图预算

工程原施工图预算不仅是工程竣工结算主要的编制依据，还是工程结算的重要组成部分，不可遗漏。

3. 工程结算表

结算编制方法中，最突出的特点就是无论采用何种方法，原预算未包括的内容均可调整，所以结算编制主要是指施工中变更内容进行预算调整。

4. 结算工料分析表及材料价差计算表

分析方法同预算编制方法，需对调整工程量进行工、料分析，并且对工程项目材料进行汇总，按照现行市场价格计算工、料价差。

5. 工程竣工结算费用计算表

根据各项费用调整额，按照结算期计费文件的有关规定进行工程计费。

6. 工程竣工结算资料汇总

汇总全部结算资料，并且按照要求分类分施工期和施工阶段进行整理，以审计时待查。

二、工程竣工结算的编制

1. 竣工结算的编制依据

（1）经审批的施工图预算、购料凭证、材料代用价差和施工合同。

（2）工程竣工报告、工程竣工验收证明、图纸会审记录、设计变更通知单以及竣工图。

（3）各种技术资料（例如技术核定单、隐蔽工程记录和停复工报告等）及现场签证记录。

（4）本地区现行预算定额、费用定额、材料预算价格及各种收费标准和双方有关工程计价协定。

（5）不可抗力、不可预见费用的记录以及其他有关文件的规定。

2. 竣工结算的编制方法

（1）合同价格包干法。在考虑了工程造价动态变化的因素后，合同价格一次包死，项目的合同价即为竣工结算造价。结算工程造价的计算公式如下。

$$结算工程造价＝经发包方审定后确定的施工图预算造价$$
$$×（1＋包干系数） \tag{6-8}$$

（2）平方米造价包干法。双方根据一定的工程资料，事先协商好每平方米造价指标，结算时以平方米造价指标乘以建筑面积确定应付的工程价款，计算公式如下。

$$结算工程造价 = 建筑面积 \times 每\ m^2\ 造价指标 \qquad (6\text{-}9)$$

（3）合同价增减法。在签订合同时商定合同价格，但是没有包死，结算时以合同价为基础，按照实际的情况进行增减结算。

（4）工程量清单计价法。以业主和承包方之间的工程量清单报价为依据，进行工程结算。

办理工程价款竣工结算的一般计算公式如下。

$$
\begin{aligned}
竣工结算工程价款 = &\ 预算(或概算)或合同价款\\
&+ 施工过程中预算或合同价款调整数额\\
&- 预付及已结算的工程价款\\
&- 未扣的保修金 \qquad (6\text{-}10)
\end{aligned}
$$

（5）竣工图计算法。结算时根据竣工图、竣工技术资料和预算定额，依据施工图预算编制方法，全部重新计算，最终得出结算工程造价。

（6）预算签证法。按照双方审定的施工图预算签订合同，所有在施工过程中经双方签字同意的凭证都作为结算的依据，结算时以预算价为基础按照所签凭证内容调整。

3. 竣工结算的编制程序

（1）承包方进行竣工结算的程序和方法

1）收集和分析影响工程量差、价差和费用变化的原始凭证。

2）依据工程实际对施工图预算的主要内容进行检查和核对。

3）根据收集的资料和预算对结算进行分类汇总，计算量差和价差，进行费用调整。

4）依据查对结果和各种结算依据，分别归类汇总，填写竣工工程结算单，编制单位工程结算。

5）编写竣工结算说明书。

6）编制单项工程结算。目前国家并没有统一规定工程竣工结算书的格式，各地区可结合当地的情况和需要自行设计计算表格，供结算使用。

单位工程结算费用计算程序见表 6-1 和表 6-2，竣工工程结算单见表 6-3。

表 6-1 土建工程结算费用计算程序表

序号	费用项目	计算公式	金额
1	原概(预)算直接费		
2	历次增减变更直接费		
3	调价金额	[(1)+(2)]×调价系数	
4	直接费	(1)+(2)+(3)	
5	间接费	(4)×相应工程类别费率	
6	利润	[(4)+(5)]×相应工程类别利润率	
7	税金	[(4)+(5)+(6)+(7)]×相应税率	
8	工程造价	(4)+(5)+(6)+(7)	

表 6-2 水、暖、电工程结算费用计算程序表

序号	费用项目	计算公式	金额
1	原概(预)算直接费		
2	历次增减变更直接费		
3	其中:定额人工费	(1)、(2)两项所含	
4	其中:设备费	(1)、(2)两项所含	
5	措施费	(3)×费率	
6	调价金额	[(1)+(2)+(5)]×调价系数	
7	直接费	(1)+(2)+(5)+(6)	
8	间接费	(3)×相应工程类别费率	
9	利润	(3)×相应工程类别利润率	
10	税金	[(7)+(8)+(9)+(10)]×相应税率	
11	设备费价差(±)	(实际供应价-原设备费)×(1+税率)	
12	工程造价	(7)+(8)+(9)+(10)+(11)	

表 6-3 竣工工程结算单

建设单位：   单位：元

1. 原预算造价			
2. 调整预算	增加部分	(1)补充预算	
		(2)	
		(3)	
		...	
		合计	
	减少部分	(1)	
		(2)	
		(3)	
		...	
		合计	
3. 竣工结算总造价			
4. 财务结算		已收工程款	
		报产值的甲供材料设备价值	
		实际结算工程款	
说明			

建设单位： 经办人：	施工单位： 经办人：
年　月　日	年　月　日

（2）业主进行竣工结算的管理程序

1）业主接到承包商提交的竣工结算书后，应该以单位工程为基础，对承包合同内规定的施工内容，包括工程项目、工程量、单价取费以及计算结果等进行检查与核对。

2）核查合同工程的竣工结算，竣工结算应包括以下内容。

346

① 开工前准备工作的费用是否准确。

② 土石方工程与基础处理有无漏算或多算。

③ 钢筋混凝土工程中的钢筋含量是否按照规定进行了调整。

④ 加工订货的项目、规格、数量和单价等与实际安装的规格、数量和单价是否相符。

⑤ 特殊工程中使用的特殊材料的单价有无变化。

⑥ 工程施工变更记录与合同价格的调整是否相符。

⑦ 实际施工中有无与施工图要求不符的项目。

⑧ 单项工程综合结算书与单位工程结算书是否相符。

3）对于核查过程中发现的不符合合同规定的情况，例如多算、漏算或计算错误等，均应予以调整。

4）将批准的工程竣工结算书送交有关部门审查。

5）工程竣工结算书经过确认之后，办理工程价款的最终结算拨款手续。

三、工程竣工结算的审查

（1）自审。竣工结算初稿编定后，施工单位内部先组织审查与校核。

（2）建设单位审查。施工单位自审后编印成正式的结算书送交建设单位审查，建设单位也可委托有关部门批准的工程造价咨询单位进行审查。

（3）造价管理部门审查。若甲乙双方有争议而且协商无效时，可以提请造价管理部门裁决。

各方对竣工结算进行审查的具体内容包括：核对合同条款；检查隐蔽工程验收记录；落实设计变更签证；按图核实工程数量；严格按照合同约定计价；注意各项费用计取；防止各种计算误差。

相关知识

工程结算的主要方式

由于招标投标承建制和发承包承建制的同时存在，所以我国现行工程价款的结（决）算方式主要包括以下几种。

（1）竣工后一次结算。建设项目或单项工程全部建筑安装工程建设期在一年以内，或者工程承包合同价值在100万元以下的，可以实行工程价款每月月中预支，竣工后一次结算。

（2）分段结算与支付。即当年开工、当年不能竣工的工程按照工程形象进度，划分不同阶段进行结算（例如基础工程阶段、砌筑浇注工程阶段、封顶工程阶段、装饰装修工程阶段等）。具体划分标准，由各部门、各地区规定或甲、乙双方在合同中加以明确。

（3）按月结算与支付。即实行按旬末或月中预支，月终结算，竣工后清算的方法。合同工期在两个年度以上的工程，在年终进行工程盘点，办理年度结算。我国现行工程价款的结算，有相当一部分是实行这种结算方式。

（4）其他结算方式。其他结算方式是指双方约定并经开户银行同意的结算方式。根据规定，无论采用哪种结算方式，必须坚持实施预付款制度，甲方应按施工合同的约定时间和数额，及时向乙方支付工程预付款，开工后按合同条款约定的扣款办法陆续扣回。

第3节　建筑工程竣工决算

要　　点

竣工决算是以实物数量和货币指标为计量单位，综合反映竣工项目从筹建开始到项目竣工交付使用为止的全部建设费用、投资效果和财务情况的总结性文件，是竣工验收报告的重要组成部分。它是正确核定新增固定资产价值，考核分析投资效果，建立健全经济责任制的依据，是反映建设项目实际造价和投资效果的文件。通过竣工决算，既能正确反映建设工程的实际造价和投资结果；又可以通过竣工决算与概算、预算的对比分析，考核投资控制的工作成效，为工程建设提供重要的技术经济方面的基础资料，提高未来工程建设的投资效益。

解　释

一、工程竣工决算的内容

建设项目竣工决算应该包括从筹集到竣工投产全过程的全部实际费用，即包括建筑工程费、安装工程费、设备工器具购置费用以及预备费等费用。按照财政部、国家发展改革委和住房和城乡建设部的有关文件规定，竣工决算是由竣工财务决算说明书、竣工财务决算报表、工程竣工图以及工程竣工造价对比分析组成的。其中，竣工财务决算说明书和竣工财务决算报表两部分又称建设项目竣工财务决算，是竣工决算的核心内容。

1. 竣工财务决算说明书

竣工财务决算说明书主要反映竣工工程建设成果和经验，它是对竣工决算报表进行分析和补充说明的文件，是全面考核分析工程投资与造价的书面总结，是竣工决算报告的重要组成部分，其主要内容包括以下几点。

（1）建设项目概况。它是对工程总的评价。通常从进度、质量、安全和造价方面进行分析说明。进度方面，主要说明开工和竣工时间，对照合理工期和要求工期分析是提前还是延期；质量方面，主要根据竣工验收委员会或相当一级质量监督部门的验收评定等级、合格率和优良品率进行说明；安全方面，主要根据劳动工资和施工部门的记录，对有无设备和人身事故进行说明；造价方面，主要对照概算造价，说明节约或超支的情况，用金额和百分率进行分析说明。

（2）资金来源及运用等财务分析。它主要包括工程价款结算、会计账务的处理、财产物资情况以及债权债务的清偿情况。

（3）基本建设收入、投资包干结余、竣工结余资金的上交分配情况。通过对基本建设投资包干情况的分析，说明投资包干数、实际支用数和节约额、投资包干节余的有机构成和包干节余的分配情况。

（4）各项经济技术指标的分析，概算执行情况的分析，根据实际投资完成额与概算进行对比分析；新增生产能力的效益分析，说明支付使用财产占总投资额的比例和占支付使用财产的比例，不增加固定资产的造价占投资总额的比例，分析有机构成和成果。

（5）工程建设的经验及项目管理和财务管理工作以及竣工财务决算中有待解决的问题。

（6）需要说明的其他事项。

2. 竣工财务决算报表

建设项目竣工财务决算报表根据大、中型建设项目和小型建设项目分别制定。大、中型建设项目竣工决算报表包括：建设项目竣工财务决算审批表；大、中型建设项目概况表；大、中型建设项目竣工财务决算表；大、中型建设项目交付使用资产总表；建设项目交付使用资产明细表。小型建设项目竣工财务决算报表包括：建设项目竣工财务决算审批表、竣工财务决算总表和建设项目交付使用资产明细表等。

（1）建设项目竣工财务决算审批表见表 6-4。它作为竣工决算上报有关部门审批时使用，其格式是按照中央级小型项目审批要求设计的，地方级项目可按照审批要求做适当修改，大、中、小型项目都要按照下列要求填报此表。

① 表中"建设性质"按照新建、改建、扩建、迁建和恢复建设项目等分类填列。

② 表中"主管部门"是指建设单位的主管部门。

③ 所有建设项目都须经过开户银行签署意见后，按照有关要求进行报批：中央级小型项目由主管部门签署审批意见；中央级大、中型建设项目报所在地财政监察专员办事机构签署意见后，再由主管部门签署意见报财政部审批；地方级项目由同级财政部门签署审批意见。

④ 已具备竣工验收条件的项目，三个月内应及时地填报审批表，若三个月内不办理竣工验收和固定资产移交手续的视同项目已正式投产，其费用不得从基本建设投资中支付，所实现的收入作为经营收入，不再作为基本建设收入。

表 6-4　建设项目竣工财务决算审批表

建设项目法人(建设单位)		建设性质	
建设项目名称		主管部门	

开户银行意见：

（盖章）

年　月　日

专员办审批意见：

（盖章）

年　月　日

主管部门或地方财政部门审批意见：

（盖章）

年　月　日

（2）大、中型建设项目概况表见表 6-5。它综合反映大、中型项目的基本概况，其内容包括该项目总投资、建设起止时间、新增生产能力、主要材料消耗、建设成本、完成主要工程量和主要技术经济指标，为全面考核和分析投资的效果提供了依据，可以按下列要求填写。

① 建设项目名称、建设地址、主要设计单位和主要承包人，按照全称填列。

② 表中各项目的设计、概算、计划等指标，根据批准的设计文件和概算、计划等确定的数字填列。

③ 表中所列新增生产能力、完成主要工程量的实际数据，根据建设单位统计的资料和承包人提供的有关成本核算资料填列。

④ 表中基建支出是指建设项目从开工起至竣工为止发生的全部基本建设支出，它包括形成资产价值的交付使用资产，例如固定资产、流动资产、无形资产和其他资产支出，还包括不形成资产价值按照规定应核销的非经营项目的待核销基建支出和转出投资。上述支出，应根据财政部门历年批准的基建投资表中的有关数据填

列。按照财政部印发财基字［1998］4 号关于《基本建设财务管理若干规定》的通知，应注意以下几点内容。

表 6-5　大、中型建设项目概况表

建设项目（单项项目）名称			建设地址				项目	概算/元	实际/元	备注
主要设计单位			主要施工企业				建筑安装工程投资			
							设备、工具、器具			
占地面积	设计	实际	总投资/万元	设计	实际	基本建设支出	待摊投资			
							其中：建设单位管理费			
新增生产能力	能力（效益）名称		设计	实际			其他投资			
							待核销基建支出			
建设起止时间	设计		从　年　月开工				非经营项目转出投资			
			至　年　月竣工							
	实际		从　年　月开工				合计			
			至　年　月竣工							
设计概算批准文号										

完成主要工程量	建设规模		设备/（台、套、吨）	
	设计	实际	设计	实际
收尾工程	工程项目、内容	已完成投资额	尚需投资额	完成时间

　　a. 建筑安装工程投资支出、设备工器具投资支出、待摊投资支出以及其他投资支出构成建设项目的建设成本。

　　b. 待核销基建支出是指非经营性项目发生的，例如江河清障、补助群众造林、水土保持、城市绿化、取消项目可行性研究费和项目报废等，不能形成资产部分的投资。对于能够形成资产部分的投资，应计入交付使用资产价值。

　　c. 非经营性项目转出投资支出是指非经营项目为项目配套的专用设施投资，它包括专用道路、专用通信设施、送变电站和地下管道等，其产权不属于本单位的投资支出，对于产权归属本单位的，应计入交付使用资产价值。

⑤ 表中"初步设计和概算批准文号"，按照最后经批准的日期和文件号填列。

⑥ 表中收尾工程是指全部工程项目验收后尚遗留的少量工程，在表中应明确填写收尾工程内容、完成时间和这部分工程的实际成本，可根据实际情况进行估算并且加以说明，完工后不再编制竣工决算。

（3）大、中型建设项目竣工财务决算表见表6-6。它是竣工财务决算报表的一种，大、中型建设项目竣工财务决算表是用来反映建设项目的全部资金来源和资金占用情况的，也是考核和分析投资效果的依据。它反映竣工的大、中型建设项目从开工到竣工为止全部资金来源和资金运用的情况，是考核和分析投资效果，落实结余资金，并且作为报告上级核销基本建设支出和基本建设拨款的依据。在编制该表前，应先编制出项目竣工年度财务决算，根据编制出的竣工年度财务决算和历年财务决算编制项目的竣工财务决算。该表采用平衡表形式，即资金来源合计等于资金支出合计。具体编制方法如下。

① 资金来源包括基建拨款、项目资本金、项目资本公积金、基建借款、上级拨入投资借款、企业债券资金、待冲基建支出、应付款和未交款以及上级拨入资金和企业留成收入等。

a. 项目资本金是指经营性项目投资者按照国家有关项目资本金的规定，筹集并投入项目的非负债资金，在项目竣工后，相应转为生产经营企业的国家资本金、法人资本金、个人资本金以及外商资本金。

b. 项目资本公积金是指经营性项目投资者实际缴付的出资额超过其资金的差额（包括发行股票的溢价净收入）、资产评估确认价值或合同协议约定的价值与原账面净值的差额、接受捐赠的财产、资本汇率折算差额，在项目建设期间作为资本公积金，项目建成交付使用并办理竣工决算后，转为生产经营企业的资本公积金。

表 6-6　大、中型建设项目竣工财务决算表

资金来源	金额	资金占用	金额	补充资料
一、基建拨款		一、基础建设支出		
1. 预算拨款		1. 交付使用资产		1. 基建投资借款期末余额
2. 基建资金拨款		2. 在建工程		
其中:国债专项资金拨款		3. 待核销基建支出		
3. 专项建设资金拨款		4. 非经营性项目转出投资		
4. 进口设备转账拨款		二、应收生产单位投资借款		
5. 器材转账拨款		三、拨付所属投资借款		2. 应收生产单位投资借款期末数
6. 煤代油专用资金拨款		四、器材		
7. 自筹资金拨款		其中:待处理器材损失		
8. 其他拨款		五、货币资金		
二、项目资本金		六、预付及应收款		3. 基建结余资金
1. 国家资本		七、有价证券		
2. 法人资本		八、固定资产		
3. 个人资本		固定资产原价		
三、项目资本公积金		减:累计折旧		
四、基建借款		固定资产净值		
其中:国债转贷		固定资产清理		
五、上级拨入投资借款		待处理固定资产损失		
六、企业债券资金				
七、待冲基建支出				
八、应付款				
九、未交款				
1. 未交税金				
2. 其他未交款				
十、上级拨入资金				
十一、留成收入				
合计		合计		

354

c. 基建收入是指基建过程中形成的各项工程建设副产品变价净收入、负荷试车的试运行收入以及其他收入，在表中它以实际销售收入扣除销售过程中所发生的费用和税后的实际纯收入填写。

② 表中"交付使用资产"、"预算拨款"、"自筹资金拨款"、"其他拨款"、"项目资本金"、"基建投资借款"和"其他借款"等项目是指自开工建设至竣工的累计数，上述有关指标应根据历年批复的年度基本建设财务决算和竣工年度的基本建设财务决算中资金平衡表相应项目的数字进行汇总填写。

③ 表中其余项目费用办理竣工验收时的结余数，根据竣工年度财务决算中资金平衡表的有关项目期末数填写。

④ 资金支出反映建设项目从开工准备到竣工全过程资金支出的情况，其内容包括基建支出、应收生产单位投资借款、库存器材、货币资金、有价证券和预付及应收款以及拨付所属投资借款和库存固定资产等，资金支出总额应该等于资金来源总额。

⑤ 基建结余资金可以按以下公式计算。

$$基建结余资金＝基建拨款＋项目资本金＋项目资本公积金$$
$$＋基建投资借款＋企业债券基金$$
$$＋待冲基建支出－基本建设支出$$
$$－应收生产单位投资借款 \qquad (6\text{-}11)$$

（4）大、中型建设项目交付使用资产总表见表 6-7。它反映建设项目建成后新增固定资产、流动资产、无形资产和其他资产价值的情况和价值，作为财产交接、检查投资计划完成情况和分析投资效果的依据。小型项目不编制交付使用资产总表，直接编制交付使用资产明细表，大、中型项目在编制交付使用资产总表的同时，还需要编制交付使用资产明细表，大、中型建设项目交付使用资产总表具体编制方法如下。

① 表中各栏目数据根据交付使用明细表的固定资产、流动资产、无形资产和其他资产的各项相应项目的汇总数分别填写，表中总计栏的总计数应该与竣工财务决算表中的交付使用资产的金额一致。

表 6-7 大、中型建设项目交付使用资产总表

| 序号 | 单项工程项目名称 | 总计 | 固定资产 | | | | 流动资产 | 无形资产 | 其他资产 |
			合计	建安工程	设备	其他			

交付单位：　　　　负责人：　　　　　接收单位：　　　　　　　负责人：

盖　章　　　年　月　日　　　盖　章　　　　　　　　年　月　日

② 表中第 3 栏、第 4 栏，第 8～10 栏的合计数，应该分别与竣工财务决算表交付使用的固定资产、流动资产、无形资产和其他资产的数据相符。

（5）建设项目交付使用资产明细表见表 6-8。它反映交付使用的固定资产、流动资产、无形资产和其他资产及其价值的明细情况，是办理资产交接和接收单位登记资产账目的依据，也是使用单位建立资产明细账和登记新增资产价值的依据。大、中型和小型建设项目都需编制该表。编制时要做到齐全完整，数字准确，各栏目价值应该与会计账目中相应科目的数据保持一致。建设项目交付使用资产明细表具体编制方法如下。

表 6-8 建设项目交付使用资产明细表

| 单项工程名称 | 建筑工程 | | | 固定资产 | | | | | | 流动资产 | | 无形资产 | | 其他资产 | |
	结构	面积/m²	价值/元	名称	规格型号	单位	数量	价值/元	设备安装费/元	名称	价值/元	名称	价值/元	名称	价值/元

① 表中"建筑工程"项目应按照单项工程名称填列其结构、面积和价值。其中"结构"按照钢结构、钢筋混凝土结构、混合结构等结构形式填写;面积则按照各项目实际完成面积填列;价值按照交付使用资产的实际价值填写。

② 表中"固定资产"部分要在逐项盘点后,根据盘点实际情况填写,工具、器具和家具等低值易耗品可以分类填写。

③ 表中"流动资产"、"无形资产"和"其他资产"项目应根据建设单位实际交付的名称和价值分别填列。

(6)小型建设项目竣工财务决算总表见表 6-9。由于小型建设项目内容比较简单,所以可将工程概况与财务情况合并编制一张竣工财务决算总表,该表主要反映小型建设项目的全部工程和财务情况。在具体编制时可参照大、中型建设项目概况表指标和大、中型建设项目竣工财务决算表相应指标内容填写。

3. 建设工程竣工图

建设工程竣工图是指真实地记录各种地上、地下建(构)筑物等情况的技术文件,是工程进行交工验收、维护、改建和扩建的依据,也是国家的重要技术档案。全国各建设、设计、施工单位和各主管部门都要认真地做好竣工图的编制工作。国家规定:各项新建、扩建和改建的基本建设工程,特别是基础、地下建筑、管线、结构、井巷、桥梁、隧道、港口、水坝以及设备安装等隐蔽部位,都要编制竣工图。为确保竣工图质量,必须在施工过程中及时地做好隐蔽工程检查记录,整理好设计变更文件。编制竣工图的形式和深度,应该根据不同情况区别对待,其具体要求如下。

(1)凡按图竣工没有变动的,由承包人(包括总包和分包承包人)在原施工图上加盖"竣工图"标志后,作为竣工图。

(2)凡在施工过程中,虽然有一般性设计变更,但是能将原施工图加以修改补充作为竣工图的,可不重新绘制,由承包人负责在原施工图(必须是新蓝图)上注明修改的部分,并且附以设计变更通知单和施工说明,加盖"竣工图"标志后,作为竣工图。

表 6-9　小型建设项目竣工财务决算总表

建设项目名称			建设地址			资金来源		资金运用	
初步设计概算批准文件						项目	金额/元	项目	金额/元
占地面积	计划	实际	计划		实际	一、基建拨款其中:预算拨款		一、交付使用资产	
		总投资/万元	固定资产	流动资金	固定资产	流动资金	二、项目资本金		二、待核销基建支出	
							三、项目资本公积金		三、非经营项目转出投资	
新增生产力	能力(效益)名称	设计		实际		四、基建借款		四、应收生产单位投资借款	
						五、上级拨入借款			
建设起止时间	计划	从　年　月开工至　年　月竣工				六、企业债券资金		五、拨付所属投资借款	
	实际	从　年　月开工至　年　月竣工				七、待冲基建资金		六、器材	
基建支出	项目		概算/元	实际/元		八、应付款		七、货币资金	
	建筑安装工程					九、未付款其中:		八、预付及应收款	
	设备、工具、器具					未交基建收入		九、有价证券	
	待摊投资其中:建设单位管理费					未交包干收入		十、原有固定资产	
	其他投资					十、上级拨入资金			
	待核销基建支出					十一、留成收入			
	非经营性项目转出投资								
	合计					合计		合计	

358

（3）凡结构形式、施工工艺、平面布置和项目改变以及有其他重大改变，不宜再在原施工图上修改和补充时，应重新绘制改变后的竣工图。由原设计原因造成的，由设计单位负责重新绘制；由施工原因造成的，由承包人负责重新绘图；由其他原因造成的，由建设单位自行绘制或委托设计单位绘制。承包人负责在新图上加盖"竣工图"标志，并且附以有关记录和说明，作为竣工图。

（4）为了满足竣工验收和竣工决算需要，还应该绘制反映竣工程全部内容的工程设计平面示意图。

（5）若重大的改建和扩建工程项目涉及原有工程项目变更时，应将相关项目的竣工图资料统一整理归档，并且在原图案卷内增补必要的说明。

4. 工程造价对比分析

对控制工程造价所采取的措施、效果及其动态的变化需要进行认真对比，总结经验教训。批准的概算是考核建设工程造价的依据。在分析时，可先对比整个项目的总概算，然后将建筑安装工程费、设备工器具费和其他工程费用逐一地与竣工决算表中所提供的实际数据和相关资料及批准的概算、预算指标、实际的工程造价进行对比分析，以确定竣工项目总造价是节约还是超支，并且在对比的基础上，总结先进经验，找出节约和超支的内容和原因，提出改进措施。在实际工作中，主要应分析以下内容。

（1）主要实物工程量。对于实物工程量出入较大的情况，必须查明原因。

（2）主要材料消耗量。考核主要材料消耗量，要按照竣工决算表中所列明的三大材料实际超概算的消耗量，查明是在工程的哪个环节超出量最大，进而查明超耗的原因。

（3）考核建设单位管理费、措施费和间接费的取费标准。建设单位管理费、措施费和间接费的取费标准应该按照国家和各地的有关规定，根据竣工决算报表中所列的建设单位管理费与概预算所列的建设单位管理费数额进行比较，依据规定查明多列或少列的费用项目，确定其节约超支的数额，并且查明原因。

二、工程竣工决算的编制

1. 竣工决算的编制依据

（1）经批准的可行性研究报告、投资估算书，初步设计或扩大初步设计，修正总概算及其批复文件。

（2）经批准的施工图设计及其施工图预算书。

（3）设计交底或图纸会审会议纪要。

（4）设计变更记录、施工记录或施工签证单及其他施工发生的费用记录。

（5）招标控制价，承包合同和工程结算等有关资料。

（6）设备、材料调价文件和调价记录。

（7）历年基建计划、历年财务决算以及批复文件。

（8）有关财务核算制度、办法和其他有关资料。

2. 竣工决算的编制要求

为了严格地执行建设项目竣工验收制度，正确地核定新增固定资产价值，考核分析投资效果，建立健全的经济责任制，所有新建、扩建和改建等建设项目竣工后，都应该及时、完整、正确地编制好竣工决算。建设单位要做好以下工作。

（1）按照规定组织竣工验收，保证竣工决算的及时性。竣工结算是对建设工程的全面考核。所有的建设项目（或单项工程）按照批准的设计文件所规定的内容建成后，具备了投产和使用条件的，均应及时组织验收。对于竣工验收中发现的问题，应及时查明原因，采取措施加以解决，以保证建设项目按时交付使用和及时编制竣工决算。

（2）积累和整理竣工项目资料，保证竣工决算的完整性。在建设过程中，建设单位必须随时收集项目建设的各种资料，并且在竣工验收前，对各种资料进行系统整理，分类立卷，为编制竣工决算提供完整的数据资料，为投产后加强固定资产管理提供依据。在工程竣工时，建设单位应该将各种基础资料与竣工决算一并移交给生产单位或使用单位。

（3）清理和核对各项账目，保证竣工决算的正确性。在工程竣工后，建设单位要认真核实各项交付使用资产的建设成本；做好各项账务、物资以及债权的清理结余工作，应偿还的及时偿还，该收回的应及时收回，对各种结余的材料、设备和施工机械工具等，要逐项清点核实，妥善保管，按照国家有关规定进行处理，不得任意侵占；对竣工后的结余资金，要按照规定上交财政部门或上级主管部门。在完成上述工作，核实了各项数字的基础上，正确地编制从年初起到竣工月份止的竣工年度财务决算，以便根据历年的财务决算和竣工年度财务决算进行整理汇总，编制建设项目决算。

按照规定竣工决算应在竣工项目办理验收交付手续后一个月内编好，并且上报主管部门，有关财务成本部分，还应该送经办行审查签证。主管部门和财政部门对报送的竣工决算审批后，建设单位即可办理决算调整和结束有关工作。

3. 竣工决算的编制步骤

（1）收集、整理和分析有关依据资料。在编制竣工决算文件之前，应该系统地整理所有的技术资料、工料结算的经济文件、施工图纸和各种变更与签证资料，并且分析它们的准确性。完整、齐全的资料，是准确而迅速地编制竣工决算的必要条件。

（2）清理各项财务、债务和结余物资。在收集、整理和分析有关资料中，要特别注意建设工程从筹建到竣工投产或使用的全部费用的各项账务，债权和债务的清理，做到工程完毕账目清晰，既要核对账目，还要查点库存实物的数量，做到账与物相等，账与账相符，对结余的各种材料、工器具和设备，要逐项地清点核实，妥善管理，并且按规定及时处理，收回资金。对各种往来款项要及时地进行全面清理，为编制竣工决算提供准确的数据和结果。

（3）核实工程变动情况。重新核实各单位工程和单项工程造价，将竣工资料与原设计图纸进行查对和核实。必要时可实地测量，确认实际变更情况；根据经审定的承包人竣工结算等原始资料，按照有关规定对原概、预算进行增减调整，重新核定工程造价。

（4）编制建设工程竣工决算说明。按照建设工程竣工决算说明的内容要求，根据编制依据材料填写在报表中的结果，编写文字说明。

（5）填写竣工决算报表。按照建设工程决算表格中的内容，根据编制依据中的有关资料进行统计、计算各个项目和数量，并且将其结果填写到相应表格的栏目内，完成所有报表的填写。

（6）做好工程造价对比分析。

（7）清理和装订好竣工图。

（8）上报主管部门审查、存档。

将上述编写的文字说明和填写的表格经核对无误装订成册，即为建设工程竣工决算文件。将其上报主管部门审查，并且把其中财务成本部分送交开户银行签证。竣工决算在上报主管部门的同时，抄送有关设计单位。大、中型建设项目的竣工决算还应该抄送财政部、建设银行总行和省、自治区、直辖市的财政局和建设银行分行各一份。建设工程竣工决算的文件，由建设单位负责组织人员编写，在竣工建设项目办理验收使用一个月之内完成。

📖 相关知识

● **建筑工程竣工结算与工程竣工决算的区别**

建筑工程结算是指按工程进度、施工合同、施工监理情况办理的工程价款结算，以及根据工程实施过程中发生的超出施工合同范围的工程变更情况，调整合同约定施工图预算价格，确定工程项目最终结算价格的技术经济文件。它由承担项目施工的施工单位负责编制，发送建设单位核定签认后作为工程价款结算和付款的依据。

建筑工程决算是指建设项目或工程项目（又称单项工程）竣工后由建设单位编制的综合反映建设项目或工程项目实际造价、建设成果的文件。它包括从工程立项到竣工验收交付使用所支出的全部费用。它是主管部门考核工程建设成果和新增固定资产核算的依据。建筑工程决算是建设项目决算内容组成部分之一。

根据有关文件规定，建设项目的竣工决算是以它所有的工程项目的竣工结算及其他有关费用支出为基础进行编制的，建设项目或工程项目竣工决算和工程项目或单位工程的竣工结算的区别主要表现在以下 5 个方面。

(1) 编制单位不同。工程竣工结算由施工单位编制，而工程竣工决算由建设单位（业主）编制。

(2) 编制范围不同。工程竣工结算通常主要是以单位工程或单项工程为单位进行编制，而竣工决算是以一个建设项目为单位进行编制的，只有在整个项目所包括的单项工程全部竣工后才能进行编制。若是一个公用系统相联系的联合企业，只有当各分厂所有工程项目竣工后，才能进行编制。

(3) 费用构成不同。工程竣工结算只包括发生在该单位工程或单项工程范围以内的各项费用，而竣工决算包括该建设项目从立项筹建到全部竣工验收过程中所发生的一切费用。

(4) 用途作用不同。工程竣工结算不仅是建设单位（业主）与施工企业结算工程价款的依据，还是了结甲、乙双方经济关系和终结合同关系的依据。同时，它又是施工企业核定生产成果，考虑工程成本，确定经营活动最终效益的依据。而建设项目竣工决算是建设单位（业主）考核工程建设投资效果、正确确定有形资产价值和正确计算投资回收期的依据，同时，也是建设项目竣工验收委员会或验收小组对建设项目进行全面验收、办理固定资产交付使用的依据。

(5) 文件组成不同。单位建筑或单项工程竣工结算通常由封面、文字说明和结算表 3 部分组成。而建设项目竣工决算的内容包括财务决算说明书、竣工财务决算报表、工程竣工图和工程造价对比分析四个部分。

参 考 文 献

[1] 中华人民共和国住房和城乡建设部. GB 50500—2013 建设工程工程量清单计价规范 [S]. 北京：中国计划出版社，2013.

[2] 规范编制组. 2013 建设工程计价计量规范辅导 [M]. 北京：中国计划出版社，2013.

[3] 中华人民共和国住房和城乡建设部. GB 50854—2013 房屋建筑与装饰工程工程量计算规范 [S]. 北京：中国计划出版社，2013.

[4] 中华人民共和国建设部. 全国统一建筑工程基础定额（土建工程）GJD—101—95 [S]. 北京：中国计划出版社，2002.

[5] 中华人民共和国建设部. 全国统一建筑工程预算工程量计算规则（土建工程）GJDGZ—101—95 [S]. 北京：中国计划出版社，2002.

[6] 中华人民共和国建设部. 建筑工程建筑面积计算规范 GB/T 50353—2005 [S]. 北京：中国计划出版社，2005.

[7] 赵莹华. 土建工程招投标与预决算 [M]. 北京：化学工业出版社，2010.

[8] 于榕庆. 建筑工程计量与计价 [M]. 北京：中国建材工业出版社，2010.

[9] 姚继权，倪树楠. 建筑构造与识图 [M]. 北京：中国建材工业出版社，2010.

[10] 刘镇. 工程造价控制 [M]. 北京：中国建材工业出版社，2010.

[11] 张建新，徐琳. 土建工程造价员速学手册 [M]. 第 2 版. 北京：知识产权出版社，2011.

[12] 王健. 土建造价员 [M]. 武汉：华中科技大学出版社，2009.

[13] 李蕙. 例解建筑工程工程量清单计价 [M]. 武汉：华中科技大学出版社，2010.